滚动轴承故障诊断与寿命预测

王奉涛　苏文胜　著

科学出版社
北京

内 容 简 介

本书面向现代机械设备故障诊断与维护技术领域发展需求，能满足重大机械装备早期故障诊断与剩余寿命预测技术理论的研究与工程分析需求。本书首先介绍了滚动轴承的结构特点和常见失效形式，然后从降噪处理、特征提取、故障诊断和寿命预测四个方面论述了滚动轴承故障诊断与寿命预测技术的原理和方法，并结合仿真信号和工程实例验证了上述方法的有效性。

本书可供从事机械设备状态监测与故障诊断、设备管理与维护的广大科技人员使用和参考，也适合作为高等院校机械、能源、动力等专业的高年级本科生、研究生的教材或参考书。

图书在版编目（CIP）数据

滚动轴承故障诊断与寿命预测 / 王奉涛，苏文胜著. —北京：科学出版社，2018.8

ISBN 978-7-03-058226-3

Ⅰ. ①滚… Ⅱ. ①王… ②苏… Ⅲ. ①滚动轴承-故障诊断 ②滚动轴承-产品寿命-预测 Ⅳ. ①TH133.33

中国版本图书馆 CIP 数据核字（2018）第 153607 号

责任编辑：任 俊 / 责任校对：郭瑞芝
责任印制：张 伟 / 封面设计：迷底书装

科学出版社 出版
北京东黄城根北街 16 号
邮政编码：100717
http://www.sciencep.com
北京凌奇印刷有限责任公司 印刷
科学出版社发行 各地新华书店经销
*
2018 年 8 月第 一 版 开本：787×1092 1/16
2022 年 3 月第四次印刷 印张：13
字数：316 000

定价：108.00 元

（如有印装质量问题，我社负责调换）

序

滚动轴承是应用广泛的重要机械基础零部件，在装备制造业中不可或缺，它直接决定着重大装备和主机产品的性能、质量和可靠性。因此，研究滚动轴承故障诊断与寿命预测技术具有重要的意义。专著《滚动轴承故障诊断与寿命预测》正是为了满足这一需求而撰写的。本书基于滚动轴承振动信号，从降噪处理、特征提取、故障诊断和寿命预测四个方面总结了作者近年来的多项研究成果及工程应用案例，具有创新性、实用性和可读性。

机械设备诊断是一门涉及机械、电子、计算机、信号处理与人工智能等多种领域的交叉学科，当前，关于这方面的论著颇丰。但多数专著是围绕旋转机械整机故障来论述的，专门论述滚动轴承故障诊断与寿命预测技术的专著，尚为数不多。

本书具有以下特点：（1）针对振动信号在复杂路径下微弱故障特征提取的难题，运用先进的信号处理技术，从降噪和解调两方面给出了解决方法；（2）针对滚动轴承可靠性评估与寿命预测的难题，从滚动轴承性能退化趋势预测入手，运用统计学建模方法和人工智能技术给出了解决方案；（3）针对深度学习方法的快速发展，利用其强大的建模和表征能力，开展了基于堆叠自动编码器的滚动轴承智能诊断方法以及基于长短期记忆网络的滚动轴承寿命预测方法研究。

王奉涛博士是一位从事机械设备故障诊断工作超过 15 年的年轻教师。在现代机械重大装备动态监测与故障诊断方面，他和他的团队做了切切实实的探索和实践工作。我和王奉涛老师有过两次项目上的合作，特别是在国家科技支撑计划“中国高速列车关键技术研究及装备研制”的合作过程中，我对他们的工作有了比较深入的了解。他们承担并完成了多项国家自然科学基金，在此基础上面向石化、航空、汽车制造、高铁、军工等工矿企业的工程需求，开发了数十套机械设备状态监测与故障诊断系统，成果获得了国家科技奖励。

希望有更多的青年学者投身于以轴承、齿轮为代表的机械基础零部件的研究中，提高我国机械基础零部件的设计、制造和运维管理水平，进而提升我国装备制造业的发展水平。祝王奉涛老师以及所有为此努力的朋友们，取得更大的成就。我会一直与你们同行。

中国科学院院士、大连理工大学教授 王立鼎

2018 年 9 月于大连

前　言

近年来，随着社会进步和科技发展，机械设备愈加趋向高性能、高速度、大负荷和复杂化，飞行器、舰船、车辆、发电机组等机械装备在国民经济中起着举足轻重的作用。滚动轴承是装备制造业中重要的、关键的基础零部件，广泛应用于国民经济和国防事业各个领域，直接决定着重大装备和主机产品的性能、质量和可靠性，被誉为“工业的关节”。但同时，滚动轴承也是旋转机械易损部件之一。据统计，旋转机械的故障有 30%是由轴承故障引起的，且轴承一旦发生故障，将会引发一系列连锁故障。因此，滚动轴承的故障诊断技术一直是机械故障诊断中重点发展的方向之一。

在众多的故障诊断技术中，基于振动信号的故障诊断是一种非常有效的方法。现代信号处理技术的快速发展使得故障诊断的应用范围越来越广泛、诊断结果越来越准确，大大降低了事故发生率。在滚动轴承故障诊断技术中，研究振动信号处理理论和方法是故障特征提取和故障诊断分析的基础。然而，在滚动轴承运行过程中，采集信号时难免会受到大量非监测部位振动的干扰，造成有效信息的淹没，这种现象在滚动轴承早期故障阶段时表现得尤为明显。如何有效分离出轴承微弱故障特征，排除其他噪声信号的干扰，实现故障的早期监测和诊断，一直是人们急于解决而又未能很好解决的难题。作者针对滚动轴承故障信号存在周期性冲击、幅值调制的特点，运用小波分析、经验模式分解、流形分析等方法来进行降噪和解调，有效地识别出滚动轴承早期微弱故障特征，然后采用谱峭度、相空间 ICA 等方法进行故障诊断。

考虑到深度学习方法的快速发展，作者还尝试应用堆叠自行偏码器和长短期记忆网络神经网络进行滚动轴承的故障诊断与寿命预测。作为模式识别和机器学习领域最新的研究成果，深度学习理论以强大的建模和表征能力在图像和语音处理等领域的大数据处理方面取得了丰硕的成果，也引起了机械故障诊断领域众多学者的注意。相对于传统的基于信号处理的故障诊断方法，深度学习方法具有以下优点：一是不需要使用大量的信号处理技术和丰富的工程实践经验来提取故障特征；二是使用深层模型可以表征大数据情况下信号与健康状况之间复杂的映射关系。

作者有幸承担和参加了国家自然科学基金资助项目“局域波法及其工程应用研究”(编号：50475155，2005—2007)、“基于改进 Cox 模型的航空发动机关键部件寿命预测理论与方法研究”(编号：51375067，2014—2017)、“基于深度学习的大型金属构件增材制造装备动态监测与智能诊断理论与方法研究”(编号：51875075，2019—2022)和教育部科学技术研究重点项目“兆瓦级风力发电机组齿轮箱早期故障诊断方法研究”(编号：109047，2009—2010)等，针对机械工程中的实际问题，做了一些探索。在研究和应用过程中，作者体会到准确提取复杂传递路径下振动信号微弱故障特征的难度和重要性，同时运用深度神经网络突破了传统浅层神经网络对复杂分类问题泛化能力较弱的瓶颈。近年来，本文研究成果已应用于石化、航空、汽车制造、高铁、军工等领域。本文研究成果于 2017 年获国家科技进步二等奖。作者将所取得的成果进行加工、整理，写成本书出版，供从事机械设备故障诊断工作的科技人员和师生参考。

全书分为四部分共 15 章。第一部分为降噪方法，主要介绍 EMD 降噪方法、双树复小波域隐 Markov 树模型降噪方法和对偶树复小波流形域降噪方法；第二部分为特征提取，包括基于振动信号的特征提取、Morlet 小波和自相关增强特征提取、张量流形特征提取和小波包样本熵特征提取；第三部分为故障诊断，给出了谱峭度故障诊断方法、相空间 ICA 故障诊断方法和深度学习故障诊断方法；第四部分为寿命预测，论述了流形和模糊聚类轴承性能退化监测、基于威布尔比例故障率模型的寿命预测、基于改进 Logistic 回归模型的寿命预测和基于长短期记忆网络的寿命预测。

本书第 1、5、7、10～15 章由王奉涛著写，第 2～4、6、8、9 章由苏文胜著写，全书由王奉涛统稿。在书稿著写过程中，王雷博士、王洪涛硕士、陈建国博士、马琳杰硕士参与了本书有关内容的编写，在文稿、绘图及制表等方面做了大量的工作，在此表示感谢。

本书获得了国家自然科学基金委、江苏省特种设备安全监督检验研究院无锡分院的大力支持，在此表示由衷的感谢。感谢中国石化北京燕山分公司、中车戚墅堰机车车辆工艺研究所有限公司、中国第一汽车集团有限公司、中国石油辽河油田公司、大连固特异轮胎有限公司等有关单位的支持和配合。衷心感谢中国科学院王立鼎院士对我们工作的一贯热情支持和帮助并为本书精心作序。谨向长期以来关心和支持我们工作的众多同仁致以衷心的感谢！

由于作者水平有限，本书难免存在一些欠妥和不当之处，敬请广大读者批评指正。

作　者

2018 年 8 月于大连

目　　录

第三部分　故 障 诊 断

第四部分　寿 命 预 测

第1章 绪 论

1.1 滚动轴承简介

1.1.1 滚动轴承的特点

滚动轴承是一种精密的标准机器部件，它在机械设备中应用非常广泛。滚动轴承具备一系列显著的优点，比如：摩擦系数小，运行精度高，对润滑剂黏度不敏感(可以直接使用润滑脂，不必像滑动轴承一样使用复杂的润滑供油系统)，无论高速、低速均可以承受径向和轴向载荷，国际标准化程度高，可替代性好，易于大批制造，价格低廉。但是滚动轴承也是机器设备中最容易发生故障损坏的零件之一，这是因为滚动轴承承受冲击的能力较差，在突然的冲击荷载作用下易发生损坏。此外，安装不当、润滑不良、转速过高、腐蚀生锈等因素都是引起滚动轴承故障的重要因素。滚动轴承故障是机器设备失效的重要原因，据有关资料显示[1]，由滚动轴承损伤造成的故障占机械故障总数的 21%，因此滚动轴承的故障监测十分重要。对滚动轴承进行有效的故障诊断不但可以防止机械工作精度下降，减少或杜绝事故发生，而且可以最大限度地发挥轴承的工作潜能，确保大型机械设备系统的最大连续运行时间和使用效率，节约相关维修开支。

1.1.2 滚动轴承的结构

滚动轴承是机械设备中的重要零部件，如图 1-1 所示，其通常由四部分组成：内环、外环、滚动体、保持架。

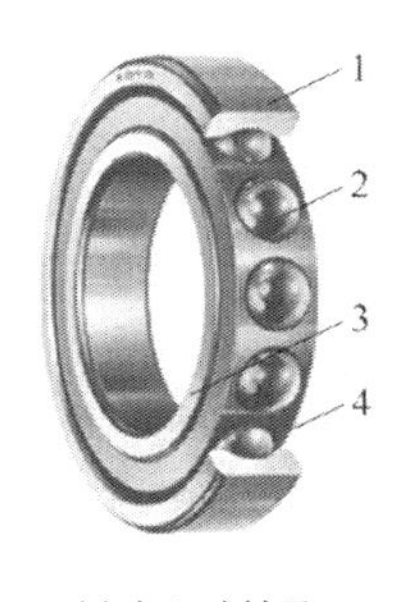

(a)向心球轴承

(b)圆锥滚子轴承

(c)推力球轴承

图 1-1 滚动轴承基本结构

1-外环；2-滚动体；3-内环；4-保持架

(1)内环。一般情况下，内环是固定在轴上随转轴一起转动的。内环外壁的沟槽是供滚动体转动的轨道，称为内滚道。

(2)外环。外环是固定在轴承座或者机器壳体上的，主要起支撑和保护滚动体的作用。外环内壁的沟槽称为外滚道。在某些情况下，滚动轴承内环是固定的，起支撑作用，而外环是旋转的。

(3)滚动体。滚动体在内滚道和外滚道形成的腔体中滚动，维持内环与外环之间的相对运动。轴承承载能力的大小由滚动体的数目、形状、大小所决定。

(4)保持架。保持架能使滚动体在滚道中均匀分布，始终保持等间距，避免滚动体之间发生碰撞，并能将相等的载荷轮流、平均地分配到每个滚动体上。

1.2　滚动轴承故障诊断

1.2.1　常见失效形式

滚动轴承在运转过程中可能会由于各种原因引起损坏，如装配不当、润滑不良、水分和异物侵入、腐蚀和过载等都可能导致轴承过早损伤。即使在安装、润滑和使用维护都正常的情况下，经过一段时间运转，轴承也会出现疲劳剥落和磨损而不能正常工作。滚动轴承的失效形式主要有以下七种[2]。

1．疲劳剥落

滚动轴承的内、外滚道和滚动体表面既承受载荷又相对滚动。由于交变载荷的作用，滚动轴承首先在表面下一定深度处(最大剪应力处)形成裂纹，继而扩展到接触表面使表层发生剥落坑，最后发展到大片剥落，这种现象就是疲劳剥落(图 1-2)。疲劳剥落使机械在运转时产生冲击、振动和噪声。在正常工作条件下，疲劳剥落往往是滚动轴承失效的主要原因，一般所说的轴承寿命就是指轴承的疲劳寿命，轴承的寿命试验就是疲劳试验。试验规程规定，在滚道或滚动体上出现面积为 0.5mm^2 的疲劳剥落坑就认为轴承寿命终结。滚动轴承的疲劳寿命分散性很大，同一批轴承中，其最高寿命与最低寿命可以相差几十倍乃至几百倍，这从另一角度说明了滚动轴承故障监测的重要性。

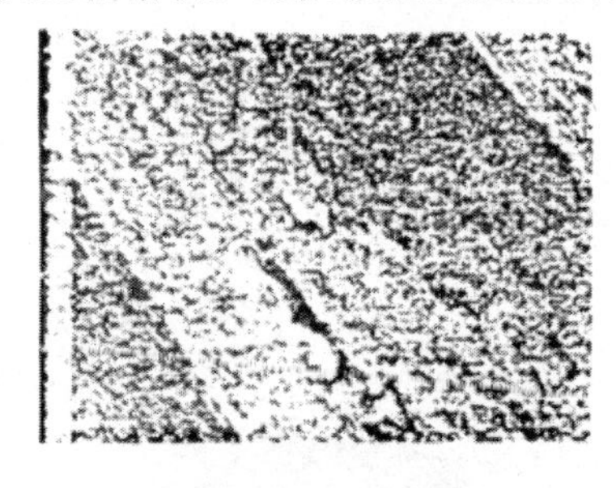

图 1-2　疲劳剥落

2．磨损

滚道与滚动体的相对运动和尘埃异物的侵入引起轴承表面磨损(图 1-3)，润滑不良也会加剧磨损。磨损的结果使轴承游隙增大、表面粗糙度增加、轴承运转精度降低，因而降低了机器的运动精度，增大了振动和噪声。对于精密机械轴承，往往是磨损量限制了轴承的寿命。

3．塑性变形

当轴承受到过大的冲击载荷或静载荷，或因热变形引起额外的载荷，或有硬度很高的异物侵入时都会在滚道表面上形成凹痕、划痕或压痕(图 1-4)。这导致轴承在运转时产生剧烈的振动和噪声。而且，压痕引起的冲击载荷会进一步引起附近表面的剥落。

图 1-3 磨损

图 1-4 塑性变形

4．锈蚀与电蚀

锈蚀是滚动轴承失效严重的问题之一(图 1-5)。高精度轴承可能会由于表面锈蚀导致精度丧失而不能继续工作。水分或酸、碱性物质直接侵入会引起轴承锈蚀。当轴承停止工作后，轴承温度下降到露点，空气中的水分凝结成水滴附在轴承表面上，引起轴承锈蚀。此外，当轴承内部有电流通过时，电流有可能通过滚道和滚动体的接触点，使很薄的油膜引起电火花而产生电蚀，在轴承表面上形成搓板状的凹凸不平。

5．裂纹与断裂

轴承元件的裂纹和断裂是最危险的一种损坏形式，这主要是由于轴承超负荷运行、金属材料有缺陷和热处理不良所引起的。转速过高、润滑不良、轴承在轴上压配过盈量太大以及过大的热应力都会引起裂纹和断裂(图 1-6)。

图 1-5 锈蚀与电蚀

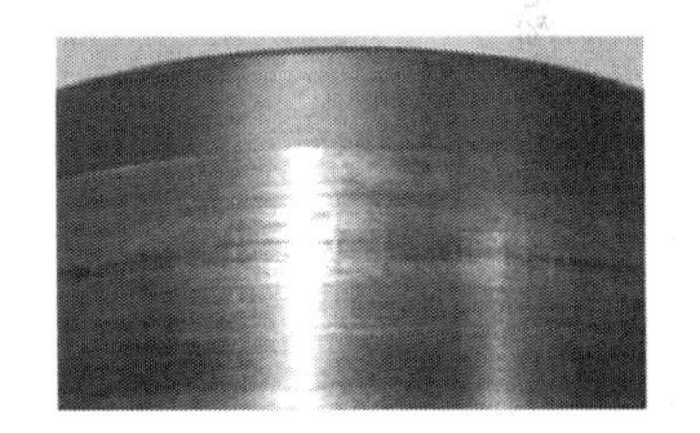

图 1-6 裂纹与断裂

6．胶合

轴承在润滑不良、高速重载情况下工作时，由于摩擦发热，轴承零件可在极短时间内达到很高的温度，导致表面烧伤及胶合(图 1-7)。

7．保持架损坏

轴承装配和使用不当可引起保持架发生变形(图 1-8)，从而增加其与滚动体之间的摩擦，甚至使某些滚动体卡死不能滚动；也有可能造成保持架与内、外圈发生摩擦等。这些都将加大轴承的振动、噪声与发热，导致轴承损坏。

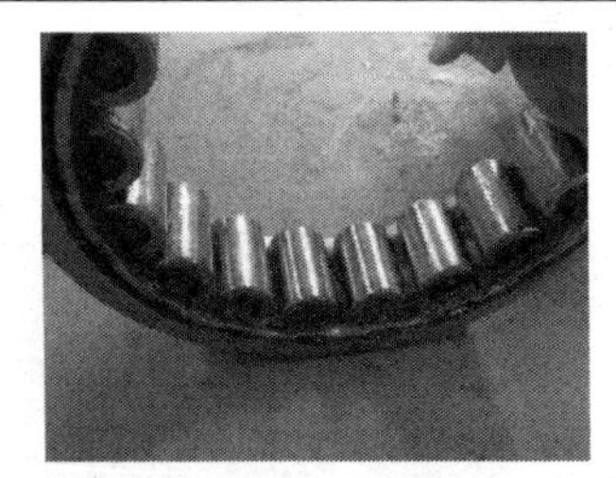
图 1-7　胶合

图 1-8　保持架损坏

1.2.2　故障诊断方法

在滚动轴承故障诊断之前，必须要选择用什么途径来获得有效的故障信息，即选择一种能反映故障信息的载体。目前常用的故障诊断方法可以归纳为以下几种[3]。

1．温度监测法

通过监测轴承座(或箱体)处的温度来判断轴承工作是否正常。温度监测对轴承载荷、速度和润滑情况的变化反映比较敏感，尤其是对润滑不良而引起的轴承过热现象。然而，当轴承出现诸如早期点蚀、剥落、轻微磨损等比较微小的故障时，轴承温度几乎不受影响，只有当故障达到一定程度时，轴承才会出现明显的温升。因此，温度监测法不适用于点蚀、局部剥落等所谓的局部损伤类故障。

2．油液监测法

油液检测法分为两种：一种是根据光谱、铁谱等实验室方法分析油样的成分、磨粒的形状、大小和色彩等来确定发生磨损的部位、原因和程度，从而判断轴承的好坏；另一种是根据油液的黏度变化监测轴承的好坏。油液分析应采用系统方法，因为单一手段往往由于其局限性而导致不全面的诊断结论，并易产生漏报或误报。实践证明，由理化分析、污染度测试、发射光谱分析、红外光谱分析、铁谱分析构成的油液分析系统，在设备状态监测中可以发挥重要作用，其诊断结论与现场实际基本吻合，具有显著的经济效益和社会效益。另外，该方法只适用于油润滑轴承，而不适用于脂润滑轴承。同时，该方法易受到其他非轴承损坏掉下的颗粒的影响，所以该方法具有很大的局限性。

3．振动分析法

振动分析法是目前设计使用最多的、也是最有效的方法之一。通过安装在轴承座或箱体适当位置的振动传感器监测轴承振动信号，并对此信号进行分析与处理来判断轴承工况与故障。由于振动监测法具有：①适用于各种类型、各种工况的轴承；②可以有效地诊断出早期微小故障；③信号测试与处理简单、直观；④诊断结果可靠等优点，在实际中得到了极为广泛的应用。目前，国内外开发生产的各种系统和滚动轴承监测与诊断仪器中，大都是根据振动法的原理制成的，有关轴承监测与诊断方面的文献80%以上讨论的是振动法。从使用、实用、有效的观点看，目前没有比振动法更好的滚动轴承监视与诊断方法。本文采用的方法就是振动分析法。

4. 声发射法

声发射技术是近几年发展起来的新兴技术，在滚动轴承故障诊断中已经开始获得应用。声发射属超声波信号，是一种弹性波。当承受载荷的滚动轴承通过剥落处时，缺陷就扩展，同时产生声发射现象，并且具有周期性，根据周期可以判别故障类型和部位。由于滚动轴承的故障信息较微弱，而背景噪声强，因此，声发射法与振动信号分析法相比具有以下优点：

(1)特征频率明显：分别用振动加速度计和声发射传感器在机器同一部位监测轴承故障；进行频谱分析时，振动信号频谱图比较复杂，不易识别故障，而声发射清晰明了，易于故障识别。

(2)预报故障时间早：在机器的载荷和工作转速等完全相同的条件下，同时用声发射和振动信号监测轴承工作状态时，由于轴承微裂纹扩展要经过一个慢扩展阶段，该阶段还不足以引起轴承明显振动，所以声发射信号已经比较明显了。

但是，声发射技术需要昂贵的专用设备，所以生产中的应用受到一定影响。

除了上述故障诊断方法外，还有油膜电阻诊断法、光纤监测诊断法和间隙测定诊断法等。总体来说，经典的滚动轴承诊断方法已经比较成熟地应用在实际工程领域中，但都是在特征提取的基础上进行诊断，如果无法提取特征，这些诊断方法也就无从谈起。目前，滚动轴承故障诊断的热点仍是对采集的信号进行处理和信息融合方法的研究，目的是使监测与诊断能更方便、更准确。

1.3 滚动轴承寿命预测

1.3.1 滚动轴承寿命预测

滚动轴承的剩余寿命预测作为故障诊断的一个关键步骤，对于设备安全运行至关重要。通过对轴承进行可靠的寿命预测，可以准确地掌握设备的运行状况、判断轴承的故障程度以及剩余的工作时间，便于使用者及时制定维修计划。在对滚动轴承剩余寿命的研究基础之上，Jardine 等[4]认为寿命预测主要有三类：基于概率统计的寿命预测方法、基于信息新技术的寿命预测方法、基于力学的寿命预测方法。Heng 等[5]认为旋转机械的寿命预测分为两大模型：基于物理状态的模型和基于数据驱动的模型。

基于力学的寿命预测方法主要有：基于应变、应力、累积疲劳损伤、能量等剩余寿命预测方法。其中基于应力的寿命预测方法是最早提出并用于剩余寿命预测的，也是现在比较常用的剩余寿命预测方法，主要适用于应力水平较低、使用寿命长的工程构件。但是对于低速重载、寿命较短的情况，轴承比较适合基于应变的剩余寿命预测方法。1924 年，累积损伤理论被提出并且越来越受到关注，现在已经在剩余寿命预测领域被广泛应用[6]。Fatemi 等提出了在疲劳应变能量下的剩余寿命预测，并取得较好的结果[7]。基于力学的剩余寿命预测方法在机械装备寿命预测领域内得到广泛的引用，并且现在不断被改进优化，但是该方法受外界干扰较大、通用性差。

1.3.2 寿命预测方法

趋势预测指根据已有的历史时间序列数据建立预测模型，对未来的数据变化进行推测。目前常用的趋势预测方法如下。

1．曲线拟合方法

在二维坐标系上，用连续的曲线近似地拟合离散点组坐标之间的函数关系的数据处理方法称为曲线拟合。其细分为 n 阶多项式拟合、指数拟合、高斯拟合、幂函数拟合等一系列的拟合方法。最常用的曲线拟合方法是最小二乘法，该方法自动选择参数使得拟合模型与实际观测值在各点的残差的加权平方和达到最小。Liao[8]通过一个包含 72 个采样时间点的可移动窗口，在窗口内用 3 阶多项式的曲线拟合方式来拟合退化特征。曲线拟合方法操作过程简单方便，但预测精度一般较低，尤其对不具有明显趋势的离散样本点，拟合误差非常大。

2. 时间序列方法

依据历史时间序列数据，利用曲线拟合和参数估计建立数学模型的方法属于时间序列方法。它是一种常用的参数模型预测方法，常用于拟合平稳序列数据。典型的时间序列预测方法有自回归模型(AR 模型)预测方法和自回归滑动平均模型(ARMA 模型)预测方法。朱晓乐等[9]针对运载火箭飞行数据，采用 ARMA 模型对动力系统缓变数据进行趋势预测研究。玄兆燕等[10]利用采集的振动烈度值进行经验模式分解，运用 AR、ARMA 时间序列模型对得到的固有模态函数分量进行趋势预测。虽然 AR 模型理论十分成熟，但由于预测精度低，只适合于短期预测。ARMA 模型存在定阶难、计算复杂等缺点。

3．神经网络方法

人工神经网络起源于 20 世纪 50 年代，它是一种模仿生物神经网络结构和功能的信息处理系统。神经网络法比时间序列分析方法更为优秀，它通过中间层设计，可以任意精度逼近任意函数，尤其适用于构建精度要求较高的非线性模型。由于机械设备具有非线性和不稳定的特定，因此神经网络预测方法非常适合机械设备趋势预测。文献[11]利用失效数据和删失数据，用人工神经网络进行训练，验证方法的有效性。文献[12]将 BP 神经网络与非线性时间序列方法相结合，构建齿轮箱的故障预测神经网络，对齿轮箱进行故障趋势预测，并用试验验证该方法的有效性。然而该模型需要训练数据，不适合小样本的趋势预测。

4．支持向量机方法

支持向量机是由 Vapnik 于 1995 年提出的基于结构风险最小化原理的新型学习机制[13]，该方法建立在统计学习理论的基础上，在机械领域得到了广泛的应用。申中杰等[14]提出一种基于相对特征与多变量支持向量机的寿命预测方法，该方法克服了结构简单、信息匮乏等缺点，在小样本条件下尽可能多地利用有效信息获得准确的预测结果，具有较强的工程使用价值和通用性。宋梅村等采用支持向量回归对滚动轴承故障进行趋势预测，并与其他方法进行对比，证明支持向量回归法预测精度更高。然而该模型也需要训练数据，不适合小样本的趋势预测。

5．灰色模型方法

灰色系统理论[15]基于对数据少和信息贫乏系统的特征、运行机制及表现行为的分析，揭示事物的演化规律。刘守道等对提取的时域特征参数进行归一化和加权处理，然后运用灰色模型进行趋势预测，具有较高的预测精度。杨江天等运用多变量灰色预测模型，克服故障预测方法，单独考虑各特征参数的缺陷，能够较好地预测机械故障的发展。刘恩龙[16]以滚动轴承振动信号作为研究对象，利用 GM(1，1)模型对 RMS 和峭度值两个典型特征指标进行趋势预测，得到的预测趋势能够准确地反映其性能退化过程，为后续的剩余寿命预测奠定基础。虽然目前灰色模型在机械领域的应用还不多，但随着灰色模型的不断改进，机械领域应用将会越来越广泛。灰色模型建模所需数据少、预测精度高，且故障后的特征趋势很适合用灰色模型建模，因此本文基于灰色模型的特点，改进灰色模型的不足，从而进行趋势预测。

综上所述，现有的剩余寿命预测方法各自有自己的特点与不足，在使用过程中如何利用其优点避免缺点极为重要但同时也是难点。现在的轴承面临失效样本较少、数据获取困难等问题。如何根据设备的实际工况选择合理的剩余寿命预测模型，是设备维护的关键。

1.4 研究现状

1.4.1 故障诊断研究现状

国外对滚动轴承的监测与诊断开始于20世纪60年代。至今为止，随着科学技术的不断发展，滚动轴承的诊断技术亦不断向前发展。目前在工业发达国家，滚动轴承状态监测与故障诊断技术已经实用化和商品化[17]。总的来说，滚动轴承状态监测与故障诊断技术的发展可以分为四个阶段[18]。

第一阶段：利用通用的频谱分析仪诊断轴承故障。20世纪60年代，由于快速傅里叶变换(FFT)技术的出现和发展，振动信号的频谱分析技术得到很大发展，各种通用的频谱分析仪纷纷问世。此时，通过比较滚动轴承元件损伤时产生的振动信号特征频率和频谱分析仪实际分析得到的结果来判断滚动轴承是否有故障。但是，如果把传感器拾取的振动信号经过放大器放大后直接进行频谱分析，得到的频谱将受到背景噪声的影响，轴承故障的特征频率很不明显，在故障较小的时候不容易把故障诊断出来。另外，当时的频谱仪都比较昂贵，并且需要比较熟练的技术人员来操作，所以，这时的轴承振动监测与诊断远未走向实用。

第二阶段：利用冲击脉冲技术诊断轴承故障。20世纪60年代末，瑞典仪器公司在多年对轴承故障机理研究的基础上，发明了用冲击脉冲计(shock pulse meter，SPM)的仪器来监测轴承的故障。它实际测试的是轴承表面损失故障引起的冲击脉冲的幅值，根据这一特征评价轴承的损伤程度。由于这种方法能比较有效地检测到轴承早期损伤类故障，且不需进行频谱分析，因此一经发明，便被英、美等发达国家所采用。早期的冲击脉冲计只用来检测轴承的局部损伤类故障，后来，随着这一技术的不断发展和完善，世界上其他一些国家相继开发出各种更新换代产品，这些仪器不但用于监测轴承局部损伤类故障，而且用来监测轴承的润滑情况甚至油膜厚度等。尽管 SPM 技术已经产生了40多年时间，但现在仍然被广泛使用，这是因为 SPM 是一系列便携式测量仪器，使用非常灵活、方便。

第三阶段：利用共振解调技术诊断轴承故障。1974 年，美国波音公司的 D.R.Harting 发明了一种叫作“共振解调分析系统”的专利，这就是我国现在称为“共振解调技术”的雏形。共振解调技术由于放大(谐振)和分离(带通滤波)了故障特征信号，极大地提高了信噪比，所以能比较容易地诊断出故障。由于共振解调技术对诊断滚动轴承早期损伤类故障效果很好，并且它根据包络频谱分析的结果可以精确地诊断出到底是哪个元件发生了故障，所以该技术问世后得到了广泛的应用。比较冲击脉冲法和共振解调技术可以看出，这两者有类似之处，但 SPM 只监测滚动轴承损伤引起的冲击脉冲的幅值，通过对幅值的处理来判读轴承故障；而共振解调技术不但要把冲击引起的高频谐振的幅值监测出来，而且还要进行幅值包络信号的频谱分析，所以共振解调技术比 SPM 前进了一步，多了一个包络信号的频谱处理环节，使得该方法不仅能诊断出轴承是否故障，还可以判断出发生故障的轴承元件及故障的大致严重程度，因此该方法适用于滚动轴承损伤类故障的早期精密诊断。

第四阶段：开发以微机为中心的滚动轴承工况监测与故障诊断系统。20 世纪 80 年代以后，随着微机技术突飞猛进的发展，开发以微机为中心的滚动轴承工况监测与诊断系统引起了国内外很多研究者的重视。美、英、日、俄等工业发达国家相继开发了以微机为主的滚动轴承状态监测与诊断系统，如美国 Bently 公司的 REBAM 系统、俄罗斯 VAST 公司开发的滚动轴承自动诊断系统 DREAM、瑞典的 CMU machine analysis+HMI 轴承监测诊断系统。CMU 数据采集模块具有强大的测量功能，包括加速度包络和逻辑控制、多通道、支持多种传感器，高达 12800 的分辨率，其分析软件采用 Oracle 8i 关系型数据库，遵守 ODBC 和 SQL 协议、采用模块化组件设计、自动统计生成报警门限。这种监测诊断系统以其友好的人机界面设计，已广泛地用在滚动轴承的监测诊断。另外，新西兰的 VB3000 及 FAG 滚动轴承监测诊断系统也是轴承监测与诊断系统领域里的领先产品，以其多参数的监测、模块化的通道选择、加入新功能的多样化平台，使用 HMI 界面软件、能对设备状态的变化在影响生产或产品质量前做出高效率及时的反应。

可查据的国内对滚动轴承的工况监测与故障诊断的广泛研究基本上是从 20 世纪 80 年代开始的。自 1985 年以来，由中国设备管理协会设备诊断委员会、中国振动工程学会机械故障诊断分会和中国机械工程学会设备维修分会分别组织的全国性故障诊断学术会议也先后多次召开，极大地推动了我国故障诊断技术的发展。比较集中的是大型旋转机械故障诊断系统，已经开发了 20 种以上的机组故障诊断系统和 10 余种可用来做现场简易故障诊断的便携式现场数据采集器。

我国虽然起步较晚，但经过很多高校、研究所和广泛工厂科技人员的努力，在滚动轴承的故障诊断、系统开发等方面也取得很大进步：如航空航天部 608 所的唐德尧教授等人于 1984 年成功开发基于共振解调原理的 JK8241 齿轮轴承故障分析仪，继而于 1990 年成功开发专用于铁路货车轮的轴承故障诊断的 JK86411 自动试验系统。此诊断系统特别适用于铁路货车轮对滚动轴承的不解体故障诊断，提高了检验速度与诊断可靠性，节约了维修费用与备件损耗，从而提高了铁路车辆运行的可靠性和维修的经济效益。另外，南京航空航天大学赵淳生院士等人针对轧钢机系统轴承的特殊性相继开发了 MDS 系列轴承故障诊断系统，也成功地应用于轧钢机系列轴承的在线故障诊断。

相比较而言，我国对滚动轴承的诊断与国外相比还存在一定的差距，其中一个主要原因在于我国在这方面投入的人力和物力还不够，对滚动轴承失效机理、失效过程的研究不够、不深入。相比较而言，国外公司对实验数据的积累工作很重视，VAST 公司宣称他们在 20 年的研究过程中，积累了从不同类型的旋转机械中拾取的 10000 多组数据。正是依赖于这么多组实际轴承数据，他们开发的产品在市场上获得了成功。

1.4.2 寿命预测研究现状

滚动轴承运行状态和寿命预测的研究可以追溯到上世纪中期，其中比较有代表性的是两位美国学者在 1962 年提出利用加速度传感器采集轴承的加速度信号，用峰值的变化来对滚动轴承的运行状态进行判断[19]。经过半个多世纪的发展，滚动轴承的状态监测和寿命预测理论不断地丰富，为实现滚动轴承剩余寿命的精确预测打下了坚实的基础。滚动轴承的疲劳寿命是指轴承开始运行以后，在轴承的滚动体或内、外圈的任何部分，出现疲劳剥落时，轴承运行的总小时数或总圈数。目前主要有三类滚动轴承寿命预测理论：基于力学的寿命预测方法、基于概率统计的寿命预测方法和基于信息新技术的寿命预测方法[20]。

1. 基于力学的滚动轴承寿命预测

基于力学的滚动轴承寿命预测主要可以分为基于应力的和基于断裂力学的寿命预测方法，其都是从滚动轴承的失效和破坏机理的动力学特征来预测轴承剩余使用寿命的。基于应力的模型是最常用的寿命预测模型，同时也是最早提出来的。应力集中在机械系统中主要以两种形式存在，一种是由于焊接等产生的应力集中，另一种是由于结构的不连续或结构发生几何变化而产生的应力集中。根据应力产生方式的不同，又可以分为热点应力法、缺口应力法和名义应力法等。基于断裂力学的寿命预测模型可以分为基于疲劳裂纹扩展的和基于弹性断裂力学的。Keer 和 Bryant 对滚动轴承的接触疲劳进行了研究。Erdogan 和 Paris 对滚动轴承裂纹扩展速度进行了探讨。Tangirala 和 Ray 对轴承裂纹扩展的非线性模型进行了研究。Miner 提出了线性累积损伤理论。Chaboche 建立了非线性连续损伤模型。Orsagh 等基于轴承碎裂萌生理论对滚动轴承的寿命进行了预测。在国内，张成铁等科学工作者也对滚动轴承的力学模型进行了详细研究。

基于力学的寿命预测模型一直在不停地发展，也有很多学者对此进行了不懈研究，提出了很多宝贵的理论和思想，但是基于力学的模型普遍存在建模困难，偏重于理论，无法对实际使用的机械设备进行预测。

2. 基于概率统计的滚动轴承寿命预测

基于概率统计的寿命预测是指使用如威布尔分布模型或正态分布模型等统计模型，预测滚动轴承的可靠性和失效率，通过大量的轴承试验数据训练模型参数。Lundberg 等提出了滚动轴承的动态剪切力寿命预测模型。Ioannides E 和 Harriis TA 提出了应用在涡轮发动机主轴承上的 I-H 疲劳寿命模型。Tallian 提出了 Tallian 寿命理论，在 L-P 模型的基础上优化了概率系数。Harris TA 和 Yu W 根据轴承存在的无限寿命情况和材料的疲劳强度，建立了 Y-H 模型。唐云冰提出基于动力学的轴承载荷分布模型。基于概率统计的寿命预测模型需要大量的实际轴承试验数据来对模型进行参数优化，但是实际情况下，每个轴承的工况不同，实际的状态也不同，很难满足每个轴承的实际情况，且对小样本的轴承数据进行寿命预测比较困难，因此在实际情况下，基于概率统计的滚动轴承寿命预测方法应用较少。

3. 基于信息新技术的滚动轴承寿命预测

随着现代科学技术的进步和发展，基于设备状态监测和人工智能的方法逐渐成为滚动轴承寿命预测的主流方向。人工智能技术在滚动轴承寿命预测领域的兴起主要依托于神经网络、专家系统、模糊计算、粗糙集理论、进化算法等方法。在很多学科领域都有广泛的应用的人工智能技术是21世纪的尖端技术。人工智能技术是指通过计算机模拟人的智能行为(如规划、推理、学习、思考)和人的复杂思维过程来做出符合人类行为的决定。因此人工智能技术可以应用在不确定性因素较多的机械设备的寿命预测上。Zhigang Tian 等用神经网络技术对滚动轴承的寿命进行了预测。Chuang Sun 等采用机器学习方法—支持向量机对滚动轴承的剩余寿命进行了预测。奚立峰等用基于自组织映射神经网络优化的反向传播神经网络预测了滚动轴承的剩余使用寿命。闫纪红等基于 BP 神经网络建立了滚动轴承的性能退化模型。申中杰等用相对特征值的方法优化了特征值的选取，再将优化的特征值带入支持向量机实现了滚动轴承的寿命预测。总而言之，基于人工智能和状态监测的滚动轴承寿命预测方法是目前最有效的方法，但是其并不是完美的，仍然存在很多问题需要进行优化和改善。

综上所述，在以上三种寿命预测模型中，基于力学和概率统计的方法存在建模困难，训练数据缺失的缺点，应用在实际的机械设备状态监测和寿命预测中存在一定的困难。因此本文选取目前滚动轴承寿命预测研究的热点方向—基于信息新技术的滚动轴承寿命预测方法作为自己的研究领域。通过提取能够表征滚动轴承退化状态的特征值作为寿命预测模型的协变量，实现了对滚动轴承寿命的精确预测。

参 考 文 献

[1] GUO Z G, WANG F T, SUN W, ZHANG X. A Method of Shield Attitude Working Condition Classification[J]. Journal of Donghua University (English Edition), 2012, 29 (03) :259-262.

[2] WHEELER P G. Bearing analysis equipment keeps downtime down[J]. Plant Engineering, 1968 (25): 87-89.

[3] 陈长征, 胡立新, 周勃, 等. 设备振动分析与故障诊断技术[M]. 北京: 科学出版社, 2007.

[4] JARDINE A K, LINE D, BANJEVIC D. A review on machinery diagnostics and implementing condition-based maintenance[J]. Mechanical System and Signal Processing, 2006 (20): 1483-1510.

[5] HENG A, ZHANG S, TAN A C, MATHEW J. Rotating machinery prognostics: state of the art, challenges and opportunities[J]. Mechanical System and Signal Processing, 2009, 23 (3): 724-739.

[6] LUNDBERG G, PALMGREN A . Dynamic Capacity of Rolling Bearing[J]. Acta Polytechnica Mechanical Engineering Series, 1952, 2 (4): 1-25.

[7] FATEMI A, YANG L. Cumulative fatigue damage and life prediction theories：A survey of the state of the

art for homogeneous materials[J]. International Journal of Fatigue, 1998, 20(1): 9-34.

[8] LIAO H T, ZHAO W B, GUO H R. Rams '06 Reliability and Maintainability Symposium[A]. Predicting remaining useful life of an individual unit using proportional hazards model and logistic regression model[C]. IEEE Computer Society, 2006: 127-132.

[9] 朱晓乐, 王华, 符菊梅, 等. 基于 ARMA 模型的动力系统缓变数据故障趋势预测[J]. 载人航天, 2011(2): 54-58.

[10] 玄兆燕, 冯峰. 矿井风机振动趋势预测模型的优化[J]. 煤矿机械, 2015(9): 169-171.

[11] 何晓群. 实用回归分析[M]. 2 版. 北京: 高等教育出版社, 2008.

[12] JAMES, OHLSON A. Financial Ratios and the Probabilistic Prediction of Bankruptcy[J]. Journal of Accounting Research, 1980, 18(1): 109-131.

[13] MARTIN D. Early Warning of Bank Failure[J]. Journal of Banking and Finance, 1977(7): 249-276.

[14] 申中杰, 陈雪峰, 何正嘉, 等. 基于相对特征和多变量支持向量机的滚动轴承剩余寿命预测[J]. 机械工程学报, 2013(2): 183-189.

[15] 邓聚龙. 灰色系统综述[J]. 世界科学, 1983(07): 1-5.

[16] 刘恩龙. 基于 WPHM 模型的滚动轴承寿命预测方法研究[D]. 大连: 大连理工大学, 2014.

[17] WANG F T, ZHANG L, ZHANG B, ZHANG Y, HE L. Development of Wind Turbine Gearbox Data Analysis and Fault Diagnosis System[C]. Asia-pacific Power & Energy Engineering Conference，2011:1-4.

[18] 梅宏斌. 滚动轴承振动监测与诊断[M]. 北京: 机械工业出版社, 1995.

[19] MARTIN J A. Plastic Indentation Resistance as a Function of Retained Austenite in Rolling Element Bearing Steel[J]. A S L E Transactions, 1962, 5(2):341-346.

[20] 张小丽, 陈雪峰, 李兵, 等. 机械重大装备寿命预测综述[J]. 机械工程学报, 2011, 47(11): 100-116.

第一部分　降噪方法

第 2 章　EMD 降噪方法

在机械设备故障诊断过程中，通过数据采集装置所得到的振动信号包含有各种干扰和噪声，只有有效地滤除干扰和噪声信号，提高信噪比，提取湮没在噪声中的有用信息，才能获得正确的分析结论，因此，信号降噪是故障诊断领域中的一个重要课题。传统的信号降噪方法通常采用滤波器设置不同的通带，但这仅用于信号与噪声具有不同频率分布的情况。对于滚动轴承实测振动信号来说，系统信号与噪声信号在频带上互相混叠难于分离，使得传统滤波方法具有很大的局限性。

2.1　EMD 的基本原理和性质

2.1.1　EMD 的基本原理

1998 年，美籍华人 Norden E.Huang 等人在对瞬时频率问题进行深入研究之后，创造性地提出了基本模式分量(intrinsic mode function，IMF)的概念以及将任意信号自适应分解为基本模式分量的新方法——经验模式分解(empirical mode decomposition，EMD)法[1]。该方法的提出赋予瞬时频率以合理的定义、物理意义和求法，初步建立了以瞬时频率为表征信号交变的基本量、以基本模式分量为时域基本信号的新的时频分析方法体系，并迅速在水波研究[2]、地震学[3]、合成孔径雷达图像滤波[4]和机械设备故障诊断[5-9]等领域得到了广泛的应用。

EMD 是一种新的非线性、非平稳信号分析方法，该方法可将任意信号分解为若干个 IMF 和一个余项的和。所谓 IMF 就是满足如下两个条件的函数或信号：

(1) 在整个数据序列中，极值点的数量(包括极大值点和极小值点)与过零点的数量必须相等，或最多相差不多于一个；

(2) 任何一点，信号局部极大值确定的上包络线和局部极小值确定的下包络线的均值为零。

第一个限定条件非常明显，类似于传统平稳高斯过程的分布；第二个条件是创新的地方，它把传统的全局性的限定变为局域性的限定。这种限定是必须地，可以去除由于波形不对称而造成的瞬时频率的波动。第二个限定条件的实质是要求信号的局部均值为零。而对于非平稳信号而言，局部均值又涉及用于计算局部均值的局部时间，这是很难定义的。因而用局部极大值和极小值的包络作为代替和近似，强迫信号局部对称。钟佑明等人在对基本模式分量的数学模型进行分析之后，论证了局部对称性的必要性和用极值点拟合包络线的合理性[10]。满足以上两个条件的基本模式分量，其连续两个过零点之间只有一个极值点，即只包含一个基本模式的振荡，没有复杂的叠加波存在。需要注意的是，如此定义的基本模式分量并不被限定为窄带信号，可以是具有一定带宽的非平稳信号，例如纯粹的频率和幅值调制函数。一个典型的基本模式分量如图 2-1 所示。

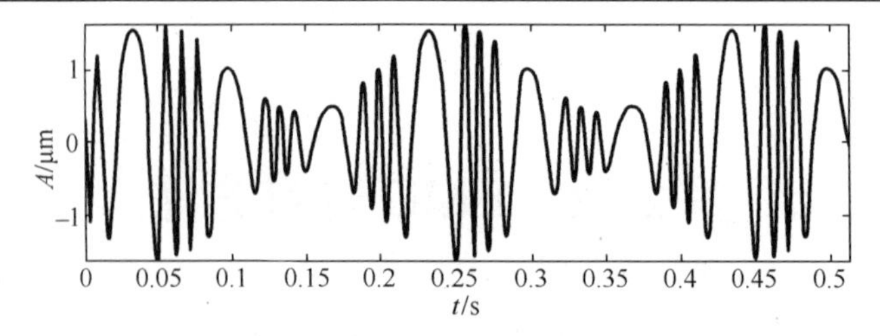

图 2-1　一个典型的基本模式分量

EMD 方法的本质基于如下假设：任何信号都是由一些不同的 IMF 组成的；每个 IMF 可以是线性的，也可以是非线性的，满足 IMF 的两个基本条件；任何时候，一个信号可以包含多个 IMF；如果各 IMF 之间相互重叠，则形成复合信号。

EMD 的分解过程也称为“筛选”过程，具体步骤如下。

(1) 假设信号为 $x(t)$，取其上、下包络局部均值组成的序列为 $m_1(t)$，则

$$h_1(t)=x(t)-m_1(t) \tag{2-1}$$

对于非平稳、非线性数据而言，一般一次处理不足以形成 IMF，一些非对称波仍然可能存在。把 $h_1(t)$ 看作待处理数据，重复上述操作 k 次，得到

$$h_k(t)=h_{k-1}(t)-m_k(t) \tag{2-2}$$

当 $h_k(t)$ 满足 IMF 的条件时，就获得了第一个 IMF，记作 $c_1(t)=h_k(t)$。

(2) 将第一个 IMF 从原始信号中分离出来，得到剩余信号 $r_1(t)$ 为

$$r_1(t)=x(t)-c_1(t) \tag{2-3}$$

(3) 把 $r_1(t)$ 作为新的信号，重复式(2-1)～式(2-3)，可得到

$$\begin{cases} r_2(t)=r_1(t)-c_2(t) \\ r_3(t)=r_2(t)-c_3(t) \\ \quad\cdots\cdots \\ r_n(t)=r_{n-1}(t)-c_n(t) \end{cases} \tag{2-4}$$

直至剩余信号 $r_n(t)$ 中的信息对所研究内容意义很小或者变成一个单调函数不能再筛选出 IMF 为止。至此，信号 $x(t)$ 已被分解成 n 个 IMF 与一个余项的和，即

$$x(t)=\sum_{i=1}^{n}c_i(t)+r_n(t) \tag{2-5}$$

此处的停止条件可以分为以下两种：①当分量 r_n 或剩余分量 r_n 变得比预期值小时便停止；②当剩余分量 r_n 变成单调函数，不能再从中筛选出基本模式分量为止。基本模式分量的两个限定条件只是一种理论上的要求，在实际的筛选过程中，很难保证信号的局部均值绝对为零。如果完全按照上述两个限定条件判断分离出的分量是否为基本模式分量，很可能需要过多的重复筛选，从而导致基本模式分量失去了实际的物理意义。为了保证基本模式分量保存足够的反映物理实际的幅度与频率调制，必须确定一个筛选过程的停止准则。

筛选过程的停止准则可以通过限制两个连续的处理结果之间的标准差 S_d 的大小来实现。

$$S_d=\sum_{t=0}^{T}\frac{\left|h_{k-1}(t)-h_k(t)\right|^2}{h_k^2(t)} \tag{2-6}$$

式中，T 表示信号的时间跨度；$h_{k-1}(t)$ 和 $h_k(t)$ 是筛选基本模式分量过程中两个连续的处理结果的时间序列。大量的计算结果表明，合理的确定阈值 S_d 是非常重要的，如果阈值太小，将会加大计算量；同时分解后获得的 IMF 分量将趋于定常幅值，只能反映出频率调制的情况，难以获得幅值调制情况，这样会湮没信号的非平稳性和非线性；如果阈值太大，将很难得到满足 IMF 的分解结果。实践证明，S_d 的值通常取 0.2～0.3[1]。

从信号分解基函数理论的角度来说，不同的基函数可以对信号实现不同的分解，从而得到性质迥然的结果。傅里叶分解的基是预先选定的有固定宽度的时间窗包络下的不同频率的谐波分量；小波变换的基函数是预先确定的；匹配追踪算法可以包容各种基函数，组成“原子”集，根据最大匹配投影原理寻找最佳基函数的线性组合实现对信号的分解。虽然匹配追踪算法具有更广泛的适用性，但仍然要事先给定基函数。EMD 方法提供了一个自适应的广义基，基函数不是通用的，没有统一的表达式，其依赖于信号本身，不同的信号分解后可得到不同的基函数，这与传统的分析工具有着本质的区别。

2.1.2　EMD 的完备性和正交性

在进行机电设备故障诊断时，希望反映机组故障状态的任何信息都不丢失，同时故障信息能够互不干扰地、独立地提取出来。因此，前文阐述了 EMD 的基本原理之后，下面论述 EMD 分解的完备性和正交性。

信号分解方法的完备性就是指把分解后的各个分量相加就能获得原信号的性质。通过 EMD 的分解，方法的完备性已经给出，如式(2-5)所示。同时通过把分解后的基本模式分量和余项相加后与原信号数据的比较也证明EMD方法是完备的。图 2-2 为模拟信号的EMD 分解结果和重构波形及其误差曲线，其中 $x(t)=\sin(200\pi t)+\sin(100\pi t)$ 为原始信号(采样频率为 2000Hz，数据长度为 512 点)；$c_1(t)$、$c_2(t)$ 分别为提取出的第一、第二个基本模式分量，$r(t)$ 为余项；$\hat{x}(t)$ 为 $c_1(t)$、$c_2(t)$ 和 $r_2(t)$ 直接线性叠加得到的重构信号；$c(t)$ 是重构的误差曲线 $c(t)=\hat{x}(t)-x(t)$。

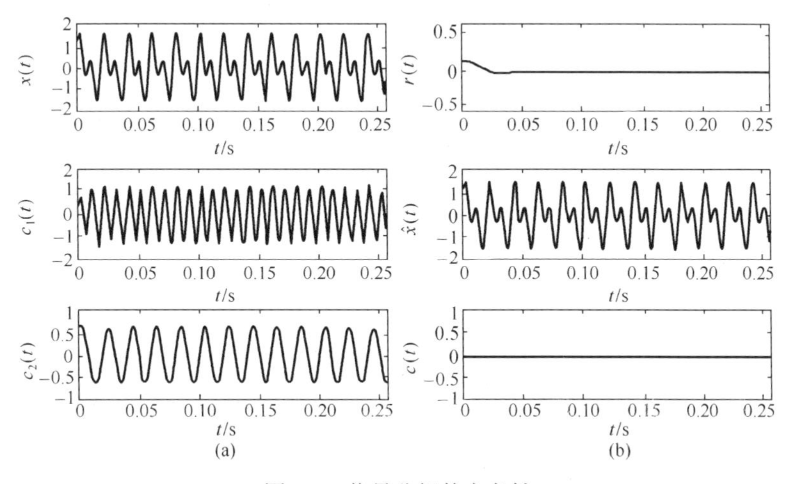

图 2-2　信号分解的完备性

由图 2-2 可知，EMD 比较完整地分解出了信号中包含的两个基本模式函数 $f_1(t)=$

$\sin(200\pi t)$ 和 $f_2(t)=\sin(100\pi t)$；余项 $r(t)$ 基本上反映了信号 $x(t)$ 的理论均值，从而重构原始信号。重构误差很小，一般为 $10^{-16}\sim10^{-15}$ 数量级，主要是由数字计算机的舍入误差造成的。

到目前为止，EMD 的正交性在理论上还难以严格地证明[7]，只能在分解后进行数值上的检验。为方便起见，把式(2-5)写成：

$$x(t)=\sum_{i=1}^{n+1}c_i(t) \tag{2-7}$$

其中，把余项 $r_n(t)$ 看作第 $n+1$ 个分量 $c_{n+1}(t)$，然后对信号做平方，得到：

$$x^2(t)=\sum_{i=1}^{n+1}c_i^2(t)+2\sum_{i=1}^{n+1}\sum_{k=1}^{n+1}c_i(t)c_k(t),\quad i\neq k \tag{2-8}$$

如果分解是正交的，则式(2-8)右边第二部分(即平方的交叉项)应该为零。由此，可以得到一个表征整体正交性的指标 IO(index of orthogonal)，定义为[1]

$$\mathrm{IO}=\sum_{t=0}^{T}\left(\sum_{i=1}^{n+1}\sum_{k=1}^{n+1}c_i(t)c_k(t)/x^2(t)\right),\quad i\neq k \tag{2-9}$$

文献[1]和文献[7]分别用某一风波信号和某一齿轮箱的振动信号模式分解的正交性进行了检验，得到的 IO 值分别为 0.0067 和 0.0056，可见 EMD 基本上是正交的，或者称是近似正交的。基于此，可以说信号 EMD 前后的能量基本上是守恒的，相邻 IMF 之间能量的泄漏是很微弱的。

正交性也可定义到任何两个基本模式分量 $c_i(t)$ 和 $c_k(t)$ 上，其正交性表示为

$$\mathrm{IO}_{i,k}=\sum_{t=0}^{T}\frac{c_i(t)c_k(t)}{c_i^2(t)+c_k^2(t)} \tag{2-10}$$

应当注意，这里的正交性都是局部意义上的正交，对于某些数据，相邻的两个分量之间可能在某些不同的时刻出现相近的频率成分。Norden E.Huang 经过大量的数字实验指出[1]，一般数据的正交性指标不超过 1%，对于很短的数据序列，极限情况可能达到 5%。

2.2　基于阈值处理的 EMD 降噪

利用 EMD 进行阈值降噪初见于文献[11]，A.O.Boudraa 提出了类似小波的阈值降噪方法。基本思想是对给定的信号 $x(t)$ 经 EMD 分解后得到 N 个 IMF，每一个 IMF 选取一合适的阈值，并用此阈值将 c_i 截断为 $\hat{c}_i$，然后再进行 EMD 的重构，得到降噪后的信号。

$$\hat{x}_t=\sum_{i=1}^{N}\hat{c}_i+r \tag{2-11}$$

根据 Donoho 等给出的消除噪声的阈值为

$$\tau_i=\hat{\sigma}_i/\sqrt{2\ln(N)} \tag{2-12}$$

$$\hat{\sigma}_i=\mathrm{MAD}_i/0.6745 \tag{2-13}$$

式中，$\hat{\sigma}_i$ 为 i 层 IMF 的噪声水平；MAD_i 代表 i 层 IMF 的绝对中值偏差，定义为

$$\mathrm{MAD}_i = \mathrm{Merdian}\{|c_i(t) - \mathrm{Madian}[c_i(t)]|\} \tag{2-14}$$

估计的 IMF c_i 为

$$\hat{c}_i(t) = \begin{cases} \mathrm{sign}[c_i(t)][|c_i(t)| - \tau_i], & \text{if} \quad |c_i(t)| \geqslant \tau_i \\ 0 \quad , & \text{if} \quad |c_i(t)| < \tau_i \end{cases} \tag{2-15}$$

2.3　基于滤波处理的 EMD 降噪

由式(2-5)可知，EMD 将信号从高频至低频分解为若干阶 IMF，整个过程体现了多尺度的滤波过程。文献[12]利用分形高斯噪声验证了 EMD 方法具有类似小波分解的、恒品质因数的带通滤波性能，其截止频率和带宽随信号的变化而变化，随信号分析目的的变化而变化；文献[13]研究了采用 B 样条内插的 EMD 的滤波特性；文献[14]给出了一种关于 EMD 滤波特性的数学解释。图 2-3 给出了一个模拟高斯信号的前 6 阶 IMF 的频谱[15]，可以看出，它与二进小波类似，具有滤波特性，由此本文给出如下的滤波器形式。

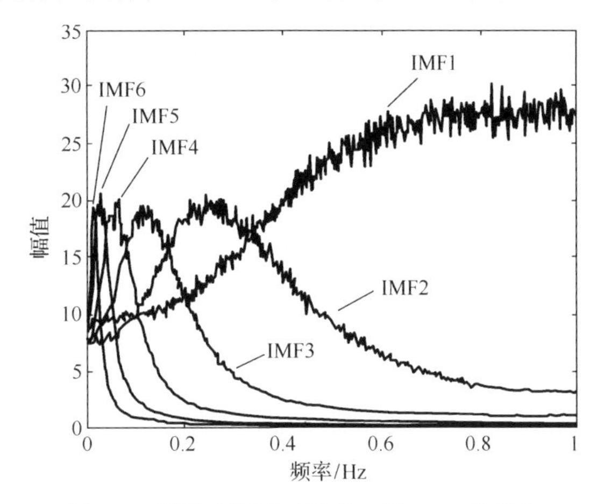

图 2-3　模拟高斯噪声的前 6 阶 IMF 的频谱

假设信号 $x(t)$ 分解为 IMF 后表示为

$$x(t) = \sum_{i=1}^{n} c_i(t) + r \tag{2-16}$$

其中 $i = 1,2,\cdots,n$，表示原始信号被分解为 n 个 IMF，则高通滤波可表示为

$$x_h(t) = \sum_{i=1}^{k} c_i(t) \tag{2-17}$$

其中 $i = 1,2,\cdots,k$，表示抽取信号的前 k 个 IMF，信号的高频成分被有效提取出来。

低通滤波可表示为

$$x_l(t) = \sum_{i=m+1}^{n} c_i(t) \tag{2-18}$$

其中 $i = m+1, m+2, \cdots, n$ ，表示抽取信号的后 $(n-m)$ 个 IMF，信号的低频成分被有效提取出来。

带通滤波可表示为

$$x_b(t) = \sum_{i=k+1}^{m} c_i(t) \tag{2-19}$$

其中 $i = k+1, k+2, \cdots, m$ ，表示抽取信号的 $(m-k)$ 个 IMF，这样信号的中间频率成分被有效提取出来。

由上述过程可以看出，使用 EMD 进行滤波是在时域上进行的，同时，由于分解过程的自适应性以及局部性，EMD 滤波最大限度地保证了信号的真实性和原始特性。

目前多数的降噪应用都是将 EMD 得到的高频分量作为噪声直接去除，很多情况下有可能去除有用的信号成分。特别对滚动轴承而言，与故障有关的冲击信号成分通常都处于较高频率段，所以上述方法对滚动轴承降噪行不通，因而有必要对 EMD 降噪准则进行讨论。本章结合前人的研究成果及滚动轴承故障信号的冲击特征，提出了两条降噪准则。

准则一：互相关系数准则

由于插值误差、边界效应以及过分解等原因，EMD 分解中常会出现伪分量，即与原始信号无关的分量，这些伪分量所含有的频率成分存在与特征频带重合的可能，所以应采取办法将其辨别出来，予以剔除。文献[16]中提出了一种基于互相关的伪分量判定方法，通过 IMF 与原始信号之间的互相关系数来判定 IMF 的真伪，即各 IMF 与原信号的相关性约等于各 IMF 的自相关；而伪分量与原信号的相关性很小。因此，从分解后各 IMF 与原信号的相关性分析中，可以看出各 IMF 的真伪。

假设原信号 s 是由 n 个基本模式分量组成，即

$$s = \sum_{i=1}^{n} c_i \tag{2-20}$$

经过 EMD 分解后，原则上会分解出 n 个基本模式分量 c_i 。但由于分解过程中存在误差，EMD 分解会分解出 n 个基本模式分量 $\tilde{c}_i$ 和 m 个伪分量 x_k ，而且 $\tilde{c}_i$ 和 c_i 并不完全相同，m 个伪分量 x_k 就是由两者的差值形成的，即

$$s = \sum_{i=1}^{n} \tilde{c}_i + \sum_{k=1}^{m} x_k \tag{2-21}$$

分解后的基本模式分量 $\tilde{c}_i$ 与原信号 s 具有如下的相关性：

$$\begin{aligned} R_{s,\tilde{c}_i}(\tau) &= E[s(t)\cdot\tilde{c}_i(t+\tau)] = E[\sum_{j=1}^{n} c_j(t)\cdot\tilde{c}_i(t+\tau)] \\ &= E[c_1(t)\cdot\tilde{c}_i(t+\tau)] + \cdots + E[c_i(t)\cdot\tilde{c}_i(t+\tau)] + \cdots + E[c_n(t)\cdot\tilde{c}_i(t+\tau)] \\ &= R_{c_i,\tilde{c}_i}(\tau) + \sum_{j=1, j\neq i}^{n} R_{c_j,\tilde{c}_i}(\tau) \approx R_{c_i,\tilde{c}_i}(\tau) \approx R_{c_i,c_i}(\tau) \end{aligned} \tag{2-22}$$

其中，$i=1,2,\cdots,n$。由于 EMD 分解过程是局部正交分解，所以 $\sum_{j=1,j\neq i}^{n} R_{c_j,\tilde{c}_i}(\tau)\approx 0$。

伪分量 x_k 与原信号的相关关系为

$$R_{s,x_k}(\tau)=E[s(t)\cdot x_k(t+\tau)]=E\left[\sum_{j=1}^{n}c_j(t)\cdot x_k(t+\tau)\right]=\sum_{j=1}^{n}R_{c_j,x_k}(\tau)\approx 0 \tag{2-23}$$

由式(2-22)可知，各基本模式分量 $\tilde{c}_i$ 与原信号的相关性约等于各分量的自相关；而由式(2-23)可知，伪分量 x_k 与原信号的相关性很小。因此，从分解后各分量与原信号的相关性分析中，可以看出各分量的真伪。

定义分解出的各 IMF 与原信号的互相关系数为

$$\rho_{s,\tilde{c}_j}=\max[R_{s,\tilde{c}_j}(\tau)]/\max[R_s(\tau)] \tag{2-24}$$

式中，$R_{s,\tilde{c}_i}(\tau)$ 为各 IMF 与原始信号的互相关；$R_s(\tau)$ 为原始信号的自相关。把分解后各 IMF 与原信号的相关系数的大小作为评定各 IMF 是否为伪分量的指标。

准则二：峭度准则

峭度是描述波形尖峰度的一个无量纲参数，峭度值 K 的定义为

$$K=\frac{E(x-\mu)^4}{\sigma^4} \tag{2-25}$$

式中，μ、σ 分别为信号 x 的均值和标准差；$E(t)$ 表示变量 t 的期望值。正常轴承的振动信号近似服从正态分布，其峭度值约为 3，而当轴承开始出现故障时，峭度值明显增大。由此可以推断，当某些 IMF 的峭度值大于 3 时，说明 IMF 中含有较多的冲击成分，即原信号分解后，较多的故障冲击成分保留在这些 IMF 中。对这些 IMF 进行重构，得到合成信号，其峭度值明显提高，且故障越明显，提高程度越大。

在实际滚动轴承故障诊断中，可以综合运用以上两个准则，确定到底使用哪些 IMF 来合成信号，从而达到降噪的目的。

2.4　两种 EMD 降噪方法的性能比较

前面介绍的两种 EMD 降噪方法都可以应用于机械振动信号的降噪处理中。但是，应用到滚动轴承故障诊断中到底效果如何还需要具体验证。为此，本节以仿真轴承故障信号为例，讨论两种方法的降噪效果。

滚动轴承仿真信号模型[16]为

$$x(k)=\mathrm{e}^{-\alpha t'}\sin 2\pi f_c kT \tag{2-26}$$

式中，$t'=\mathrm{mod}\left(kT,\dfrac{1}{f_m}\right)$；$\alpha$、$f_m$、$f_c$、$T$ 分别为指数频率、调制频率、载波频率和采样间隔。当 $\alpha=800$，$f_m=100\,\mathrm{Hz}$，$f_c=3000\,\mathrm{Hz}$，$T=1/50000\,\mathrm{s}$，信号长度为 2048 点时，其原始信号及加噪信号如图 2-4 所示。

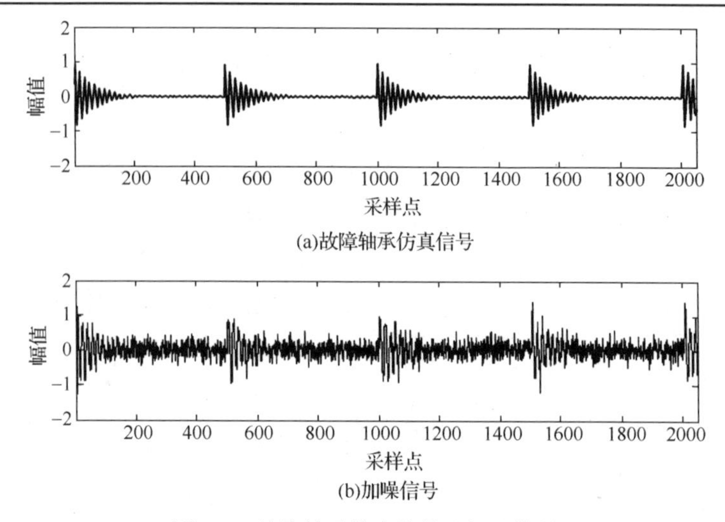

(a)故障轴承仿真信号

(b)加噪信号

图 2-4　故障轴承仿真信号及加噪信号

对含噪信号进行 EMD 分解，得到 10 个 IMF，如图 2-5 所示。从图 2-5 可以看出，IMF1 中几乎看不到冲击，大部分为噪声成分，IMF2～IMF6 有部分冲击成分。

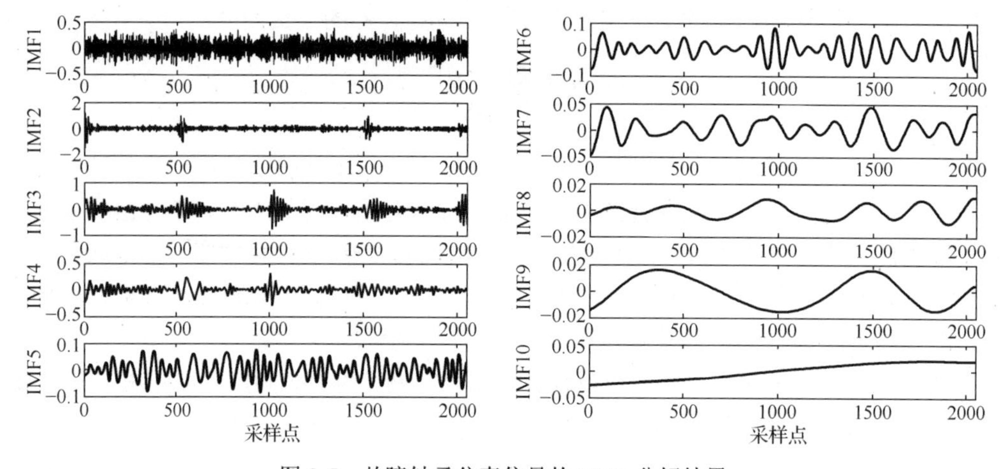

图 2-5　故障轴承仿真信号的 EMD 分解结果

采用基于阈值处理的 EMD 降噪方法，其阈值大小根据式(2-12)由 IMF1 得到。使用该阈值对 IMF1～IMF6 进行软阈值降噪，将降噪后的信号与 IMF7～IMF10 相加，得到的降噪信号如图 2-6 所示。可以看出，信号中虽然能得到几个冲击成分，但是丢失的信息过多，没有原始信号的指数衰减过程，失去了具体的物理意义。

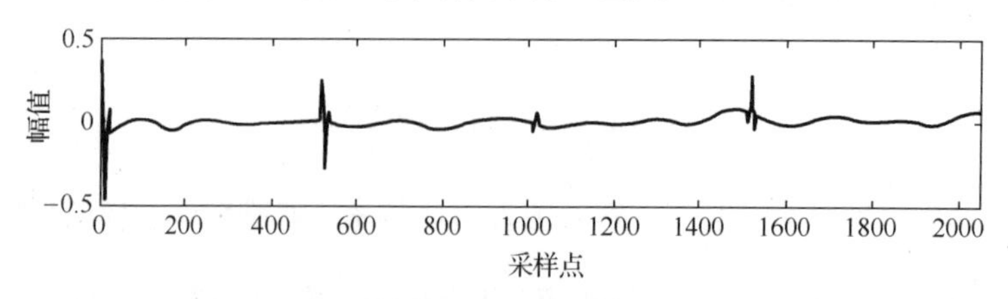

图 2-6　EMD 软阈值降噪结果

再采用基于滤波处理的 EMD 降噪方法，其中互相关系数和峭度值如图 2-7 所示。根据本文提出的降噪准则，选择分量 IMF2、IMF3 和 IMF4 进行重构，得到降噪后的信号如图 2-8 所示。可以看出，EMD 滤波降噪不仅去除了部分噪声，而且对于冲击信号的保留很好，便于后续的谱峭度法处理。

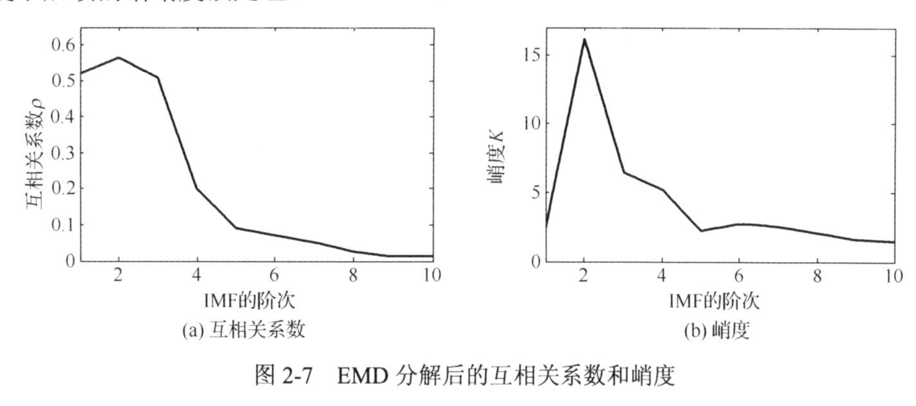

图 2-7　EMD 分解后的互相关系数和峭度

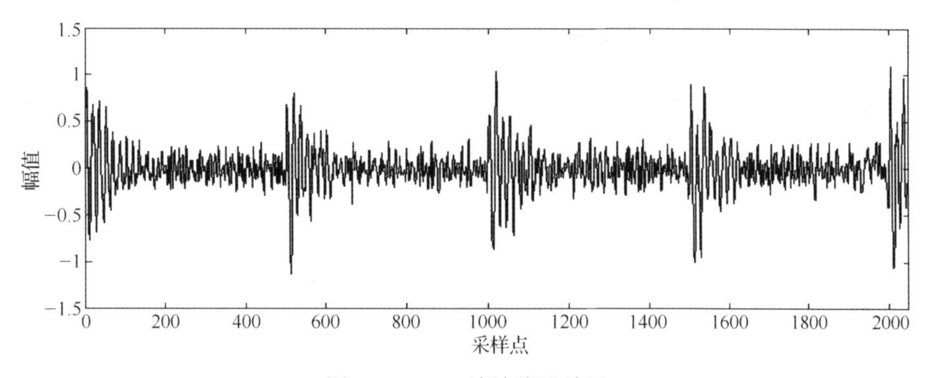

图 2-8　EMD 滤波降噪结果

由此可知，基于滤波处理的 EMD 降噪的优势是滤波后的结果能够充分保留信号的非线性和非平稳性信息，重新组合的信号不会对原信号的固有特性造成扭曲。而基于阈值的 EMD 降噪方法的关键是阈值选择，通常涉及噪声水平的估计。需要说明的是，本文使用的是第一个 IMF 的噪声估计方法，当选择不同的阈值方法时，降噪效果差异较大，从另一个方面也说明其鲁棒性没有基于滤波处理的改进 EMD 降噪好。为此，本章将采用基于滤波处理的改进 EMD 降噪方法作为信号的预处理手段。

2.5　应用实例

为了论证基于滤波处理的改进 EMD 降噪方法的性能，这里使用实际的工业轴承早期内圈故障振动信号，该信号采自某石化公司低压聚乙烯混炼机变速箱的轴承座。设备的结构简图如图 2-9 所示，传感器沿轴向布置，齿轮箱连接到同步齿轮机构，用于驱动双螺杆混炼机。轴承型号为 NSK22338，轴速约为 510rpm，采样频率为 12800Hz，采样长度为 8192 个点，齿轮啮合频率约为 387.5Hz。经计算，内圈、外圈、滚动体、保持架所对应的特征频率依次为 68.75Hz、48.2Hz、21.58Hz、3.44Hz。故障信号的时域波形和频谱如图 2-10(a)所示，可以看出，时域波形有冲击但不突出，频谱图看不出明显故障频率。

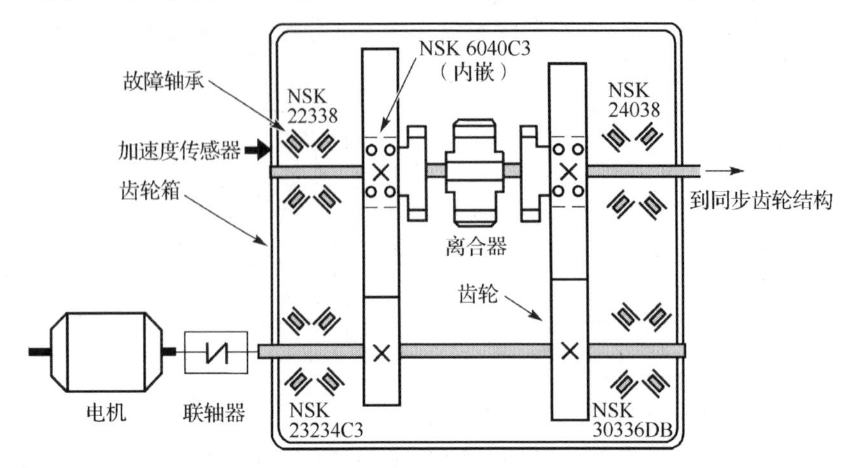

图 2-9　包含内圈故障轴承的工业装置示意图

对信号进行 EMD 分解，得到 12 个 IMF，计算各 IMF 与原信号的互相关系数以及各 IMF 的峭度值，如表 2-1 所示，这里只显示前 5 个结果，其中原信号的峭度值为 4.0945。

表 2-1　各 IMF 与原信号的互相关系数及各自峭度值

IMF 序号	IMF1	IMF2	IMF3	IMF4	IMF5
相关系数ρ	0.7238	0.4316	0.2996	0.2301	0.2411
峭度值 K	4.2512	3.0203	2.6407	2.9802	2.9800

由表 2-1 可知，IMF1、IMF2 与原信号的互相关系数较大且峭度值大于 3，保留了原信号中最多的冲击特征，故可以取前两个 IMF 重构原信号。计算得到的重构信号的峭度值为 4.3901，较原信号有所提高，其时域波形和频谱图如图 2-10(b)所示，可以看出，时域波形冲击成分更明显，而频谱图低频分量得到削弱，中高频分量得到保留，其作用相当于高通滤波，保留了高频共振成分，也减少了低频干扰的影响。

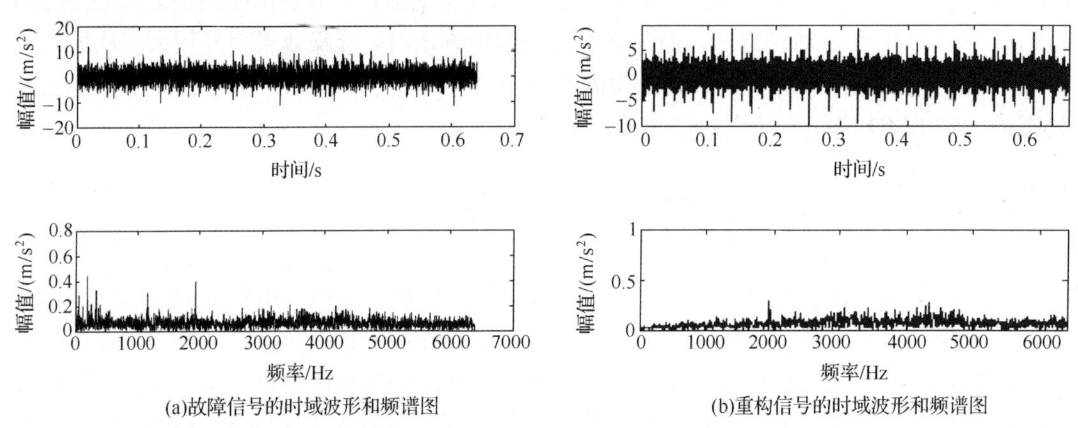

(a)故障信号的时域波形和频谱图　　(b)重构信号的时域波形和频谱图

图 2-10　内圈故障信号降噪前后效果比较

先对原信号进行 EMD 降噪处理，从而降低了低频干扰影响，突出高频共振成分，平方包络谱如图 2-11 所示，此时，内圈故障频率 68.75Hz 及其倍频已经可以明显地看出来了。

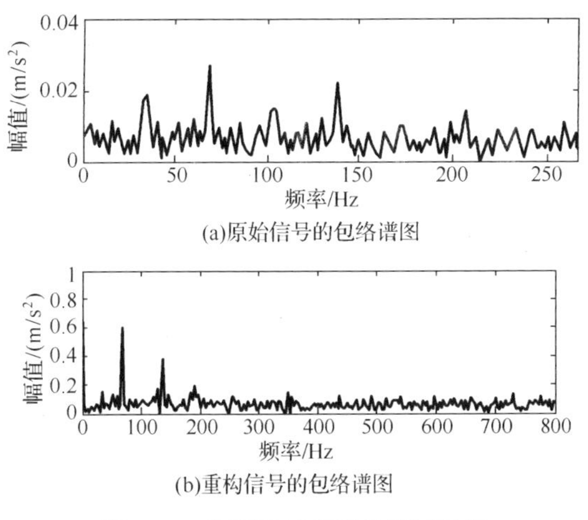

(a)原始信号的包络谱图

(b)重构信号的包络谱图

图 2-11　实际轴承信号的测试结果

参考文献

[1] HUANG N E, SHEN Z, LONG S R. The empirical mode decomposition and the Hilbert spectrum for nonlinear and non-stationary time series analysis[J]. Proceedings of the Royal Society A, 1998(454): 903-995.

[2] HUANG N E, SHEN Z, LONG S R. A new view of nonlinear water waves: the Hilbert spectrum[J]. Annual Review of Fluid Mechanics, 1999(31): 417-457.

[3] HUANG N E. A new view of earthquake ground motion data: The Hilbert spectrum analysis[C]. International Workshop on Annual Commemoration of Chi-Chi Earthquake, 2000: 64-75.

[4] YUE H Y, GUO H D, HAN C M. A SAR interferogram filter based on the empirical mode decomposition method[J]. Geoscience and Remote Sensing Symposium, 2001(5): 2061-2063.

[5] 马孝江, 王凤利, 蔡悦, 等. 局域波时频分析在转子系统早期故障诊断中的应用研究[J]. 中国电机工程学报, 2004, 24(3): 161-164.

[6] WANG F T, ZHANG Y Y, XU Z Z, WANG J L, FU X H. Design on Intelligent Diagnosis System of Reciprocating Compressor Based on Multi-agent Technique[J]. Procedia Engineering, 2012, 29:3256-3261.

[7] 盖强. 局域波时频分析的理论研究与应用[D]. 大连: 大连理工大学, 2001.

[8] 王珍. 基于局域波分析的柴油机故障诊断方法的研究及应用[D]. 大连: 大连理工大学, 2002.

[9] WANG F T, LIU C X, SU W S, XUE Z G, HAN Q K, LI H K. Combined Failure Diagnosis of Slewing Bearings Based on MCKD-CEEMD-ApEn[J]. Shock and Vibration, 2018, 2018(2018-4-23):1-13.

[10] 钟佑明, 秦树人, 汤宝平. Hilbert-Huang 变换中的理论研究[J]. 振动与冲击, 2002, 21(4): 13-17.

[11] BOUDRAA A O, CEXUS J C, SAIDI Z. EMD-Based Signal Noise Reduction[J]. International Journal of

Signal Processing, 2004(1): 33-37.

[12] WANG L, ZHAO J L, WANG F T, MA X J. Fault diagnosis of reciprocating compressor cylinder based on EMD coherence method[J]. Journal of Harbin Institute of Technology, 2012, 19(01):101-106.

[13] LIU B, RIEMENSCHNEIDER S, XU Y. Gearbox fault diagnosis using empirical mode decomposition and Hilbert spectrum[J]. Mechanical Systems and Signal Processing, 2006(20): 718-734.

[14] TANG S, MA H, SU L. Filter principles of Hilbert-Huang transform and its application in time series analysis[C]. International Conference on Signal Processing, 2006: 16-20.

[15] 林京. 经验模式分解的滤波器特性及其在故障检测中的应用[J]. 洛阳理工学院学报(自然科学版), 2008, 18(1): 5-8.

[16] SU W S, WANG F T, ZHANG Z X, GUO Z G, LI H K. Application of EMD denoising and spectral kurtosis in early fault diagnosis of rolling element bearings[J]. Journal of Vibration & Shock, 2010, 22(1):3537-3540.

第 3 章　双树复小波域隐 Markov 树模型降噪方法

本章把降噪作为滚动轴承故障诊断中的一个关键问题提出来进行深入研究，针对目前广泛使用的小波阈值降噪方法的不足，提出一种基于双树复小波变换的隐马尔可夫(Markov)树模型[1]的信号降噪方法，并将其成功应用于滚动轴承故障诊断中。双树复小波变换具有近似平移不变性，而隐 Markov 树模型能有效刻画小波系数间的相关性和非高斯性，两种优势的结合可以获得比常规方法更好的降噪效果。双树复小波域隐 Markov 树模型不仅能有效抑制高斯白噪声，还能去除异常冲击干扰，仿真信号可验证这一点。对于实际滚动轴承信号，使用该方法同样可以获得满意的结果。

3.1　小波变换的理论基础与性质

常规的离散正交小波变换降噪会产生伪吉布斯(Gibbs)现象，使降噪后的信号在急剧变化部分产生振荡现象，从而对具有奇异点或不连续点的信号的降噪效果影响较大，这对于在强噪声背景下提取弱信号时尤其明显。Coifman 等把这种现象归结为采用的小波变换不具有平移不变性，并提出采用“Cycle Spinning”方法加以抑制。对于 HMT 模型而言，该方法的计算量将非常大。克服平移对信号能量分布影响的一个简单方法是不进行向下采样，但这带来大量的数据冗余，也会使计算量加大。Kingsbury[2,3]提出的双树复小波变换，不仅保持了传统小波变换的时频局部化分析能力，还具有近似的平移不变性、完全重构性、有限的数据冗余(一维信号为冗余 2∶1，m 维信号冗余仅为 2^m∶1)和高效的计算效率等优良性质。

3.1.1　离散小波变换

小波理论自提出以来日臻完善，应用领域不断扩大，深受科学家和工程师的重视。传统的离散小波变换(discrete wavelet transform，DWT)具有非常有效的算法和稀疏表示，已经成为信号处理领域强有力的工具。从分析过程来看，DWT 首先将输入信号通过高通滤波器和低通滤波器分解为高频和低频分量，再经过二抽取得到小波分解系数，如图 3-1 所示[4]。

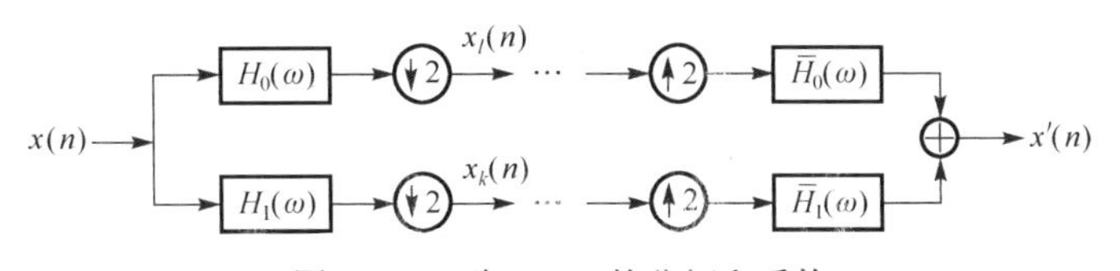

图 3-1　一阶 DWT 的分解和重构

特别设计的分解和重构滤波器组 $H_0(\omega)$、$H_1(\omega)$ 能够保证信号完美重构，但是 DWT 的二抽取过程却带来一些缺陷，严重影响了小波信号处理的效果。例如，图 3-1 中有

$$X_l(\omega)=[X(\omega)H_0(\omega)]\downarrow=\frac{1}{2}\left[X\left(\frac{\omega}{2}\right)H_0\left(\frac{\omega}{2}\right)+X\left(\pi-\frac{\omega}{2}\right)H_0\left(\pi-\frac{\omega}{2}\right)\right] \tag{3-1}$$

式中，$X(\omega)$ 和 $X_l(\omega)$ 分别表示原信号 $x(n)$ 和低频分量 $x_l(n)$ 的离散时间傅里叶(Fourier)变换；ω 为圆频率，下文同；“↓”表示二抽取过程，显然：

$$[\mathrm{e}^{-\mathrm{j}\omega}X(\omega)H_0(\omega)]\downarrow\neq \mathrm{e}^{-\mathrm{j}\omega/2}[X(\omega)H_0(\omega)]\downarrow \tag{3-2}$$

式(3-2)表明，二抽取过程引起了较大混叠，带来畸变，严重影响小波系数表征原信号特征的能力[5]。混叠带来的缺陷主要表现以下两个方面[3]。

1．平移敏感性

平移敏感性是指输入信号一个很小的平移会使小波系数产生非常明显的变化。虽然小波滤波器组能够保证信号完美重构，或者说低通和高通分量的总能量对于信号平移能够保持不变，但是低通和高通分量却不能单独保持平移不变。如图 3-2 所示，一个完全相同的单位脉冲处于不同位置，其一阶 DWT 的低通小波系数就不相同了，而且能量也有较大区别。这一缺陷可能使 DWT 在提取信号特征时，丢失一些重要信息，产生错误的结果。

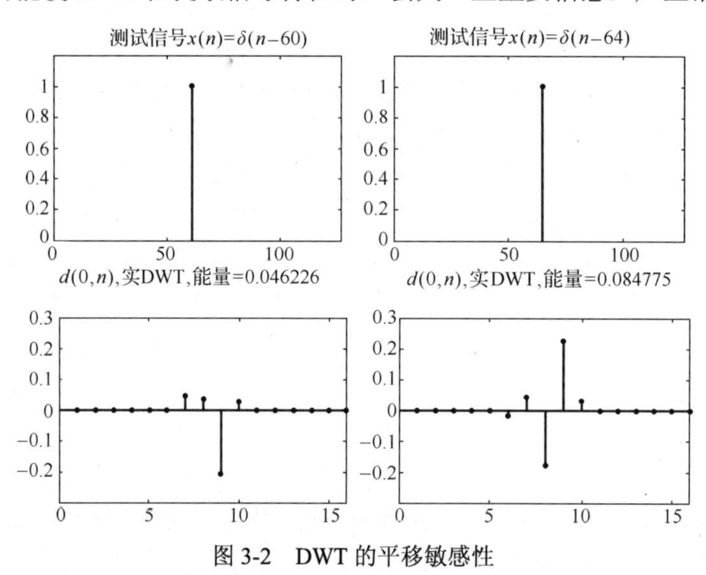

图 3-2　DWT 的平移敏感性

2．缺乏方向选择性

DWT 在图像处理时多采用可分离方式，在行和列两个方向先后进行滤波和二抽取，由此产生四个子图像：LL、LH、HL 和 HH。这种方法的优点是算法简洁、结构清晰，缺点是 LH、HL 和 HH 子图像分别突出了某些方向的信息，弱化了其他方向的信息，不利于提取完整的图像信息。由于本文涉及的是一维振动信号，故这里不深入讨论。

3.1.2　复小波变换

DWT 不具有平移不变性且容易产生混叠，但 Fourier 变换却没有小波的这些问题。首先，Fourier 变换的幅度不会正负振荡，在 Fourier 域具有较光滑的正的包络；其次，Fourier 变换的幅值是完全平移不变的，它用一个简单的线性相位偏移来编码平移；第三，Fourier 系数是不会混叠的，也不需要依赖于复杂的混叠消除特性来重构信号。究其原因在于，DWT 是基于实数值的振荡小波函数，而 Fourier 变换是基于复数值的振荡正弦：$e^{j\omega t}=\cos(\omega t)+j\sin(\omega t)$，其中 $j=\sqrt{-1}$。振荡的余弦和正弦(分别为实部和虚部)组成一个希尔伯特(Hilbert)变换对，即它们相差 $90°$ 相位。同时，余弦和正弦构成一个支撑范围只在频率轴的一边(即 $\omega>0$)的解析信号 $e^{j\omega t}$。

基于 Fourier 的表现形式，可以考虑用复数值的尺度和小波函数来得到复小波变换(complex wavelet transform，CWT)。CWT 对非平稳信号处理的原理与实小波相同，但复基函数比实基函数具有更好的平移不变性。

Selesnick[6]指出，当复小波变换的低通和高通滤波器对应的小波基 $\psi_h(t)$ 和 $\psi_g(t)$ 构成 Hilbert 变换对，并且满足式(3-3)时，复小波变换能大大减少实小波变换的平移敏感性。

$$\psi_g(\omega)=\begin{cases}-j\psi_h(\omega), & \omega>0\\ j\psi_h(\omega), & \omega<0\end{cases}\tag{3-3}$$

式中，$\psi_h(\omega)$ 和 $\psi_g(\omega)$ 分别表示 $\psi_h(t)$ 和 $\psi_g(t)$ 的 Fourier 变换。

CWT 与 DWT 的滤波系统在结构上完全相同，不同之处在于 CWT 中使用的滤波器系数是复数，且输出结果也是复数。这样的滤波器在小波树的第一层可以很容易地设计成满足完全重构条件，即只须限制输出信号必须为实数；但在更高的分解层中，因为输入、输出都是复数，就不能采用类似的约束条件。而且，对于第一层以后各层的完全重构，必须使滤波器组(由四个滤波器构成)在全频段上具有平坦的响应特性。这在四个滤波器都可能抑制负频率的情况下，根本不可能实现[7]。因此，需要构造一种不同形式的复小波变换树。

3.1.3　双树复小波变换

尽管 CWT 具有很多好的特性，但却不具有完全重构性。双树复小波变换(dual-tree complex wavelet transform，DT-CWT)是由英国剑桥大学 Kingsbury 教授首先提出，Selesnick 做了进一步研究。该方法保留了 CWT 诸多优良特性，同时，通过采用双树滤波的形式，保证了完全重构性。DT-CWT 的实现非常简单，它采用两个实数值 DWT：第一个 DWT 给出变换系数的实部，第二个 DWT 给出虚部。

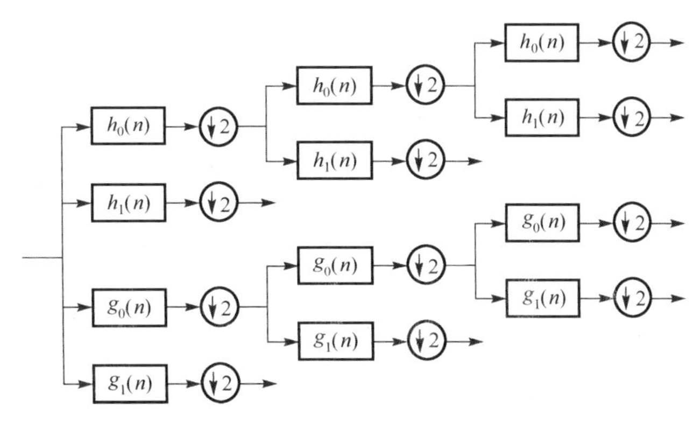

图 3-3　DT-CWT 的分析滤波器组结构

用来实现 DT-CWT 的分析滤波器组结构如图 3-3 所示，两个 DWT 用两组不同的滤波器，每一组都分别满足完全重构条件。两组滤波器联合设计使得整个变换是近似解析的。设 $h_0(n)$，$h_1(n)$ 分别表示上面一组滤波器带的低通和高通滤波器；而 $g_0(n)$，$g_1(n)$ 表示下面一组滤波器带的低通和高通滤波器。与每个 DWT 相对应的实数小波分别表示为 $\psi_h(t)$ 和 $\psi_g(t)$。这些滤波器的设计除了满足完全重构性条件，还需要使得复小波 $\psi(t)=\psi_h(t)+\mathrm{j}\psi_g(t)$ 是近似解析的，即需要设计滤波器组使得 $\psi_g(t)$ 近似为 $\psi_h(t)$ 的 Hilbert 变换，表示为 $\psi_g(t)\approx H[\psi_h(t)]$。所以，双树复小波设计中的关键问题是联合设计两个滤波器组来得到尽可能解析的复小波和复尺度函数。

3.1.4　DT-CWT 的滤波器设计

将小波性质转化为滤波器性质也就是将小波设计的问题转化为滤波器设计的问题。如，当低阶滤波器的转移函数为 $H_0(z)=(1+z)^K Q(z)$ 时，小波 $\psi(t)$ 有 K 阶消失矩。DT-CWT 提出了新的滤波器设计问题，即设计两个满足什么性质的低通滤波器 $h_0(n)$ 和 $g_0(n)$，使得相应的小波形成近似 Hilbert 变换对，即 $\psi_g(t)\approx H[\psi_h(t)]$。Selesnick 表明，若 $G_0(\mathrm{e}^{\mathrm{j}\omega})=\mathrm{e}^{-\mathrm{j}0.5\omega}H_0(\mathrm{e}^{\mathrm{j}\omega})$，则 $\psi_g(t)\approx H[\psi_h(t)]$，其逆命题由 Ozkaramanli 证明，使得这一条件成为充分必要条件。半采样延迟条件 $G_0(\mathrm{e}^{\mathrm{j}\omega})=\mathrm{e}^{-\mathrm{j}0.5\omega}H_0(\mathrm{e}^{\mathrm{j}\omega})$ 又可以根据幅值和相位函数表示为 $\left|G_0(\mathrm{e}^{\mathrm{j}\omega})\right|=\left|H_0(\mathrm{e}^{\mathrm{j}\omega})\right|$，$\angle G_0(\mathrm{e}^{\mathrm{j}\omega})=\angle H_0(\mathrm{e}^{\mathrm{j}\omega})-0.5\omega$。

DT-CWT 的滤波器设计也有很多方法，一般来说，主要是构造满足下面性质的滤波器：近似半采样延迟特性；完全重构(正交或双正交)；消失矩性质；线性相位等。下面介绍两种主要的滤波器构造方法。

1. 奇/偶(odd/even)滤波器

图 3-4 为采用 odd/even 滤波器 DT-CWT 的梯形结构示意图。通过在各个树上轮流使用奇滤波器和偶滤波器实现了更好的采样对称性，从而实现近似的平移不变变换。

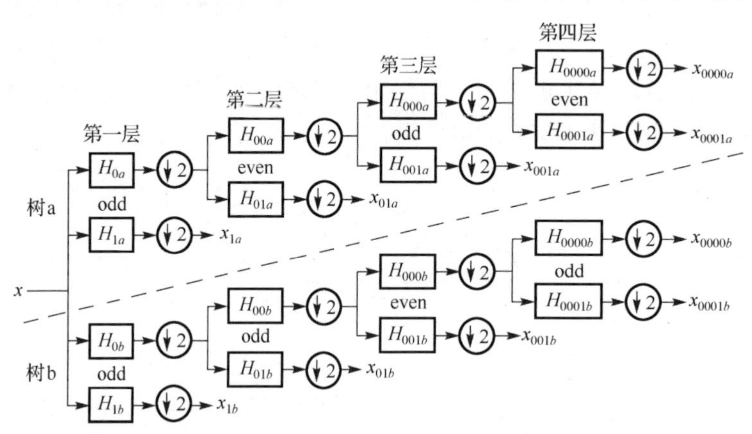

图 3-4　DT-CWT 结构(odd/even 滤波器)

第一层分解时，两树采用相同的奇数长度滤波器，对信号进行高通和低通滤波后，树 a 进行奇采样，树 b 进行偶采样，这样树 b 二采样所获得的系数刚好是树 a 所缺少的。因此，在第一层分解时，双树复小波变换保留了信号的所有信息，是平移不变的。对于第一层以后的分解，由于采样率发生变化，树 b 的采样位置点不再刚好位于树 a 采样位置点的中间位置，直接用第一层相同的方法无法获得平移不变性。为了在其他层上也获得平移不变性，并保证两棵树的所有采样值序列都具有统一的间隔，滤波器在给定层上及前面所有层上总的时延必须设计为具有相对于给定层的一个采样周期的时延。基于此，对于第一层以后的分解，两树之间的滤波器的时延必须设计为具有半个采样周期(相对于上一层的采样)的差距；对于具有线性相位的滤波器，就需要一个树采用奇长度滤波器，而另外一个树为偶长度的滤波器结构，这就形成了所谓的 odd/even 滤波器。

odd/even 滤波器的设计满足下式：

$$z^{-2}H_{0a}(z)H_{00a}(z^2)\approx H_{0b}(z)H_{00b}(z^2) \tag{3-4}$$

但是这种奇偶滤波器也有如下缺点：两树的子采样结构不是很对称；两树具有不同的频率响应特性。

2．Q-shift 滤波器

为了克服 odd/even 滤波器的缺点，Kingsbury 提出了一种 Q-shift 滤波器的构造方法。图 3-5 为采用 Q-shift 滤波器的 DT-CWT 梯形结构示意图。

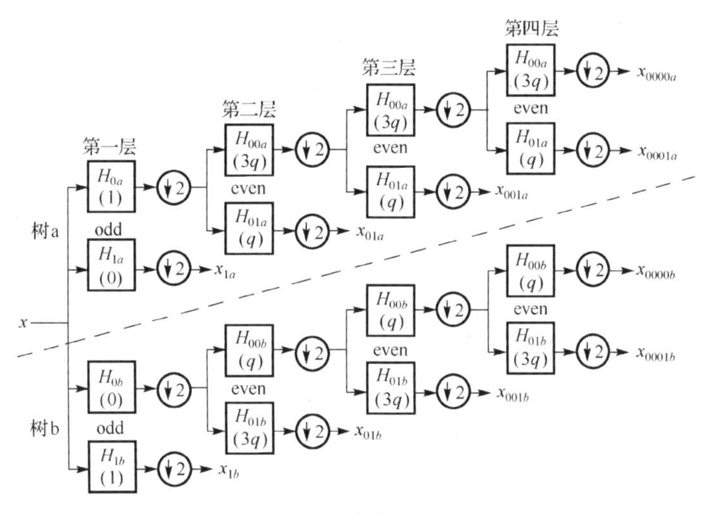

图 3-5　DT-CWT 结构(Q-shift 滤波器)

Q-shift 滤波器在两个树的第二层及其以后各层上均采用偶数长度，但各自不再是严格的线性相位。Q-shift 滤波器具有 1/4 采样周期的群延迟，两树之间所要求的 1/2 采样周期的延迟，可通过设定树 b 的滤波器为树 a 滤波器的时间反转来实现，即树 a 为 1/4 时延($+q$)，树 b 为 3/4 时延($3q$)。这样就保证了在每一层上，树 a 的采样点刚好位于树 a 采样点的中间位置，采样具有很强的对称性。

Q-shift 滤波器是基于 Z 变换和线性时不变采样系统原理设计的，如式(3-5)所示。

$$\begin{cases} H_{L2}(z)=H_L(z^2)+z^{-1}H_L(z^{-2}) \\ H_L(z)H_L(z^{-1})+H_L(-z^{-1})H_L(-z)=2 \end{cases} \tag{3-5}$$

式中，$H_L(z)$ 为具有为 1/4 时延的长度为 $2n$ 的 Q-shift 滤波器；$H_{L2}(z)$ 为长度为 $4n$ 的具有 1/2 采样间距时延的线性相位滤波器。$H_L(z)$ 是通过对 $H_{L2}(z)$ 进行二采样获得。

3.1.5 DT-CWT 的平移不变性分析实例

图 3-6 比较了实 DWT 和 DT-CWT 分别对台阶信号进行 4 层分解的结果。其中，图 3-6(a)为：当输入信号产生平移时，采用 DWT 进行 4 层小波分解后，各个尺度上小波系数的重构结果。DWT 的移变性使得输入信号的微小位移引起输出信号在各个尺度上小波系数能量分布的巨大变化。输入信号为一组一维台阶信号，每相邻的两个台阶信号之间移位 1 个采样间距(为了便于显示，后面的台阶信号相对于前面的台阶信号向下移一定的距离，形成瀑布图显示)。从分解结果可以看出，在各个尺度上无论是小波系数还是尺度系数，随着输入台阶信号的平移，DWT 分解结果的波形不再保持一致，能量分布有较大的振荡。图 3-6(b)为：当输入信号产生平移时，采用 DT-CWT 进行 4 层小波分解后，各个尺度上小波系数的重构结果。输入信号仍为与上述相同的台阶信号，图 3-6(b)表明，经过 DT-CWT，在各个尺度上无论小波系数还是尺度系数，随着输入台阶信号的平移，波形和能量分布基本保持一致。

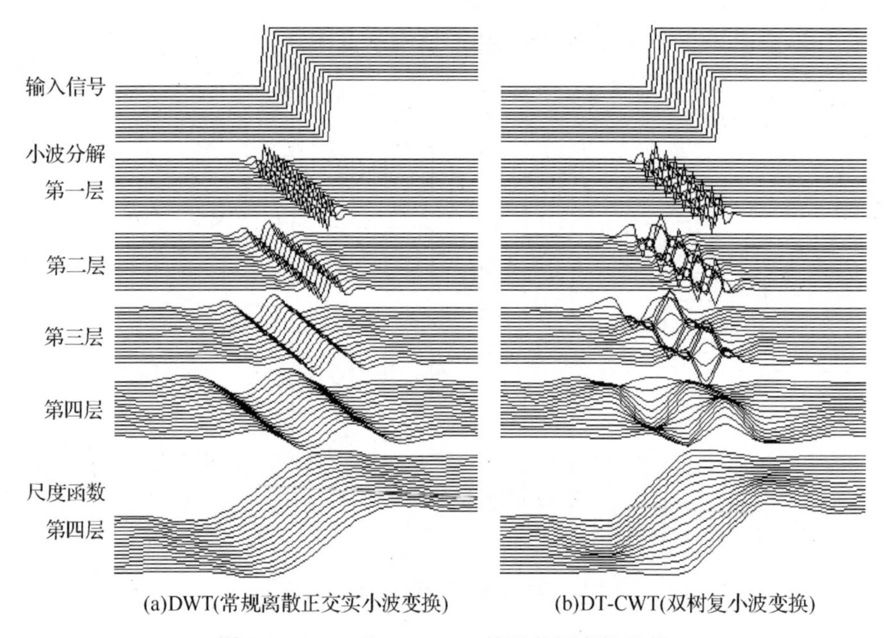

(a)DWT(常规离散正交实小波变换)　　(b)DT-CWT(双树复小波变换)

图 3-6　DWT 和 DT-CWT 的平移不变性比较

3.2　小波域隐 Markov 树模型

虽然小波变换具有解相关功能，但实际上小波系数并不是完全统计独立的，而是具有聚集性(同一尺度内的相邻小波系数间有强的相关性)、持续性(不同尺度间的同一位置的小波系数有强的相关性)和非高斯性(小波系数呈现尖峰、重拖尾的非高斯分布特征)。基于上述特性，Crouse 等[7]提出了小波域隐 Markov 树(HMT)模型，将小波系数的边缘概率密度函数建模成具有隐状态的混合高斯分布，从而与小波系数的非高斯性匹配；使用概率树来描述隐状态之间的 Markov 依赖性，体现小波系数在不同尺度间的持续性。

3.2.1　隐 Markov 模型

为了便于后面内容的理解，本节将简要介绍隐 Markov 模型的基本概念和经典算法[7]。

1. 离散 Markov 过程

设有一个定义在离散时间轴上的随机过程 $X=\{x_m=1,2,\cdots\}$，x 的取值范围(或称状态个数)是离散且有限的，并满足 Markov 性质，即它在 m 时刻所处的状态只与它在 $m-1$ 时刻的状态有关，而与 $m-1$ 时刻以前所处的状态无关，如果有

$$P(x_m|x_{m-1},x_{m-2},\cdots,x_1)=P(x_m|x_{m-1}) \tag{3-6}$$

其中，m 为任意时刻，则 X 称为一阶离散 Markov 过程。

2. 隐 Markov 模型介绍

隐 Markov 模型(hidden Markov models，HMM)是双层结构的模型，一层是状态转移过程，可由一个一阶离散 Markov 过程来描述，用状态转移矩阵表示；另一层是可见的由状态(或状态跳转)产生观测矢量的过程，由观测矢量概率分布表示。其中模型所描述系统的状态并不能被直接观察到，即“隐含”的(状态转移的随机过程是“隐”的)，它可通过另一层状态输出的随机过程表现出来，因此称之为“隐” Markov 模型。

一个 HMM 是一组由状态转移连接着的状态集，为叙述方便，可由以下参数描述。

(1) N：模型的状态数。记 N 个状态为 $s_1,s_2,\cdots,s_N$；t 时刻的状态表示为 q_t，$q_t\in(s_1,s_2,\cdots,s_N)$。

(2) M：每个状态的离散观测符号的个数。此观测符号对应模型化系统的物理输出，记观测符号为 $V=\{v_1,v_2,\cdots,v_M\}$。

(3) $\boldsymbol{A}$：状态转移概率分布。$\boldsymbol{A}$ 是由状态转移概率构成的矩阵，其元素 a_{ij} 是 t 时刻由状态 s_i 转移到 $t+1$ 时刻 s_j 状态的概率，即 $\boldsymbol{A}=\{a_{ij}\}$，$a_{ij}=P\{q_{t+1}=s_j|q_t=s_i\}$，$i,j\in\{1,2,\cdots,N\}$。

(4) $\boldsymbol{B}$：状态 s_j 观测符号概率分布。它是由状态 s_j 的观测符号概率组成的一个矩阵，其元素 $b_j(k)$ 是 t 时刻处于状态 s_j 时输出观测符号 $o_t=v_k$ 的概率，即 $\boldsymbol{B}=\{b_j(k)\}$，$b_j(k)=\{o_t=v_k|q_t=s_j\}$，$k\in\{1,2,\cdots,M\}$。

(5) π：初始状态分布。它是指 $t=1$ 时(初始时刻)处于某个状态的概率。即 $\pi=(\pi_1,\pi_2,\cdots,\pi_N)$，其中 $\pi_i=P(q_1=s_i)$，$i\in\{1,2,\cdots,N\}$。

因此，一个 HMM 过程可以写为

$$\lambda=(N,M,\pi,\boldsymbol{A},\boldsymbol{B}) \tag{3-7}$$

或简写为

$$\lambda=(\pi,\boldsymbol{A},\boldsymbol{B}) \tag{3-8}$$

显然，这个参数集一旦确定即可得到任意观测序列 O 的概率，即 $P(O|\lambda)$。

形象地说，HMM 可以分为两部分，一个是 Markov 链，用 π 、$\boldsymbol{A}$ 描述，产生的输出为状态序列；另一个是随机过程，由 $\boldsymbol{B}$ 描述，产生的输出为观察值序列，如图 3-7 所示，其中 T 为观察值序列的时间长度。

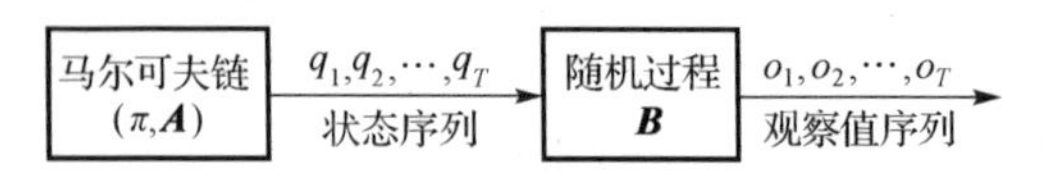

图 3-7　隐 Markov 模型的构成

3. 隐 Markov 模型基本算法

HMM 的三个基本问题是：

(1) 已知观测序列 $O=(o_1,o_2,\cdots,o_T)$ 和模型 $\lambda=(\pi,\boldsymbol{A},\boldsymbol{B})$，如何高效地计算观测序列 O 在 HMM 下的后验概率 $P(O|\lambda)$。

(2) 已知观测序列 $O=(o_1,o_2,\cdots,o_T)$ 和模型 $\lambda=(\pi,\boldsymbol{A},\boldsymbol{B})$，如何找到最佳状态序列 $Q=(q_1,q_2,\cdots,q_T)$。

(3) 已知观测序列 $O=(o_1,o_2,\cdots,o_T)$，如何调整模型参数 $\lambda=(\pi,\boldsymbol{A},\boldsymbol{B})$，使得模型产生观测序列 O 的后验概率 $P(O|\lambda)$ 最大。

解决 HMM 的三个基本问题的算法分别是前向-后向算法、Viterbi 算法和 Baum-Welch 算法(也称为期望最大化算法)。因为这三个基本算法很多书籍都有介绍，这里不深入讨论。

3.2.2　HMT 模型的原理

对于信号的小波域系数统计特性的分析，最重要的一个方面是对小波变换的“二级特性”做准确和有效的描述，特别是尺度间(inter-scale)模型；对小波系数的非高斯性(non-Gaussian)和持续性(persistence)要做准确的建模。

1. 高斯混合模型描述单个系数边缘分布的非高斯性

小波变换的压缩特性(compression)表明：信号在小波变换后系数往往呈现稀疏性分布，即小波域包含着少量的“大”系数和大量的“小”系数。更准确地讲，大部分小波系数对信号主要信息的贡献较小，只有少部分系数能提供信号的重要信息。这样，每一个独立的系数要么处于“大”状态——对信号能量的贡献较大；要么处于“小”状态——几乎不包含信号能量。如果将每一种状态与相应的概率密度函数(probability density function，PDF)相关联：大方差、零均值的 PDF 对应于“大，L”状态，小方差、零均值的 PDF 对应于“小，S”状态，那么每个小波系数变量可以通过一个两状态的高斯混合模型(Gaussian mixture model，GMM)加以描述。该模型由每一系数对应状态的概率质量函数(probability mass function，PMF) $P_S(L)$ 、$1-P_S(L)$，以及每一状态对应系数的高斯 PDF 的均值 μ_S 、μ_L 和方差 σ_S^2 、σ_L^2 组成。如图 3-8 所示，实心点表示小波系数，空心点表示隐状态，单个小波系数的概率分布是用混合高斯模型来描述的，由隐状态的取值来决定小波系数服从其中某种高斯分布的概率，这里 $P_S(1)$ 表示大系数概率 $P_S(L)$，$P_S(2)$ 表示小系数概率 $1-P_S(L)$，两状态混合高斯概率为 $f(w)$。

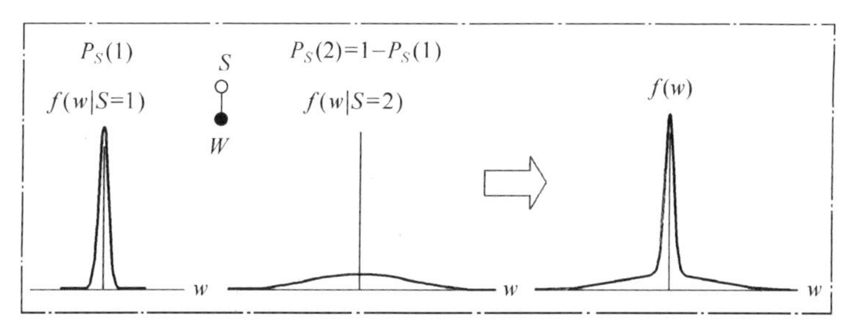

图 3-8　高斯混合模型

2. Markov 树模型捕捉尺度间系数的延续性

离散小波变换的二抽取过程使得小波系数的数量随着分解依次减半。由于相邻尺度小波系数存在相关性，连接不同尺度对应的小波系数构成二叉树结构。如图 3-9 所示，其中空心点表示小波系数，实心点表示其隐藏的状态，树的根结点为分辨率最低尺度的小波系数，根节点的上方为尺度系数。隐 Markov 树模型能够有效地描述尺度间小波系数的延续特性。该模型中父子节点的依赖程度与尺度之间对应系数状态的传递能力相对应，而这种传递能力可通过 HMT 模型中父子节点状态间的概率转移关系得到。

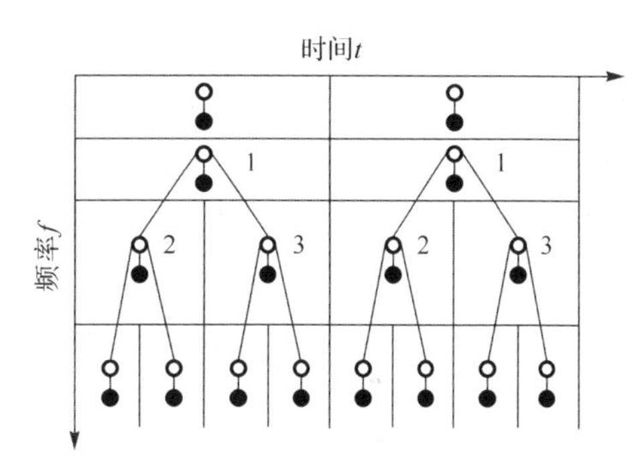

图 3-9　小波分解系数二叉树图

一直以来，人们希望能有这样一个模型，它既能匹配单个系数的 PDF，又能捕获各个系数之间的统计相关性。巧合的是，将上述提到的 GMM 和 HMT 模型集于一体，就可以同时解决建模单个系数的非高斯边缘分布以及描述各个尺度系数间的传递关系问题。

HMT 模型利用混合高斯分布对同一尺度内的小波系数的非高斯分布建模。“大”状态的小波系数用方差大的高斯分布建模，“小”状态的小波系数用方差小的高斯分布建模。每个小波系数在“大”状态 L 或“小”状态 S 的条件分布为

$$f_{w_i|S_i}(w_i|S_i=m)=\frac{1}{\sqrt{2\pi}\sigma_{i,m}}\exp\left[-\frac{(w_i-\mu_{i,m})^2}{2\sigma_{i,m}^2}\right] \tag{3-9}$$

式中，$\mu_{i,m}$、$\sigma_{i,m}^2$ 分别为高斯分布函数的均值、方差，$m=S$ 或 L，$\sigma_{i,L}^2>\sigma_{i,S}^2$。从而，每个小波系数的边缘分布被含两个混合元的混合高斯分布来建模，即

$$f_w(w)=\sum_{m=S,L}p_S(m)f_{w|S}(w|S=m) \tag{3-10}$$

式中，$\sum\limits_{m=S,L}p_S(m)=1$。混合高斯模型的状态数可以大于 2，但通常两状态的混合高斯模型就可以很好地拟合信号的小波系数非高斯分布特征。

3. HMT 模型的训练算法

HMT 模型的参数 θ 包括：①根节点状态 S_1 的概率 $p_{S_1}(m)$；②父节点状态 $S_{\rho(i)}$ 为 n 时，节点状态 S_i 为 m 时的转移概率矩阵 $\boldsymbol{\varepsilon}_{i,\rho(i)}^{m,n}$；③混合模型的参数 $\mu_{i,m}$ 和 $\sigma_{i,m}^2$。

HMT 模型的训练通常采用期望最大化(expectation-maximuzation，EM)算法。EM 算法是一种迭代算法，首先假定一个初始的 θ^0，在每一次迭代中，通过计算 $E_S[\ln f(w,S|\theta)|w,\theta^l]$ (E 步)并使之最大化(M 步)得到新的 θ 的估计 θ^{l+1}，最终通过多次迭代，得到 θ 的精确估计，具体算法如下[8]。

(1)初始化：选择初始模型参数 θ^0。

(2)E 步(upward-downward 算法)：估计小波系数的隐状态变量的概率。

• Up 步：向树的上方传递隐状态信息。

• Down 步：向树的下方传递隐状态信息。

(3)M 步：更新模型参数 θ 以最大化期望似然函数。

(4)收敛检验：在 E 步和 M 步之间迭代直至收敛。

对于隐 Markov 树模型，M 步比较简单，关键是 E 步，即 upward-downward 算法。为了叙述简单，首先介绍单棵树的 E 步，然后再介绍多树的 EM 算法。

1)单棵树 E 步算法

设单棵树具有 P 个小波系数 $W=[W_1,W_2,\cdots,W_P]$ 和取值为 0，1 的对应隐状态 $S=[S_1,S_2,\cdots,S_P]$。E 步算法的主要目的是计算概率 $p(S_i=m|W,\theta)$ 和 $p(S_i=m,S_{\rho(i)}=n|W,\theta)$。为了获得这些概率，下面介绍一些中间变量。

首先给出小波系数树的定义。定义 T_i 表示根节点在 W_i 的小波系数的子树，则子树 T_i 包含小波系数 W_i 及其所有的后代。类似定义 $T_{i\backslash j,j>i}$ 表示从子树 T_i 中去除子树 T_j，其中 $T_{i\backslash i}$ 表示空树。不失一般性，对 W 进行排序使 W_1 成为整棵树的根节点。T_1 表示所有小波系数 W 构成的树，所以有时候为了概率表达的方便，可以用 T_1 表示 W。对子树 T_i，定义条件似然函数：

$$\beta_i(m)=p(T_i|S_i=m,\theta) \tag{3-11}$$

$$\beta_{i,\rho(i)}(m)=p(T_i|S_{\rho(i)}=m,\theta) \tag{3-12}$$

$$\beta_{\rho(i)\backslash i}(m)=p(T_{\rho(i)\backslash i}|S_{\rho(i)}=m,\theta) \tag{3-13}$$

及联合概率函数：

$$\alpha_i(m)=p(S_i=m,T_{1\backslash i}|\theta) \tag{3-14}$$

由隐 Markov 树模型可知，给定状态变量 S_i，树 T_i 和树 $T_{1\backslash i}$ 是相互独立的，则

$$p(S_i=m,T_1|\theta)=\alpha_i(m)\beta_i(m) \tag{3-15}$$

$$p(S_i=m,S_{\rho(i)}=n,T_1|\theta)=\alpha_{\rho(i)}(n)\beta_{\rho(i)\backslash i}(n)\beta_i(m)\varepsilon_{i,\rho(i)}^{n,m} \tag{3-16}$$

则 W 的似然函数为

$$p(W|\theta)=p(T_1|\theta)=\sum_{m=0}^{1}p(S_i=m,T_1|\theta)=\sum_{m=0}^{1}\beta_i(m)\alpha_i(m) \tag{3-17}$$

应用贝叶斯公式于式(3-15)～式(3-17)得到所期望的条件概率为

$$p(S_i=m|W,\theta)=\frac{\alpha_i(m)\beta_i(m)}{\sum_{n=0}^{1}\alpha_i(n)\beta_i(n)} \tag{3-18}$$

$$p(S_i=m,S_{\rho(i)}=n|W,\theta)=\frac{\alpha_{\rho(i)}(n)\beta_{\rho(i)\backslash i}(n)\beta_i(m)\varepsilon_{i,\rho(i)}^{n,m}}{\sum_{n=0}^{1}\alpha_i(n)\beta_i(n)} \tag{3-19}$$

E 步算法(upward-downward 算法)

模型中所有的状态变量都是相互依赖的，确定这些状态变量的概率必须在整棵树内传递状态信息。upward-downward 算法是一种传递信息的有效算法。Up 步通过从叶子节点到根节点传递信息来计算 β。Down 步通过从根节点到叶子节点传递信息来计算 α。利用式(3-18)～式(3-19)获得树中每个隐状态变量的概率。

(1) Up 步。

初始化：对于最低尺度 $l=1$ 上的所有状态变量 S_i 计算：

$$\beta_i(m)=g(w_i;0,\sigma_{i,m}^2),\quad m=0,1 \tag{3-20}$$

其中

$$g(w_i;0,\sigma_{i,m}^2)=\frac{1}{\sqrt{2\pi}\sigma_{i,m}}\exp\left(-\frac{w_i^2}{2\sigma_{i,m}^2}\right) \tag{3-21}$$

①对 $m=0,1$ 及尺度 l 上的所有状态变量 S_i 计算：

$$\beta_{i,\rho(i)}(m)=\sum_{n=0}^{1}\varepsilon_{i,\rho(i)}^{n,m}\beta_i(n) \tag{3-22}$$

$$\beta_{\rho(i)}(m)=g(w_{\rho(i)};\mu_{\rho(i),m},\sigma_{\rho(i),m}^2)\prod_{i\subseteq c(\rho(i))}\beta_{\rho(i),i}(m) \tag{3-23}$$

其中 $c(\rho(i))$ 表示节点 i 所对应父节点 $\rho(i)$ 的所有子节点。

$$\beta_{\rho(i)\backslash i}(m)=\beta_{\rho(i)}(m)/\beta_{i,\rho(i)}(m) \tag{3-24}$$

②令 $l=l+1$（向上移一个尺度）。

③如果 $l=L$（L 为小波分解的最高尺度），则停止。否则转到第 1 步。

(2) Down 步。

初始化：对最高尺度 L 上的状态变量 S_1，计算：

$$\alpha_1(m)=p_{S_1}(m),\quad m=0,1 \tag{3-25}$$

①令 $l=l-1$（向下移一个尺度）。

②对尺度 l 上的所有状态变量 S_i 计算：

$$\alpha_i(m)=\sum_{n=0}^{1}\alpha_{\rho(i)}(n)\varepsilon_{i,\rho(i)}^{m,n}\beta_{\rho(i)\backslash i}(n),\quad m=0,1 \tag{3-26}$$

③如果 $l=1$，则停止。否则转向第 1 步。

2) 多树 EM 算法

为了处理 $K>1$ 棵树的情形，添加上标 k 表示树数。所有小波系数表示为 $W=[W^1,W^2,\cdots,W^k]$，对应隐状态 $S=[S^1,S^2,\cdots,S^k]$。

(1) E 步。

对每棵树单独地应用 upward-downward 算法，再利用式(3-18)～式(3-19)计算每棵树对应的概率：

$$p(S_i^k=m|W^k,\theta) \tag{3-27}$$

$$p(S_i^k=m,S_{\rho(i)}^k=n|W^k,\theta) \tag{3-28}$$

(2) M 步。

由最大似然原理得：

$$p_{S_i}(m)=\frac{1}{K}\sum_{k=1}^{K}p(S_i^k=m|W^k,\theta) \tag{3-29}$$

$$\varepsilon_{i,\rho(i)}^{n,m}=\frac{1}{Kp_{S_{\rho(i)}}(m)}\sum_{k=1}^{K}p(S_i^k=n,S_{\rho(i)}^k=m|W^k,\theta) \tag{3-30}$$

$$\sigma_{i,m}^2=\frac{1}{Kp_{S_i}(m)}\sum_{k=1}^{K}(w_i^k)^2p(S_i^k=m|W^k,\theta) \tag{3-31}$$

4. DWT-HMT 模型降噪

对信号的降噪就是从含噪信号中估计出原信号的过程。对一含加性高斯白噪声的信号进行小波变换，由小波变换的线性性质有

$$w_i=y_i+n_i \tag{3-32}$$

式中，w_i、y_i、n_i 分别为含噪信号、原信号和噪声的小波系数。因为高斯白噪声经小波变换后仍为同方差的高斯白噪声，因此，若 Y_i 服从二元混合高斯分布，则 W_i 亦服从二元混合高斯分布。可以利用上述 HMT 模型对 $\{w_i\}$ 建模并训练，估计出含噪小波系数 w_i 的混合高斯分布的方差 $\gamma_{i,m}^2$，进而得到原信号小波系数 y_i 所服从混合高斯分布的方差的估计为

$$\sigma_{i,m}^2=\gamma_{i,m}^2-\sigma_n^2 \tag{3-33}$$

式中，噪声方差 σ_n^2 由最小尺度上的小波系数的中值估计(MAD)方法得到。

$$\sigma_n^2=\frac{\text{median}(|W_i|)}{0.6745} \tag{3-34}$$

若 w_i 对应的状态 S_i 已知，y_i 的最小均方估计(MMSE)为

$$\hat{y}_i=E(Y_i|W_i=w_i,S_i=m)=\frac{\sigma_{i,m}^2}{\sigma_{i,m}^2+\sigma_n^2}w_i \tag{3-35}$$

然而，EM 算法并不能给出 S_i 的估计，作为 EM 算法的中间结果，$p(S_i|w,\theta)$ 可被用于

给定模型参数与观测数据条件下 y_i 的估计为

$$\hat{y}_i = E(Y_i|w,\theta) = \sum_m p(S_i = m|w,\theta)\frac{\sigma_{i,m}^2}{\sigma_{i,m}^2+\sigma_n^2}w_i \tag{3-36}$$

最后利用估计出的小波系数进行信号重构，即可获得信号的估计。

3.3　双树复小波域隐 Markov 树降噪模型

对双树复小波系数建立统计模型，本文提出两种方法：一种是将小波系数的实部和虚部联合考虑，本文命名为 DTCWT_HMT1；另一种是将双树复小波系数的实部和虚部分开考虑，分别建立系数模型，本文命名为 DTCWT_HMT2。下面分别介绍这两种方法。

3.3.1　DTCWT_HMT1 法

对信号进行双树复小波变换(DT-CWT)，得到的小波系数为复数 $w_i = w_i^{\text{Re}} + \text{j}w_i^{\text{Im}}$，将每个 w_i 与一个隐藏状态 S_i 相关，由模 $|w_i|$ 的大小决定 S_i 的取值为 L 或 S。如果将 w_i 的实部和虚部看作一个二元随机矢量 $[w_i^{\text{Re}}, w_i^{\text{Im}}]$，则可以将小波系数边缘概率密度 $f(w_i)$ 表示成一个二维高斯混合分布。因为实部和虚部的滤波器组是正交的，所以小波系数的实部和虚部近似不相关，$f(w_i)$ 可以近似表示为如下形式：

$$f_{w_i|S_i}(w_i|S_i=m) = \frac{1}{\sqrt{2\pi}\sigma_{\text{Re},i,m}}\exp\left[-\frac{(w_i^{\text{Re}}-\mu_{\text{Re},i,m})^2}{2\sigma_{\text{Re},i,m}^2}\right]\times\frac{1}{\sqrt{2\pi}\sigma_{\text{Im},i,m}}\exp\left[-\frac{(w_i^{\text{Im}}-\mu_{\text{Im},i,m})^2}{2\sigma_{\text{Im},i,m}^2}\right] \tag{3-37}$$

除了用式(3-37)代替式(3-9)的条件高斯密度，基于该方法的其他的参数，如状态 S 的概率分布函数、小波系数 W 的概率密度函数和尺度间的 Markov 转移概率与 DWT-HMT 的都一样，这里不再赘述。

3.3.2　DTCWT_HMT2 法

由 DT-CWT 得到信号小波系数的实部 w_i^{Re} 和虚部 w_i^{Im}；对它们分别建立隐 Markov 树模型，模型的参数分别为 θ^{Re} 和 θ^{Im}；分别使用实部 w_i^{Re} 和虚部 w_i^{Im} 数据，按照 EM 算法对参数 θ^{Re} 和 θ^{Im} 训练，得到 $p(S_i^{\text{Re}}=m|W^{\text{Re}},\theta^{\text{Re}})$、$p(S_i^{\text{Im}}=m|W^{\text{Im}},\theta^{\text{Im}})$、$\mu_{\text{Re},m,j}$、$\mu_{\text{Im},m,j}$、$\sigma_{\text{Re},m,j}^2$ 及 $\sigma_{\text{Im},m,j}^2$；用式(3-36)计算信号对应小波系数的实部 $\hat{y}_i^{\text{Re}}$ 和虚部 $\hat{y}_i^{\text{Im}}$，得到信号对应小波系数的估计值 $\hat{y}_i = \hat{y}_i^{\text{Re}} + \text{j}\hat{y}_i^{\text{Im}}$；最后用双树复小波逆变换得到降噪后的信号 y。

3.4　应 用 实 例

3.4.1　仿真信号

本文分别采用 HeaviSine、Blocks 和 Bumps 信号来验证 DTCWT-HMT 模型降噪方法的可行性和有效性，并与 DWT-HMT 降噪、DTCWT 软、硬阈值降噪和传统的软、硬阈值降噪法进行比较，所有方法都使用 5 层分解和重构。其中，DWT-HMT 和传统软、硬阈值法都采用 db6 小波。DTCWT 软、硬阈值降噪法和传统软、硬阈值降噪法的阈值 λ 如式(3-38)所示。

$$\lambda = \sqrt{2\log(N)}\frac{\text{median}(|\overline{W}|)}{0.6745} \tag{3-38}$$

式中，N 为信号长度；$|\overline{W}|$ 为最低尺度上的小波系数

未加噪声时，3 种信号的时域波形如图 3-10 所示。

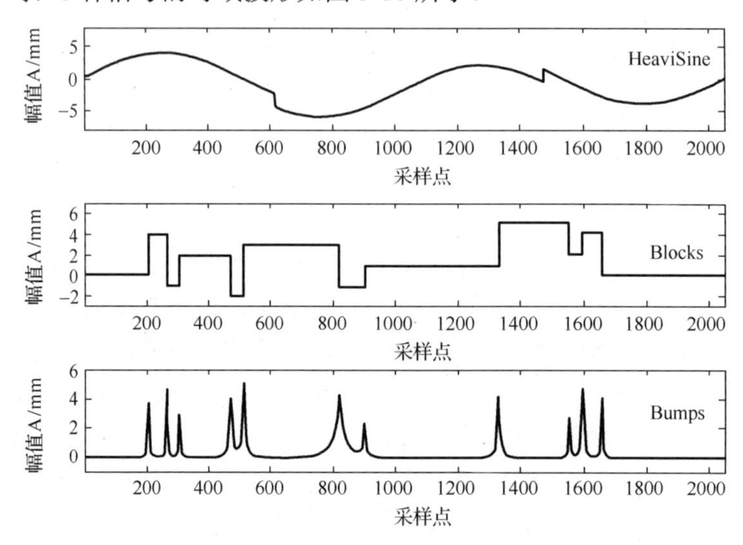

图 3-10　三种典型的测试信号

对 3 种信号分别加入高斯白噪声，使含噪信号的信噪比分别为 13dB、14dB 和 15dB，结果如表 3-1 所示。

本文定义的信噪比公式为

$$\text{SNR} = 10\lg\frac{\sum xp^2}{\sum(xp - x)^2} \tag{3-39}$$

式中，xp、x 分别为降噪后的信号及原始信号。

表 3-1　不同算法的降噪结果

算法	信噪比	HeavSine	Blocks	Bumps
DTCWT-HMT1	13	25.8027	20.4215	18.7229
	14	26.5044	21.0768	19.8842
	15	27.2230	21.7697	20.8650
DTCWT-HMT2	13	25.5923	19.6723	17.7542
	14	26.1908	20.1521	18.1531
	15	26.8439	20.7373	18.4885
DWT-HMT	13	25.5287	19.9549	18.0950
	14	26.2866	20.5231	18.9810
	15	26.9250	21.1065	19.8542

续表

算法	信噪比	HeavSine	Blocks	Bumps
DTCWT 软阈值	13	25.4899	19.2439	19.8578
	14	26.0187	19.7302	21.0361
	15	26.4916	20.7639	21.8731
DTCWT 硬阈值	13	25.2897	15.7368	13.1418
	14	25.8254	16.2122	13.9906
	15	26.3899	16.7848	14.8262
传统软阈值	13	24.9628	18.1479	18.4341
	14	25.4285	19.2106	19.6458
	15	26.3411	20.3201	20.3021
传统硬阈值	13	24.7821	14.4331	13.2306
	14	25.3263	16.9170	14.0695
	15	25.8193	17.4792	14.8904

由表 3-1 可以看出，除个别情况外(主要指 Bumps 信号)，从整体上来说，DTCWT-HMT1 法对各种信号的降噪效果都是最好的；HMT 模型的方法比软、硬阈值降噪法效果要好；双树复小波阈值法比传统实小波阈值法效果要好。

以上结果是针对信号长度为 2048 个点，5 层小波分解得到的。为了验证本文算法的鲁棒性，有必要讨论信号的分解层数和信号长度对以上方法的影响。

由图 3-11 可知，随着分解层数的增加，HMT 模型方法的信噪比是先增大后趋于平稳；软阈值法的信噪比是先增大后减小；硬阈值法的信噪比是先增大再减小然后趋于平稳。由此可见，本文算法具有更好的通用性，研究中分解层数选为 5 是合适的，不仅信噪比高，而且计算量也小。

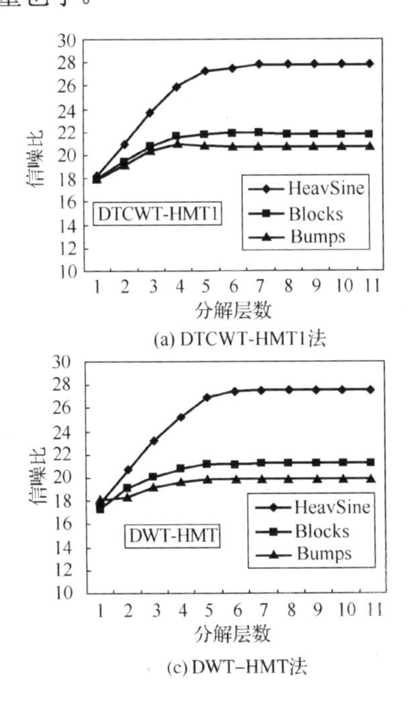

(a) DTCWT-HMT1法

(c) DWT–HMT法

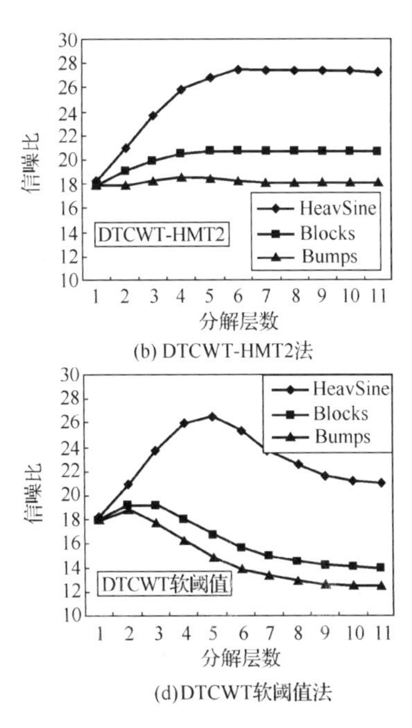

(b) DTCWT-HMT2法

(d)DTCWT软阈值法

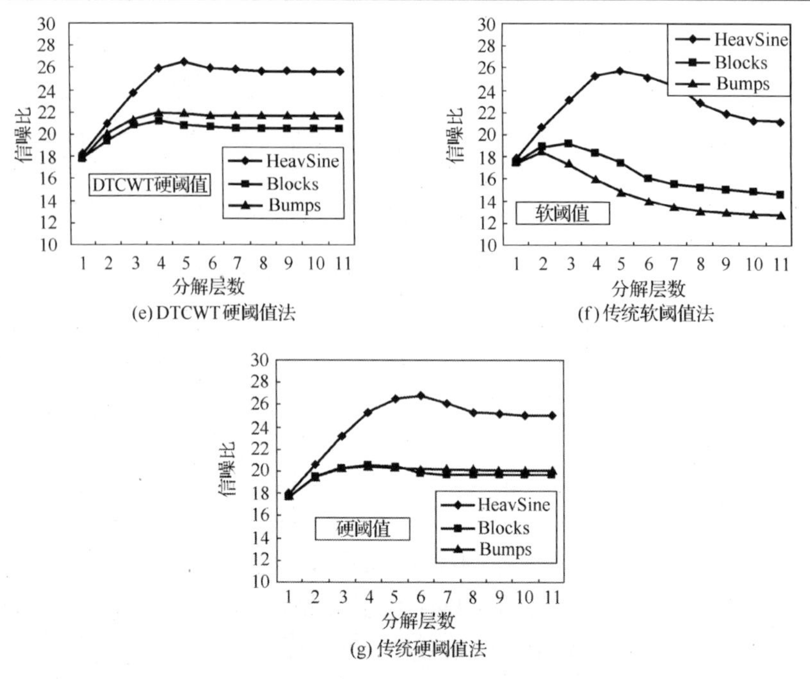

(e) DTCWT硬阈值法　　(f) 传统软阈值法

(g) 传统硬阈值法

图 3-11　信号分解层数对各种方法的影响

图 3-12 是分解层数为 5 时，信号长度对各种方法的影响，其中信号长度指的是 2 的幂次。因为各种方法都有类似的结论，这里只给出 DTCWT-HMT1 法和传统软阈值法的结果。图 3-12 可以看出，随着信号长度增大，信噪比逐渐增大，达到一定长度以后，信噪比趋于平稳。当信号长度为 2 的 20 次方，也即 1M 数据时，能达到很好的降噪效果，但此时计算量将非常大。为了工程实际需要，选择信号长度为 2048 点也可达到要求。

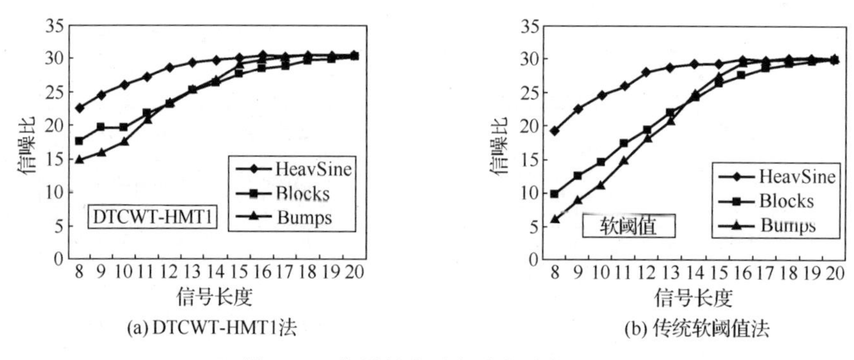

(a) DTCWT-HMT1法　　(b) 传统软阈值法

图 3-12　信号长度对各种方法的影响

同时，研究中也发现，采用不同的小波、不同的阈值，软、硬阈值法的信噪比相差很大，而本文方法受此影响很小。本文方法的优势一方面它来源于两个双树复小波基函数的关系，而不是要求单个小波基函数和被分析信号之间的匹配；另一方面是因为本文方法没有明确的阈值函数选取或阈值确定问题，所以具有更好的灵活性和鲁棒性。

另外，研究中也发现，信噪比有时不能完全刻画出降噪效果，以下面的仿真为例，观察降噪效果。

齿轮、轴承等旋转机械部件若出现故障，通常会伴随着周期性冲击振动，有必要从噪声中充分提取这些冲击特征，为此，对仿真周期性冲击信号进行降噪。这里仿真信号为[9]

$$x(k) = \mathrm{e}^{-\alpha t'} \sin 2\pi f_c kT \tag{3-40}$$

其中

$$t' = \mathrm{mod}\left(kT, \frac{1}{f_m}\right) \tag{3-41}$$

式中，α、f_m、f_c、T 分别为指数频率、调制频率、载波频率和采样间隔，$\alpha = 800$，$f_m = 100\,\mathrm{Hz}$，$f_c = 3000\,\mathrm{Hz}$，$T = 1/50000\,\mathrm{s}$；信号长度为 2048 点。信号中加入异常冲击，使 300、800、1100 点处的幅值为 1.5，用以模拟异常冲击干扰。原始信号及加噪信号如图 3-13 所示，降噪效果如图 3-14 所示，其中小波分解为 5 层，采用 db6 小波，数据长度为 2048 点。

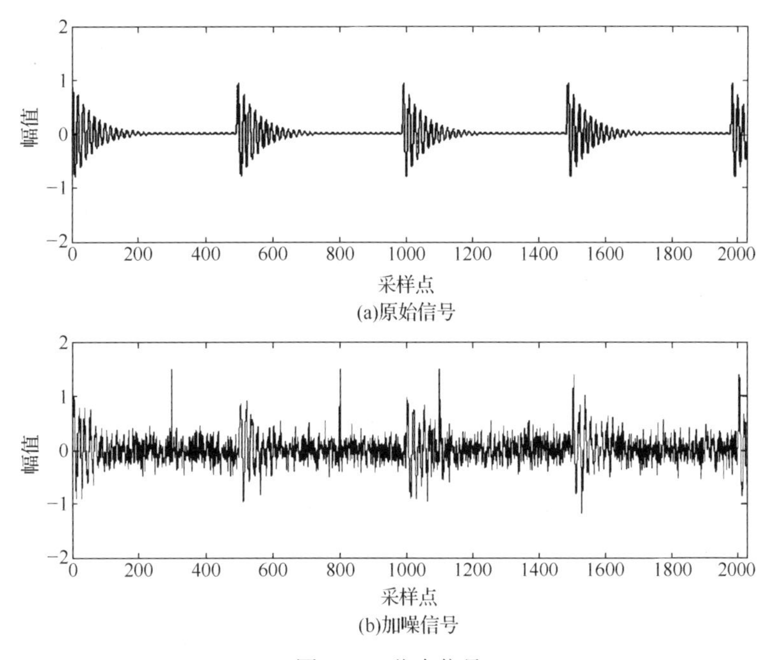

(a)原始信号

(b)加噪信号

图 3-13　仿真信号

由图 3-14 可以看出，软、硬阈值法不能很好地保留周期性冲击的指数衰减过程，后三种方法对于异常的干扰冲击也不能很好地消除；DWT-HMT 法虽然能较好地保留周期冲击衰减过程，但对于异常干扰冲击还是不能很好地消除；DTCWT-HMT1 和 DTCWT-HMT2 都能得到不错的降噪结果，不仅很好地保留周期冲击衰减过程，而且很好地消除异常冲击，但前者比后者幅值能稍大点，更贴近实际情况，而且噪声去除的也更彻底。

另外，这里使用的仿真信号同 2.4 节的信号非常类似，只是在其中加入了异常冲击干扰。采用第 2 章提出的改进 EMD 滤波降噪方法，对图 3-13(b)的信号进行降噪，得到的结果如图 3-15 所示。可以看到，虽然 EMD 滤波降噪法能够较好地保留周期性冲击的指数衰减过程，但是不能去除异常冲击干扰，而且残余的加性噪声仍然很大。EMD 滤波法降噪的效果同样没有本文提出的 DTCWT-HMT1 法效果好。由此得出，DTCWT-HMT1 是一种更适合机械故障诊断领域的时域降噪方法。

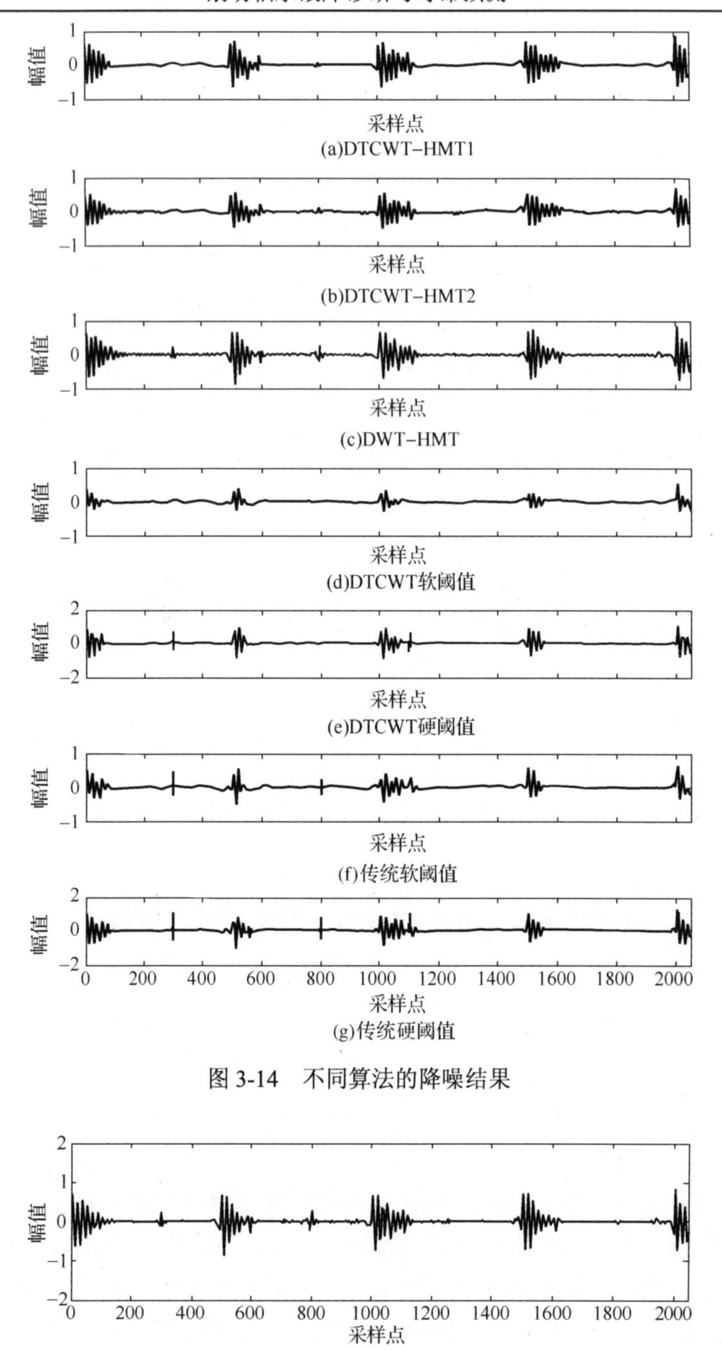

图 3-14　不同算法的降噪结果

图 3-15　EMD 滤波降噪后的结果

3.4.2　实际信号

以瓦轴厂轴承试验台上的测试信号为例，轴承型号为 SKF6208 的深沟球轴承，具体参数如表 3-2 所示。人为地划伤轴承外圈以模拟外圈故障，通过参数计算得到外圈故障频率为 89.9959Hz，所以冲击间隔应为 11ms。

信号采样频率为 24883Hz，采样长度为 15000 点，取 2048 点进行分析。对不同降噪方法的结果进行比较，也得出同样的结论，即 DTCWT-HMT1 法降噪效果最好。限于篇幅，这里只给出该方法的结果，如图 3-16 所示 g 为加速度。由图 3-16 可以看出，噪声大部分得到消除，而故障冲击得到充分保留，降噪后信号明显地存在间隔为 11ms 的冲击，可以确定滚动轴承外圈出现了故障。

表 3-2 滚动轴承的参数

外径	节径	滚动体直径	压力角
100mm	60mm	11.906mm	0°
内径	宽度	滚动体个数	主轴转速
40mm	12mm	12 个	1497rpm

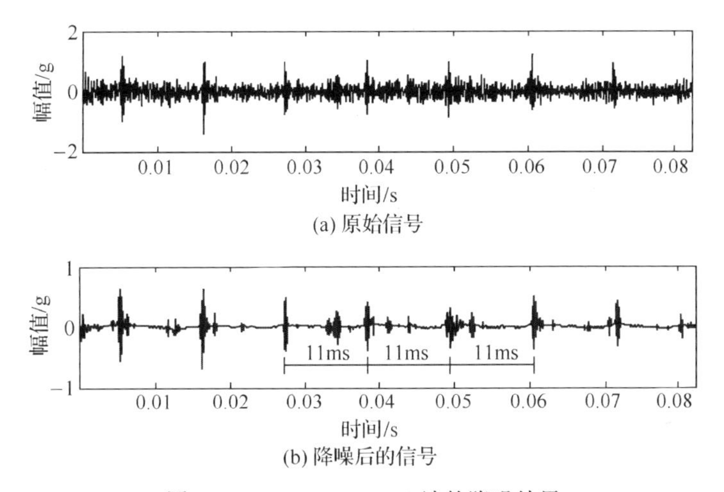

(a) 原始信号

(b) 降噪后的信号

图 3-16 DTCWT-HMT1 法的降噪结果

参 考 文 献

[1] 苏文胜, 王奉涛, 朱泓, 张志新, 李宏坤, 郭正刚. 双树复小波域隐 Markov 树模型降噪及在机械故障诊断中的应用[J]. 振动与冲击, 2011, 30(6): 47-52.

[2] KINGSBURY N G. The Dual-tree complex wavelet transform: A new technique for shift variance and directional filter[C]. In Proc, 8th IEEE DSP workshop, Bryce Canyon UT, USA, paper, no. 86, 1998: 16-20.

[3] KINGSBURY N G. Image processing with complex wavelets[J]. Phil. Trans. Roy. Soc, 1999, 357(9): 2543-2560.

[4] SU W S, WANG F T, GUO Z G, ZHANG Z X, ZHANG H Y. Feature Extraction of Rolling Element Bearing Fault Using Wavelet Packet Sample Entropy[J]. Journal of Vibration Measurement & Diagnosis, 2011, 31(2):162-380.

[5] 石宏理, 胡波. 双树复小波变换及其应用综述[J]. 信息与电子工程, 2006, 5(3): 229-234.

[6] SELESNICK I. Total Variation Denoising Via the Moreau Envelope[J]. IEEE Signal Processing Letters, 2017, 24(2):216-220.

[7] CROUSE M S, NOWAK R D, BARANIUK R G. Wavelet-based statistical signal processing using hidden Markov models[J]. IEEE Transactions on Signal Processing, 1998, 46(4): 886-902.

[8] DONOHO D L, JOHNSTONE I M. Adapting to unkown smoothness by wavelet shrinkage[J]. Journal of the American Statiscal Association, 1995, 90(432): 1200-1224.

[9] 苏文胜, 王奉涛, 朱泓, 郭正刚, 张洪印. 基于小波包样本熵的滚动轴承故障特征提取[J]. 振动、测试与诊断, 2011, 31(2): 162-166.

第 4 章　对偶树复小波流形域降噪方法

滚动轴承的工作环境比较复杂，现场测得的振动信号中往往含有大量噪声，如何有效降低滚动轴承故障信号中的噪声，对滚动轴承故障诊断具有重要的意义。本章针对滚动轴承故障信号的特点，提出了一种对偶树复小波流形域降噪方法[1]。该方法利用流形学习算法提取 DTCWT 小波细节信号空间的无噪信号子空间实现信号降噪。对偶树复小波流形域降噪方法充分利用了 DTCWT 小波系数的优良特性及流形学习的非线性结构提取能力。与其他降噪方法相比，本文方法具有更高的信噪比，降噪后信号的冲击成分不发生畸变，且波形的偏离度小。

4.1　理 论 基 础

2006 年 Weinberger 等提出了最大方差展开流形学习方法(maximum variance unfolding，MVU)。MVU 是在流行局部等距概念基础上提出的一种流形学习方法，在近邻点间欧式距离保持不变的前提下，通过旋转平移等变换，在低维空间中展开高维数据流形，不但能有效地学习出隐含在高维数据集中的低维流形，而且能揭示出高维数据的本质流形结构。

假设数据集 $\boldsymbol{X}=(\boldsymbol{x}_1,\boldsymbol{x}_2,\cdots,\boldsymbol{x}_n)^{\mathrm{T}}$ 是从高维含噪数据空间 R^d 的 r 维嵌入流形 M 上采集到的，流形学习的实质就是从观测数据集 $\boldsymbol{X}$ 中寻找 $\mathbf{R}^d\to\mathbf{R}^r(r\leqslant d)$ 的映射关系 f，通过映射 f 将 d 维观测数据集 $\boldsymbol{X}$ 映射到 r 维流形空间，便可得到 $\boldsymbol{X}$ 的低维流形表示 $\boldsymbol{Y}=(\boldsymbol{y}_1,\boldsymbol{y}_2,\cdots,\boldsymbol{y}_n)^{\mathrm{T}}$，$\boldsymbol{y}_i\in\mathbf{R}^r$。在 MVU 算法中，低维流形嵌入结构是在局部等距条件下，将点与点之间的距离最大化而获得的。在观测数据集 $\boldsymbol{X}$ 中构建一个 $l\times l$ 的权重方阵 $\boldsymbol{W}$ 是 MVU 算法的第一步，若 $\boldsymbol{x}_i$ 为 $\boldsymbol{x}_j$ 的第 k 近邻，那么 $W_{ij}=1$，否则 $W_{ij}=0$。在没有任何关于 $\boldsymbol{M}$ 和 r 先验知识的条件下，通过以下优化过程可以实现 MVU 算法。

$$\max\sum_{i,j}^{n}\left\|\boldsymbol{y}_i-\boldsymbol{y}_j\right\|^2 \tag{4-1}$$

$$\text{s.t.}\quad \left\|\boldsymbol{y}_i-\boldsymbol{y}_j\right\|^2 W_{ij}=\left\|\boldsymbol{x}_i-\boldsymbol{x}_j\right\|W_{ij} \tag{4-2}$$

$$\sum_{i=1}^{n}\boldsymbol{y}_i=0 \tag{4-3}$$

将高维数据空间的数据点映射到低维流形嵌入空间 $\boldsymbol{Y}$ 时，为了保持 $\boldsymbol{X}$ 的局部数据结构，应用式(4-1)的局部等距离约束条件可以保证使邻近点之间的欧式距离不变。流形提取过程中产生的平移自由度可以通过中心约束条件式(4-2)来消除。中心约束的实质是非凸二次优化问题，在平方等式的约束条件下往往只能得到局部最优解。为了得到全局最优解，

定义数据集 $\boldsymbol{Y}$ 的核核函数矩阵 $\boldsymbol{K}=[K_{ij}]_{n\times n}$，非凸二次最优化问题就可以变为凸半正定最优化问题。其中 $K_{ij}=\langle \boldsymbol{y}_i,\boldsymbol{y}_j\rangle$ 为核矩阵 $\boldsymbol{K}$ 的元素，$\langle\cdot,\cdot\rangle$ 代表向量的内积运算。因此，MVU 算法的优化过程等价于：

$$\max \operatorname{tr}(\boldsymbol{K}) \tag{4-4}$$

$$\text{s.t.}\quad \boldsymbol{K}\geqslant 0 \tag{4-5}$$

$$\sum_{i,j=1}^{n} K_{ij}=0 \tag{4-6}$$

$$K_{ii}-2K_{ij}+K_{jj}=\left\|\boldsymbol{x}_i-\boldsymbol{x}_j\right\|^2，\text{如果 } W_{ij}=1 \tag{4-7}$$

这里 $\operatorname{tr}(\cdot)$ 代表矩阵的迹，若 $\boldsymbol{K}$ 是半正定矩阵，就可以确保数据都来源于凸集，因此应增加约束使 $\boldsymbol{K}\geqslant 0$。应用已有的 SeDuMi，CSDP 成熟算法可对上述的凸半正定最优化问题式(4-7)进行快速求解。将式(4-7)的最优解 $\boldsymbol{K}^*$ 进行谱分解：

$$K_{ij}^*=\sum_{\alpha=1}^{n}\lambda_\alpha V_{\alpha i}V_{\alpha j} \tag{4-8}$$

将矩阵 $\boldsymbol{K}^*$ 的特征值按大小排列，用 λ_α 代表第 α 大特征值，相应特征向量的第 i 个元素为 $V_{\alpha i}$。将高维空间 $\boldsymbol{X}$ 映射到 n 维流形空间，高维数据 $\boldsymbol{x}_i$ 的 n 维流形映射 $\boldsymbol{y}_i^*$ 的第 α 个元素 $Y_{\alpha i}^*$ 为

$$Y_{\alpha i}^*=\sqrt{\lambda_\alpha}V_{\alpha i} \tag{4-9}$$

将前 r 个最大特征值 $\lambda_1,\cdots,\lambda_r$ 代入式(4-9)中，同时舍弃 $\boldsymbol{y}_i^*$ 的其他元素，便可得到 $\boldsymbol{y}_i^*$ 的前 r 个元素，即高维数据 $\boldsymbol{x}_i$ 的 $r(r\leqslant d)$ 维流形映射 $\boldsymbol{y}_i$。

4.2 对偶树复小波流形域降噪

机械故障诊断过程中，含有机械故障特征信息的冲击信号往往被噪声所掩盖，直接使用振动信号分析机械故障变得困难。这种情况在早期故障诊断过程中尤为突出。为了能有效诊断滚动轴承故障、降低噪声干扰、提高信噪比，必须对采集到的振动信号进行降噪处理。

4.2.1 对偶树复小波流形域降噪原理

对信号进行 n 层 DTCWT[2]分解，将第 i 层分解系数 $w_i=w_i^{\mathrm{Re}}+\mathrm{i}w_i^{\mathrm{Im}}$ 通过 DTCWT 变换逆过程重构，可得第 i 层 DTCWT 细节信号分量。不同尺度下的 DTCWT 细节信号分量作为行向量可以组成一个细节信号空间 $\boldsymbol{S}$，即

$$\boldsymbol{S}=\begin{Bmatrix}\boldsymbol{D}_1\\ \boldsymbol{D}_2\\ \vdots\\ \boldsymbol{D}_m\end{Bmatrix}=\begin{Bmatrix}d_1(1) & d_1(2) & \cdots & d_1(k)\\ d_2(1) & d_2(2) & \cdots & d_2(k)\\ \vdots & \vdots & & \vdots\\ d_m(1) & d_m(2) & \cdots & d_m(k)\end{Bmatrix} \tag{4-10}$$

式中，$\boldsymbol{D}_i=(d_i(1),d_i(2),\cdots,d_i(k))$，$i=1,2,3,\cdots,m$，表示 DTCWT 的第 i 层细节信号分量，信

号长度为 k 个点。如果原信号中含有噪声或者其他干扰成分，进行 DTCWT 变换时，噪声和干扰成分也随之被分解到 $\boldsymbol{D}_i$ 中，也就是说细节信号空间 $\boldsymbol{S}$ 中会含有噪声成分。于是 $\boldsymbol{S}$ 便可以写为两部分之和，即

$$\boldsymbol{S} = \boldsymbol{D} + \boldsymbol{W} \tag{4-11}$$

式中，$\boldsymbol{D}$ 对应不含噪声的细节信号子空间；$\boldsymbol{W}$ 对应噪声生成的细节信号子空间。在含噪声的 n 维细节信号空间 $\boldsymbol{S}$ 中，无噪子空间 $\boldsymbol{D}$ 的吸引子只局限于一个 r $(r<m)$ 维子流形中，而噪声子空间 $\boldsymbol{W}$ 则分布在信号空间 $\boldsymbol{S}$ 的各个维度。如果将无噪子空间 $\boldsymbol{D}$ 的吸引子轨迹视作嵌入在 m 维空间 $\boldsymbol{S}$ 中的低维超曲面流形，那么就可以根据噪声和信号在空间 $\boldsymbol{S}$ 中分布规律的不同，应用流形学习的非线性成分提取能力，从高维含噪声空间 $\boldsymbol{S}$ 中提取无噪信号子空间 $\boldsymbol{D}$ 的低维流形吸引子 $\boldsymbol{D}_r$。最后将低维流形吸引子 $\boldsymbol{D}_r$ 重构到高维空间中，就能从含噪空间 $\boldsymbol{S}$ 中提取无噪信号子空间 $\boldsymbol{D}$，达到降噪的目的。当信号的信噪比较低时，可对信号多次提取低维流形吸引子 $\boldsymbol{D}_r$ 后，再重构到高维相空间 $\boldsymbol{S}$ 中，以提高信噪比。

降噪过程的最后一步，需将 r 维流形吸引子 $\boldsymbol{D}_r$ 重构回 n 维空间 $\boldsymbol{S}$ 中，才能得到无噪信号子空间 $\boldsymbol{D}$，进而反求出降噪后的一维信号。但由于流形算法(包括 MVU)在计算高维数据空间低维流形表示的时候，并不存在一个显式映射函数，所以无法将低维流形直接重构回高维数据空间。但高数据维空间和其低维流形之间存在一个点集间的一一映射集合，由低维流形重构高维空间可以表示为

$$\boldsymbol{x}_i = f(\boldsymbol{y}_i) + \boldsymbol{\delta}_i\text{，}\quad i = 1,2,\cdots,N \tag{4-12}$$

式中，$\boldsymbol{x}_i \in \boldsymbol{S}$ 是高维空间 $\boldsymbol{S}^m$ 中的任意一点；$\boldsymbol{y}_i \in \boldsymbol{D}_r$ 表示低维吸引子 $\boldsymbol{D}_r$ 中与 $\boldsymbol{x}_i$ 相对应的点；$f(\cdot)$ 表示低维吸引子向高维空间映射的非线性函数；$\boldsymbol{\delta}_i \in \boldsymbol{W}$ 表示噪声子空间 $\boldsymbol{W}$ 中的一点。重构的目的就是为了恢复高维空间 $\boldsymbol{S}$ 的无噪子空间 $\boldsymbol{D}$。式(4-12)是一个典型的非参数回归估计问题，可采用多元局部多项式回归估计方法求解。

4.2.2　DTCWT_MVU 降噪方法步骤

基于上述对偶树复小波流形域降噪原理[3]，本文将 DTCWT 优良的平移不变性、完全重构性与流形学习的非线性成分提取能力相结合，提出一种基于对偶树复小波和最大方差展开算法的降噪方法，即 DTCWT_MVU 降噪方法，其具体步骤如下。

(1) 对含噪信号进行 i 层 DTCWT[4]分解，则第 i 层 DTCWT 分解系数为复数 $w_i = w_i^{\mathrm{Re}} + \mathrm{j}w_i^{\mathrm{Im}}$，其中 w_i^{Re} 代表 DTCWT 分解系数的实部，w_i^{Im} 代表 DTCWT 分解系数的虚部。

(2) 将第 1 到第 i 层 DTCWT 分解系数进行单支重构，则信号在不同尺度下的细节信号分量为 $\boldsymbol{D}_i = (d_i(1), d_i(2), \cdots, d_i(k))$，$i = 1,2,3,\cdots,m$。不同尺度下的 $\boldsymbol{D}_i$ 可以组成一个高维细节信号空间 $\boldsymbol{S}$，即 $\boldsymbol{S} = \{\boldsymbol{D}_1, \boldsymbol{D}_2, \cdots, \boldsymbol{D}_m\}^{\mathrm{T}}$。

(3) 对于高维细节信号空间 $\boldsymbol{S}$ 中的任一列向量 $\boldsymbol{x}_i = (d_1(1), d_2(1), \cdots, d_n(1))$，按欧式距离可构造出一个 $l \times l$ 的邻接矩阵 $\boldsymbol{W}$，若 $\boldsymbol{x}_i$ 是 $\boldsymbol{x}_j$ 的 k 近邻，则 $W_{ij} = 1$，否则 $W_{ij} = 0$。

(4) 设 r 维向量 $\boldsymbol{y}_i \in \mathbf{R}^r$ 是高维向量 $\boldsymbol{x}_i \in \mathbf{R}^m$ 所对应的低维流形表示，其中 $r \leqslant m$。令 $\boldsymbol{K} = [K_{ij}]_{m \times m}$，其中 $K_{ij} = \langle \boldsymbol{y}_i, \boldsymbol{y}_j \rangle$。按 MVU 算法可计算出无噪子空间 $\boldsymbol{D}$ 的低维流形吸引子，其等价优化公式为

$$\max \operatorname{tr}(\boldsymbol{K}) \tag{4-13}$$

$$\left(\text{s.t.}\quad \boldsymbol{K} \geqslant 0,\ \sum_{i,j=1}^{n} K_{ij} = 0,\ K_{ii} - 2K_{ij} + K_{jj} = \left\|\boldsymbol{x}_i - \boldsymbol{x}_j\right\|^2,\ \text{如果}\ W_{ij} = 1\right)$$

(5)若 $\boldsymbol{K}^*$ 为该优化问题的最优解，对 $\boldsymbol{K}^*$ 进行谱分解得到：

$$K_{ij}^* = \sum_{\alpha=1}^{m} \lambda_\alpha V_{\alpha i} V_{\alpha j} \tag{4-14}$$

按大小进行排序，矩阵 $\boldsymbol{K}^*$ 的第 α 大特征值为 λ_α，其对应特征向量的第 i 个元素为 $V_{\alpha i}$。从而，$\boldsymbol{y}_i^*$ 是高维向量 $\boldsymbol{x}_i$ 的 m 维映射，它的第 α 个元素为 $Y_{\alpha i}^* = \sqrt{\lambda_\alpha} V_{\alpha i}$。在 $\boldsymbol{y}_i^*$ 中，保留前 r 个较大特征值对应的 r 个元素，舍去 $\boldsymbol{y}_i^*$ 的其他元素，从而得到高维向量 $\boldsymbol{x}_i$ 的 $r(r \leqslant m)$ 维流形表示 $\boldsymbol{y}_i$。

(6)将由 r 维向量空间 $\boldsymbol{y}_1, \boldsymbol{y}_2, \cdots, \boldsymbol{y}_k$ 构成的低维流形吸引子 $\boldsymbol{D}_r$ 重构到高维细节信号空间 $\boldsymbol{S}$ 中，得到无噪信号子空间 $\boldsymbol{D}$，反求出降噪后的一维信号即可完成降噪。

DTCWT_MVU 降噪方法的流程如图 4-1 所示。

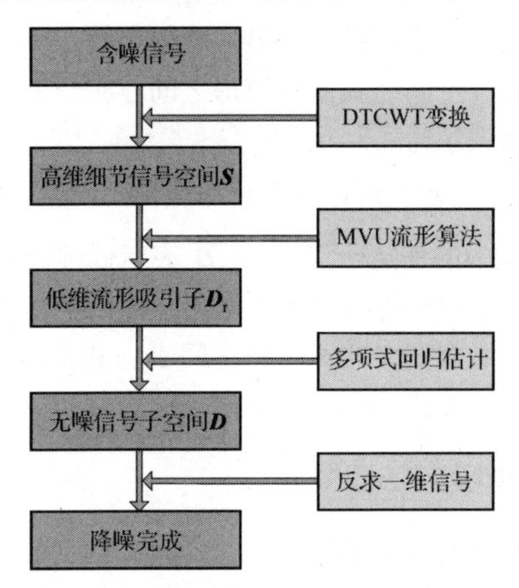

图 4-1　DTCWT_MVU 算法流程图

4.3 应用实例

4.3.1 DTCWT_MVU 方法仿真验证

为了验证 DTCWT_MVU 方法的降噪性能，选取一个由两个谐波调制的指数衰减脉冲仿真信号来模拟实际轴承故障信号。该仿真信号代表一个被两个调制频率调制的轴承故障冲击信号，它的数学表达式为

$$x(k) = \mathrm{e}^{-at'}(\sin 2\pi f_1 kT + 1.2 \times \sin 2\pi f_2 kT) \tag{4-15}$$

其中

$$t' = \mathrm{mod}(kT, 1/f_m) \tag{4-16}$$

式中，$\alpha = 800$、$f_m = 100$ Hz、$f_1 = 2000$ Hz、$f_2 = 6000$ Hz 分别代表指数频率、调制频率以及两个载波频率；采样周期为 $T = 1/25000$ s。未添加噪声的轴承故障仿真信号时域波形如图 4-2 所示。

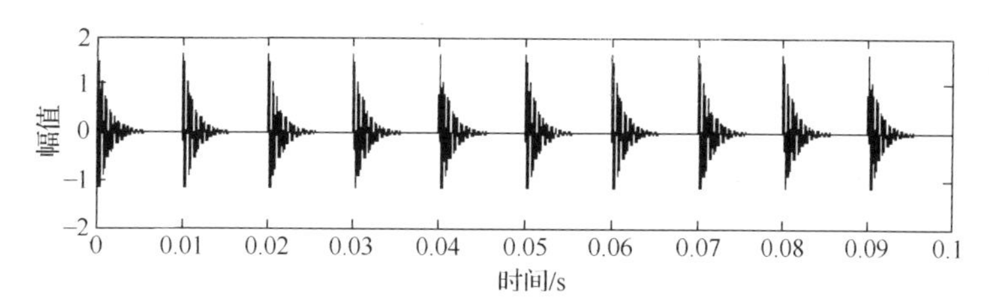

图 4-2　无噪仿真信号

在轴承故障仿真冲击信号中加入适量的噪声后，信号的时域波形如图 4-3 所示。

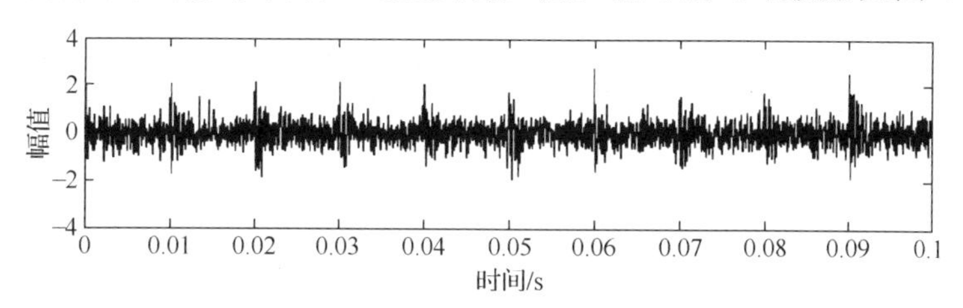

图 4-3　添加噪声的仿真信号

由于轴承故障仿真信号中添加了噪声，所以轴承故障引起的冲击在时域波形中几乎观察不到。为了降低噪声、恢复轴承故障信号的实际波形，首先对含噪信号进行 12 层 DTCWT 分解，然后对每层分解系数进行重构，得到一个维数为 12 的含噪细节信号空间。应用 DTCWT_MVU 方法对含噪细节信号空间降噪，取近邻数 $k = 3$，降噪结果如图 4-4(a)所示。

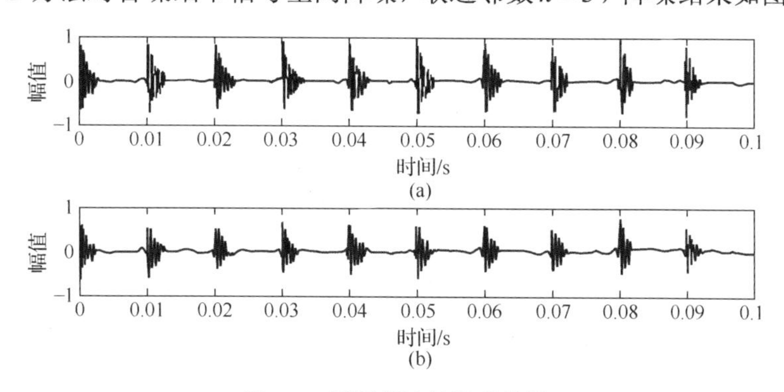

图 4-4　不同算法的降噪结果

图 4-4(a)是 DTCWT_MVU 方法的降噪结果，从图中可以看出，经 DTCWT_MVU 降噪后的信号不但有效消除了噪声，而且能够较好地保留原信号中周期性冲击的指数衰减过程，有效体现出轴承故障信号的冲击特征。

为了比较不同流形算法对降噪效果的影响，在 DTCWT_MVU 方法中应用 LTSA 算法代替 MVU 算法，并称该方法为 DTCWT_LTSA。图 4-4(b)是应用 DTCWT_LTSA 方法对同一信号进行降噪的结果，其中近邻数 $k=3$，相关矩阵的特征向量个数 $d=3$。由图 4-4(b) 可知，DTCWT_LTSA 方法也能够消除噪声，并保留原信号中的冲击成分，但相对于 DTCWT_MVU 方法而言，DTCWT_LTSA 降噪结果的冲击指数衰减过程略显粗糙。与 DTCWT_MVU 方法相比，除了近邻数 k 以外，DTCWT_LTSA 算法在提取局部特征信息时，还需确定相关矩阵的特征向量个数 d，d 的取值对降噪效果会产生影响。当近邻数 $k=3$，$d=4$、5 时，应用 DTCWT_LTSA 方法对图 4-3 所示信号降噪，结果分别如图 4-5(a)、(b) 所示，降噪后的信号虽然都能近似地体现出冲击出现的位置，但却没能完整保留冲击波形的指数衰减过程，降噪效果有待于进一步提高。

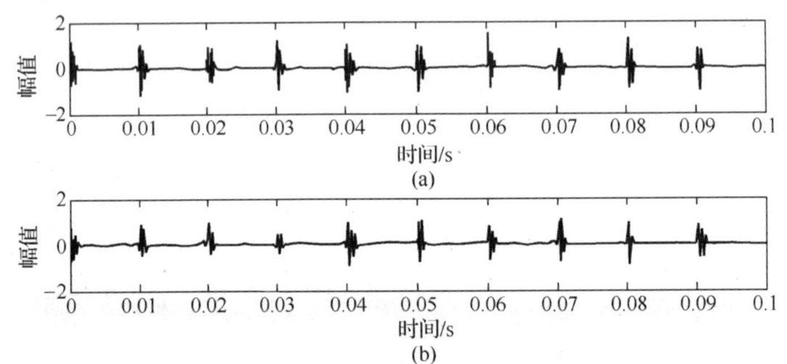

图 4-5　特征向量个数 d 对 DTCWT_LTSA 降噪效果的影响

4.3.2　DTCWT_MVU 方法性能讨论

DTCWT_MVU 降噪方法不但能够有效消除噪声，还可以对信号的冲击成分予以很好地保留，这对于滚动轴承故障诊断尤为重要。因为轴承的故障信息都包含在信号的冲击成分中。为了深入地了解 DTCWT_MVU 降噪方法的性能，首先对 DTCWT_MVU 方法的影响参数进行讨论。然后针对同一仿真信号，比较 DTCWT_MVU 方法和其他方法的降噪效果。最后通过几种典型信号的测试，讨论 DTCWT_MVU 降噪方法的适用性和稳定性。

1. DTCWT_MVU 方法的影响因素

在 DTCWT_MVU 降噪方法中，两方面因素会影响降噪结果。第一个因素是 DTCWT 的分解层数，不同的分解层数会影响高维细节信号空间 $\boldsymbol{S}$ 的构成；第二个影响因素是 MVU 算法的参数，MVU 算法只有一个影响参数，即近邻数 k。

将仿真信号加入 8dB 的高斯白噪声后，使用 DTCWT_MVU 方法对其降噪。在近邻数 $k=3$ 的条件下，DTCWT 的分解层数对信噪比的影响曲线如图 4-6 所示。由图 4-6 可知，随着 DTCWT 分解层数的增加，信噪比不断增加。但当 DTCWT 分解层数超过 10 以后，信噪比保持稳定。这是因为，当 DTCWT 分解到一定层数以后，高维细节信号空间 $\boldsymbol{S}$ 的新增维数分量主要由低频分量构成，低频分量中主要成分是信号的趋势项，不含表征信号具体信息的高频成分，噪声的含量也相对较少。所以，当 DTCWT 达到一定分解层数后，信噪比不会随着分解层数的增加而增加。

应用 DTCWT_MVU 方法对同一含噪仿真信号降噪，在 DTCWT 分解层数为 10 的条件下，近邻数 k 与信噪比的关系如图 4-7 所示。

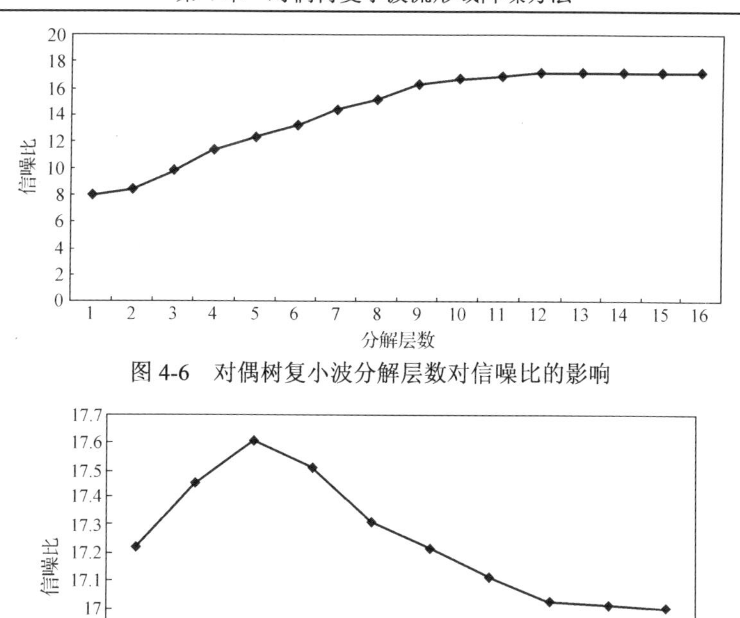

图 4-6　对偶树复小波分解层数对信噪比的影响

图 4-7　近邻数 k 与信噪比的关系曲线

由图 4-7 可知，信噪比一开始是随着近邻数 k 的增加而增加。当近邻数超过 3 时，信号的信噪比开始下降。这是因为，随着 k 的不断增大，在高维细节信号空间 $\boldsymbol{S}$ 中计算低维流形吸引子 $\boldsymbol{D}_r$ 时，所需考虑的邻域范围就会增加，邻域范围过大反而会对提取吸引子产生不利的影响。邻域范围过小时，也会因为考虑的邻域过窄而不能准确反映吸引子 $\boldsymbol{D}_r$ 的结构。但在 DTCWT_MVU 方法中，邻域数 k 的大小对信噪比的影响不大。k 在[1,10]闭区间变化时，信噪比的最大变化量是 0.6dB 左右。因此，可以认为近邻数 k 对 DTCWT_MVU 方法的降噪结果不产生影响。

2. DTCWT_MVU 降噪性能的横向比较

在 DTCWT_MVU 方法中，利用主分量分析算法(PCA)替代 MVU，本文命明为 DTCWT_PCA；如果用离散小波替代 DTCWT，则本文称为 DWT_MVU。在 DWT_MVU 中用 PCA 代替 MVU，本文命名为 DWT_PCA。

分别使用 DTCWT_PCA、DWT_MVU、DWT_PCA、DWT 软阈值、DWT 硬阈值、EMD 降噪方法，对图 4-3 的含噪信号进行降噪，降噪结果如图 4-8 所示。将图 4-8 中 DTCWT_PCA 的降噪结果与图 4-4(a)中 DTCWT_MVU 的降噪结果相比较，可以发现：DTCWT_PCA 虽然可以对信号的噪声予以消减，并能够体现冲击发生的时间，但与 DTCWT_MVU 相比，其对冲击指数衰减过程的保持较差，破坏了冲击衰减过程的完整性，没能有效地反映原信号的冲击特性。即便如此，DTCWT_PCA 的降噪效果及对冲击波性的提取能力仍优于 DWT_MVU、DWT_PCA、DWT 软域值、DWT 硬阈值和 EMD 降噪方法。

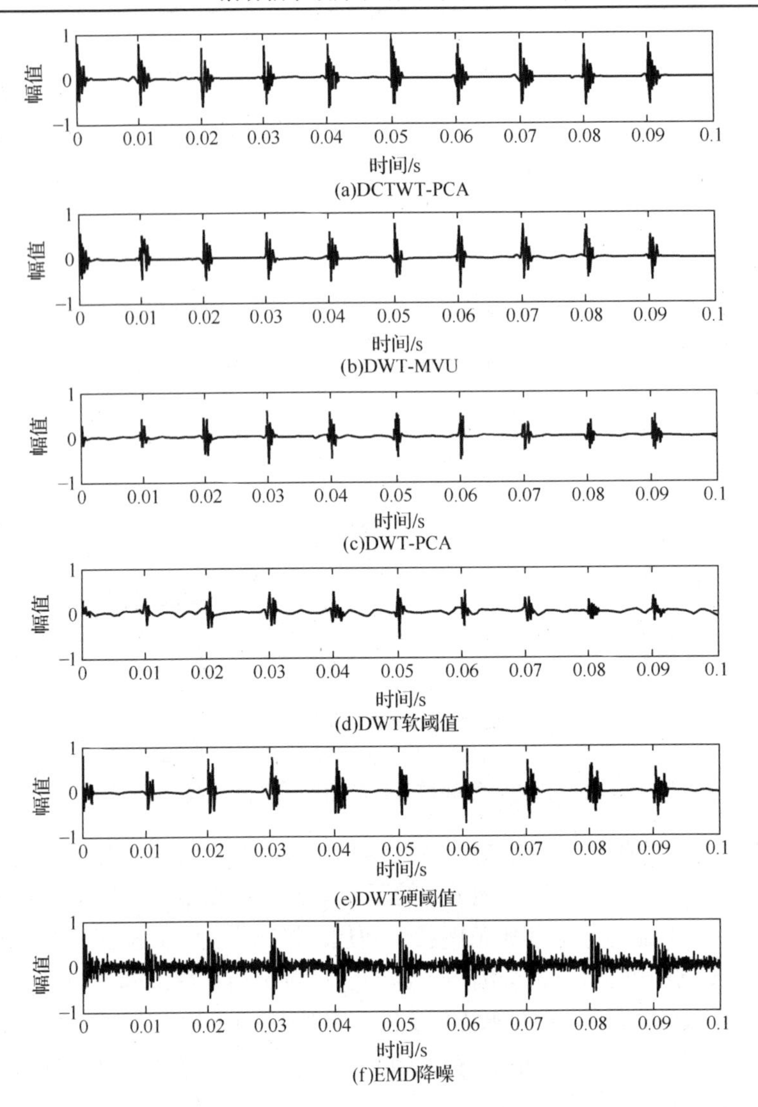

图 4-8　不同方法的降噪效果

DWT 与 DTCWT 相比，DWT 不具备平移不变性及完全重构性，从而 DWT 细节信号分量难以有效构造和重构信号的细节空间 $\boldsymbol{S}$ 。因此，DWT_MVU、DWT_PCA 的降噪效果要比同参数的 DTCWT_MVU、DTCWT_PCA 差，从图 4-5 与图 4-8 的对比中可得到印证。DWT 软、硬阈值的降噪效果同样不理想，究其原因，一是因为 DWT 的平移、重构性较差；二是传统软、硬阈值算法是针对全体进行阈值设置，并没有考虑噪声分布不均匀这一前提条件，噪声阈值的估计难免会不准确。从 EMD 降噪结果中虽然可以大致看出冲击的轮廓和发生时间，但信号中还存在大量噪声，信噪比较低。这是因为 EMD 分解不是正交的，其分解出的子带信号存在频带混叠现象，所以不能有效滤除噪声。另外，EMD 降噪方法是基于相关性或阈值原理降噪，精度较低。由对比可知，相对于本文中其他降噪方法，DTCWT_MVU 方法的降噪效果最好，降噪后信号的冲击波性最完整，这对于滚动轴承故障诊断来说具有重要的实际意义。

3．DTCWT_MVU 降噪的鲁棒性讨论

上述分析都是基于轴承仿真故障信号进行的，那么 DTCWT_MVU 方法是否只对故障冲击信号有效？为了回答这个疑问，需进一步讨论 DTCWT_MVU 方法的鲁棒性。为此，选取几种典型信号分别应用不同方法降噪，对结果进行比较以分析 DTCWT_MVU 方法鲁棒性的强弱。

采用 Lorenz 混沌系统的 x 轴方向信号，Doppler 和 Bumps 信号作为测试信号，分别向三种信号中添加高斯白噪声，使每种信号的信噪比达到 16dB。分别采用 DTCWT_MVU、DTCWT_PCA、DWT_MVU、DWT_PCA、DWT 软阈值、DWT 硬阈值方法对三种信号降噪，结果列于表 4-1。为了便于比较，以上降噪方法都采用 10 层分解结构，邻域数 $k=3$。其中，DWT 采用 db4 小波基，DWT 软、硬阈值的固定阈值 thr 的取值为

$$\mathrm{thr}=\sqrt{2\log(n)}\frac{\mathrm{median}\left(\left|c(k)\right|\right)}{0.6745} \tag{4-17}$$

式中，n 为信号的长度；$\mathrm{median}\left(\left|c(k)\right|\right)$ 为 2^1 尺度上的细节小波系数。Lorenz 系统 x 轴方向信号所采用的混沌系统动力学方程为

$$\begin{cases}\dot{x}=a(x-y)\\ \dot{y}=cx-xz-y\\ \dot{z}=xy-bz\end{cases} \tag{4-18}$$

式中，a、b、c 是常量。当 $a=10,b=8/3,c=28$ 时，Lorenz 系统处于混沌状态，应用欧拉迭代方法可以求解 Lorenz。迭代初值 $x=1.2$，$y=1.3$，$z=1.6$。三种测试信号未添加噪声的时域波形如图 4-9 所示。

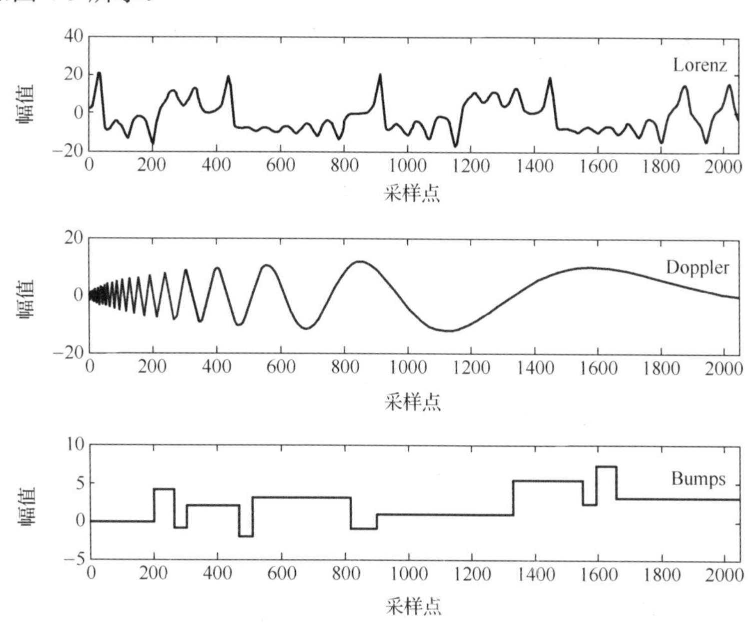

图 4-9　三种典型测试信号

为了评价不同降噪方法的降噪效果，这里从三个不同方面分别定义评价指标。

(1) 信噪比。信噪比是一种最直接也是最常见的降噪效果衡量指标，其值越大表明降

噪效果越好、降噪能力越强，反之亦然。信噪比有多种定义形式，本文采用的信噪比采用式(3-39)定义的信噪比形式。

(2) 噪声增益(noise gain，NG)。噪声增益代表原有噪声水平与降噪后噪声水平的比值，值越大，表明降噪后的噪声水平越低，降噪效果也就越好。其具体定义如下：

$$\mathrm{NG}=10\lg\frac{\mathrm{var}(xn)}{\mathrm{var}(xd-x)} \tag{4-19}$$

式中，xn 表示原信号的噪声成分；x、xd 的含义与信噪比定义中的含义相同；var 代表方差计算。

(3) 均方根误差(root mean square error，RMSE)。均方根误差的大小反映了降噪后信号与原信号的平均偏离程度，其定义为

$$\mathrm{RMSE}=\sqrt{\frac{1}{n-1}\sum_{i=1}^{n}(xd_i-x_i)^2} \tag{4-20}$$

式中，n 表示原信号序列长度；xd_i 表示降噪后信号的第 i 个点；x_i 表示原信号的第 i 个点。

表 4-1　不同降噪算法效果比较

算法	指标	Lorenz	Doppler	Bumps
DTCWT_MVU	SNR	24.4637	26.7324	21.0237
	NG	12.4786	11.0716	8.6802
	RMSE	0.0163	0.0043	0.0104
DTCWT_PCA	SNR	24.4389	26.0112	20.1934
	NG	11.3428	10.1007	7.9682
	RMSE	0.0193	0.0071	0.0126
DWT_MVU	SNR	22.6136	24.3769	19.0492
	NG	10.6896	9.6823	7.4637
	RMSE	0.0209	0.0079	0.0148
DWT_PCA	SNR	21.2137	24.0421	18.7369
	NG	10.7368	9.4768	7.3929
	RMSE	0.0213	0.0083	0.0149
DWT 软阈值	SNR	21.0963	24.2944	18.3442
	NG	9.4043	9.1009	6.2043
	RMSE	0.0249	0.0091	0.0192
DWT 硬阈值	SNR	20.3934	22.2814	18.6474
	NG	8.3038	6.8243	6.8634
	RMSE	0.0387	0.0121	0.0167

由表 4-1 可知，对于三种典型测试信号，DTCWT_MVU 方法与其他降噪方法相比，降噪后信号的信噪比、噪声增益都有不同程度的增加。这表明 DTCWT_MVU 方法比其他方法降噪能力强、降噪效果好，并具有较强的鲁棒性。同时，经 DTCWT_MVU 降噪后的信号均方根误差比其他方法要小，即降噪后的信号与原信号的平均偏离程度较小。综上所述，

DTCWT_MVU 降噪方法不但具有较高的信噪比、较大的噪声增益；同时具有较小的均方根误差，能使降噪后信号与原信号偏离程度小，尽可能地保留原信号的波形特征。

4.3.3　DTCWT_MVU 方法的工程应用

为了验证 DTCWT_MVU 降噪方法的实际性能，选取第 2 章应用实例中变速箱齿轮座轴承信号进行降噪处理，齿轮箱的结构简图可参见 2.5 节。该轴承的型号为 NSK22338，轴转速约为 410rpm，采样频率为 12800Hz，采样长度为 8K，分析频率为 6000Hz。

根据轴承各组成部分特征频率的计算公式可知，内圈发生故障时对应的特征频率为 68.74Hz，外圈发生故障时对应的特征频率为 48.2Hz，滚动体发生故障时对应的特征频率为 21.6Hz，保持架发生故障时对应的特征频率为 3.44Hz。通过对混炼机组的轴承进行定期离线监测采集振动信号，发现此次测得的轴承振动信号存在异常，其幅值水平要高于以往同期水平，由此推断齿轮箱的轴承可能存在故障。但轴承究竟是否发生故障以及具体轴承的哪一个部件发生了故障有待于对轴承故障信号进行进一步的分析才能确定。

为了能够准确判断疑似故障轴承是否真的发生故障，以及发生故障的具体部位，对采集到的疑似故障轴承振动信号进行分析。其振动信号的时域波形如图 4-10 所示。

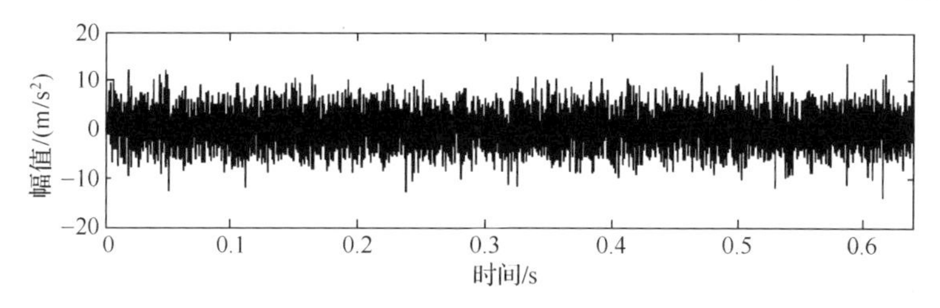

图 4-10　轴承振动信号时域波形

从图 4-10 可以看出，轴承振动信号中周期性冲击成分不明显，冲击成分较杂乱，无法从时域信号中直接判断出轴承是否存在故障。造成这种情况的主要原因是：第一，由于现场工况比较复杂，所以采集到的轴承振动信号中难免混有其他振源和噪声源所产生的干扰；第二，轴承故障还处于初期发展阶段，故障产生的冲击特征与噪声相比不是十分突出。

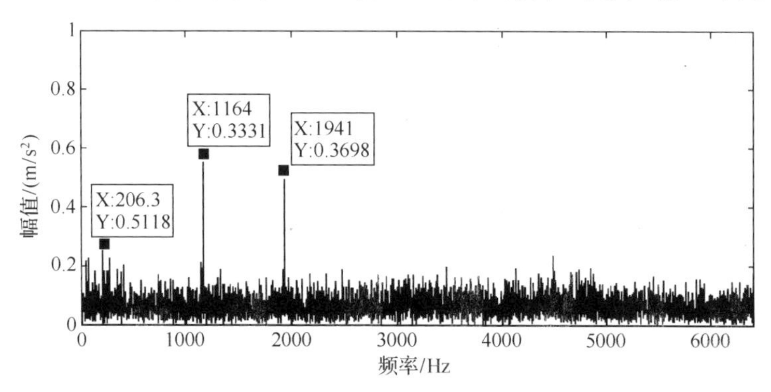

图 4-11　轴承振动信号频谱图

图 4-11 是轴承振动信号的频谱图，从图中可以看出，在 0～6000Hz 频带范围内分布着强度较大的噪声干扰成分，频谱组成成分较为复杂。在低频范围内，幅值较大的三条谱线对应的频率分别为 206.3Hz、1164Hz、1941Hz，其中 206.3Hz 是轴承内环故障特征频率 68.74Hz 的 3 倍频，1164Hz 以及 1941Hz 分别对应齿轮啮合频率 387.4Hz 的 3 倍频及 4 倍频。表征轴承故障的特征频率及其倍频都分布在低频带中，但是由于噪声的干扰以及轴承初期故障特征较弱的原因，难以直接从信噪比较低的轴承故障信号中获得有用的故障信息。为了能够对滚动轴承故障作出有效的诊断，在应用相关方法提取轴承故障特征确定故障原因之前，首先应用 DTCWT_MVU 方法对信号进行降噪处理，提高信号的信噪比，消除噪声带来的干扰。

信号的 DTCWT 分解层数为 10，近邻数 $k=4$。图 4-12 是经 DTCWT_MVU 降噪后的信号，从中可以发现降噪后的信号存在明显的冲击成分，因此可以初步判断轴承存在故障。通过分析其对应的频谱图 4-13，可以很容易地在低频范围内找到内环故障特征频率为 68.74Hz，其倍频谐波成分：2 倍频为 137.4Hz、3 倍频为 206.3Hz、4 倍频为 274Hz、5 倍频为 343.8Hz。降噪后的信号在整个频段范围内去除了噪声的干扰成分，在低频区域内，由于没有噪声成分的混叠，内环故障特征频率及其倍频成分可以很容易地被找到，据此可以判断轴承内环发生了故障。

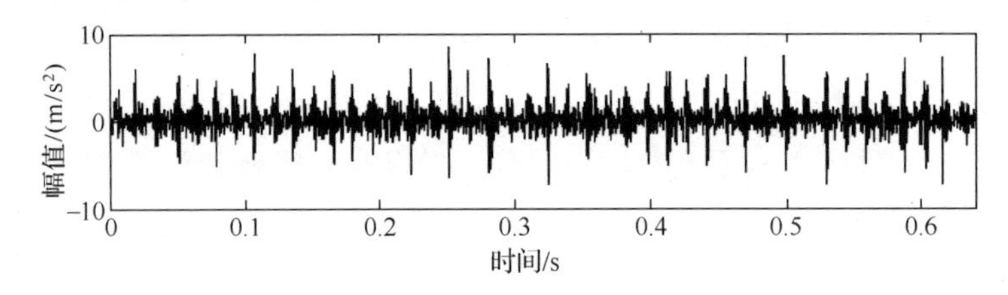

图 4-12 降噪后信号的时域波形

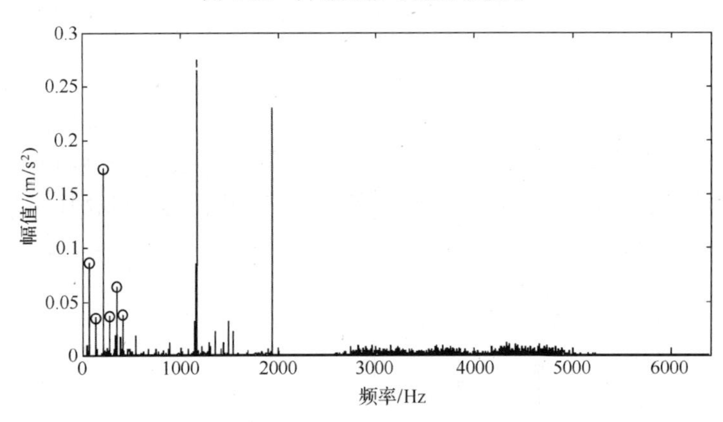

图 4-13 降噪后信号的频谱图

参 考 文 献

[1] 王奉涛, 陈守海, 闫达文, 王雷, 朱泓, 刘恩龙. 对偶树复小波形域降噪方法及其在故障诊断中的应用[J]. 机械工程学报, 2014, 50(21):159-163.

[2] 吴定海, 张培林, 任国全, 等. 基于双树复小波包的发动机振动信号特征提取研究[J]. 振动与冲击, 2010, 29(4): 160-165.

[3] 王奉涛, 陈守海, 闫达文, 朱泓, 崔立明, 王雷. 基于流形-奇异值熵的滚动轴承故障特征提取[J]. 振动、测试与诊断, 2016, 36(2): 288-294.

[4] WANG H Q, LI K, SUN H. Feature Extraction Method Based on Pseudo-Wigner-Ville Distribution for Rotational Machinery in Variable Operating Conditions[J]. Chinese Journal of Mechanical Engineering, 2011, 24(4): 661-668.

第二部分　特 征 提 取

第5章　基于振动信号的特征提取

在机械故障诊断的发展过程中，人们发现最重要、最关键而且也是最困难的问题之一就是故障特征信息的提取。在某种意义上，特征提取也可以说是当前机械故障诊断研究中的瓶颈问题，它直接关系到故障诊断的准确性和故障早期预报的可靠性。故障特征直接影响故障诊断的准确性和故障的可预知性。所谓特征提取，是指通过变换(或辐射)，把高维的原始特征空间的模式向量用低维的特征空间的新的模式向量来表达，从而找出最具代表性的、最有效的特征的方法。故障特征按提取方式的不同，主要可以分为：时域特征、频域特征、时频(时间-尺度)域特征。为了从根本上解决故障特征信息提取这个关键问题，需要借助于信号处理，特别是现代信号处理的理论和技术手段，从信号的深度分析中获取更多的信息。本章依次详细介绍了常用的时域特征参数提取、频域特征参数提取、时频域特征参数提取及熵度量的特征参数提取方法。

5.1　时域和频域特征参数提取

滚动轴承发生故障时，振动信号中的许多统计特征参数都会随故障的性质及大小发生变化，这可作为故障诊断的依据。在轴承故障诊断中，应用比较广泛的幅值参数有：有量纲指标的均方根值和峰值，无量纲指标中的波形因子、峰值因子、脉冲因子峭度因子和裕度因子等。其中，对于元件表面损伤类故障，用峰值指标判断比较敏感；对磨损类故障，用均方根指标有效；而峰值因子既考虑了峰值又考虑了均方根值，所以对两类故障都可以判断。但利用特征参数进行故障诊断只对故障的早期阶段较为敏感，当故障较为严重时，其抗干扰性较差，其值与正常状态值接近，从而产生误判问题。如，均方根值可以反映轴承总体的劣化状况，但是，当有其他非轴承振源使均方根值增大时，则易产生误判；峰值、峰值因子、峭度等参数虽对冲击故障敏感，但是，当有其他冲击源或随机冲击干扰时，它们也会增大；况且，当故障进入严重发展阶段时，峰值因子、峭度等参数处于饱和状态，与正常轴承相同，失去诊断能力。总之，如果原始信号不加任何预处理，以上参数的诊断能力较差，随机性较大。为此，为了提高诊断的可靠性，需对原始信号进行必要的预处理。预处理采用多参数诊断法。

5.1.1　时域特征参数提取

1．均值 $\overline{X}$

$$\overline{X} = \frac{1}{N}\sum_{i=1}^{N} x_i \tag{5-1}$$

均值 $\overline{X}$ 表征的是振动信号的静态分量和中心趋势。

2．均方根值 X_{rms}

$$X_{\mathrm{rms}} = \sqrt{\frac{1}{N}\sum_{i=1}^{N} x_i^2} \tag{5-2}$$

均方根即有效值，用来描述振动能量的大小，在机械故障诊断中是一个重要的时域统计特征参数。它常用来判断磨损类故障。

3．峰值 X_p、峰峰值 X_{pp}

$$X_p = \max\{|x_i|\} \tag{5-3}$$

$$X_{pp} = \left|\max(x_i) - \min(x_i)\right| \tag{5-4}$$

峰值反映了信号冲击的瞬时强度；峰峰值表示信号强度的变化，常用来判断冲击类故障。

4．峭度值 K_r

$$K_r = \frac{\frac{1}{N}\sum_{i=1}^{N}\left(|x_i| - \overline{X}\right)^4}{X_{\mathrm{rms}}^4} \tag{5-5}$$

峭度值 K_r 对冲击信号非常敏感，并且其值大小与轴承转速、尺寸和负荷无关，是点蚀类损伤故障最常用的特征指标，尤其适用于滚动轴承的早期故障监测，但它对于磨损类故障不敏感。

5．峰值因子 C

$$C = \frac{X_p}{X_{\mathrm{rms}}} \tag{5-6}$$

峰值因子是表征信号冲击的特征指标。

6．脉冲因子 I

$$I = \frac{X_{\max}}{\overline{X}} \tag{5-7}$$

脉冲因子 I 是峰值与均值的比值。

7．波形因子 S

$$S = \frac{X_{\mathrm{rms}}}{\overline{X}} \tag{5-8}$$

8．裕度因子 C_L

$$C_L = \frac{X_p}{\left|\frac{1}{N}\sum_{i=1}^{N}\sqrt{|x_i|}\right|^2} \tag{5-9}$$

9. 偏斜度 C_w

$$C_w = \frac{\frac{1}{N}\sum_{i=1}^{N}\left(|x_i| - X_m\right)^3}{X_{\text{rms}}^3} \tag{5-10}$$

峭度、峰值、裕度因子和脉冲因子对冲击脉冲故障比较敏感，对早期故障有较高的敏感性，但稳定性差。尽管均方根值对早期故障不敏感，但其稳定性好，且随着故障程度的加深而逐渐增大。因此，在实践中通常将它们组合使用，兼顾稳定性和敏感性的需求。由于特征参数较多，其他时域特征参数具体参见文献[1]。

5.1.2　频域特征参数提取

对于时域信号 $x_i(i=1,2,\cdots,N)$，使用快速傅里叶变换可得到频域幅值谱：

$$X(k) = \sum_{i=1}^{N} x_i \mathrm{e}^{-\mathrm{j}2\pi(i-1)(k-1)/N}, \quad k = 1,2,\cdots,N \tag{5-11}$$

1. 平均能量

$$f_1 = \frac{\sum_{k=1}^{K} X(k)}{K} \tag{5-12}$$

故障信号的平均能量比正常信号的平均能量高，且随着故障程度的加深而逐渐增大。

2. 频谱集中程度

$$f_2 = \frac{\sum_{k=1}^{K}[X(k) - f_1]^2}{K-1} \tag{5-13}$$

$$f_3 = \frac{\sum_{k=1}^{K}[X(k) - f_1]^3}{K\left(\sqrt{f_2}\right)^3} \tag{5-14}$$

$$f_4 = \frac{\sum_{k=1}^{K}[X(k) - f_1]^4}{K f_2^2} \tag{5-15}$$

3. 主频带位置

$$f_5 = \frac{\sum_{k=1}^{K} f_k X(k)}{\sum_{k=1}^{K} X(k)} \tag{5-16}$$

$$f_6 = \frac{\sqrt{\sum_{k=1}^{K} f_k^2 X(k)}}{\sum_{k=1}^{K} X(k)} \tag{5-17}$$

$$f_7 = \frac{\sqrt{\sum_{k=1}^{K} f_k^4 X(k)}}{\sum_{k=1}^{K} f_k^2 X(k)} \tag{5-18}$$

$$f_8 = \frac{\sum_{k=1}^{K} f_k^2 X(k)}{\sqrt{\left[\sum_{k=1}^{K} f_k^4 X(k)\right]\left[\sum_{k=1}^{K} X(k)\right]}} \tag{5-19}$$

正常工作时的信号主要频率集中在低频段，而故障时信号的主要频率则集中在高频段。由于特征参数较多，其他频域特征参数具体参见文献[2]。

5.2 时频域特征参数提取

机械故障诊断中所遇到的信号大多为非平稳信号，这是由于机械设备故障所引起的动态响应是一个非平稳过程。整个机械系统的结构非线性、驱动非线性造成了机械设备振动信号的非平稳性。若只从信号时域或频域提取故障特征，则难以兼顾非平稳信号的时变特性。实践证明，当机械设备发生故障时，其时频域特征也会发生相应的变化。因此，有必要在时频分析的基础之上对时频域故障特征进行研究。

滚动轴承的振动信号是非平稳信号，需要运用时频分析方法来分析非平稳信号的频谱成分随时间变化的情况。当滚动轴承发生故障时，不同的故障类型会造成信号不同频率范围的幅值发生变化，导致对应频段内的能量发生改变。并且由于本文需要提取的是一维特征，因此，主要提取时频域的能量类特征。以下分别介绍两种常用的时频域特征提取方法。

5.2.1 小波包理论

1992 年，Colfman 和 Wickerhauser 提出小波包理论。它是通过一系列低通滤波器和高通滤波器对原信号进行滤波，把信号分解为各个频带的子信号。小波包分解不仅分解其低频成分，还分解其高频成分，得到的信息更丰富。

对小波函数：

$$\psi_{m,n}^{l}(t) = 2^{2/m}\psi^{l}(2^m t - n) \tag{5-20}$$

其中 l 为调节参数；m 为尺度参数；n 为平移参数。当 $l=1,\ m=n=0$，$\psi_{0,0}^{1}(t)=\psi(t)$ 时，式(5-20)为小波基函数。当 $l=2,3,\cdots$ 时，递推小波 ψ^{l} 计算公式为

$$\psi^{2l}(t)=\sqrt{2}\sum_{n=-\infty}^{\infty}h(n)\psi^{l}(2t-n) \tag{5-21}$$

$$\psi^{2l+1}(t)=\sqrt{2}\sum_{n=-\infty}^{\infty}g(n)\psi^{l}(2t-n) \tag{5-22}$$

小波系数为

$$c_{m,n}^{l}=\left\langle f,\psi_{m,n}^{l}(t)\right\rangle=\int_{-\infty}^{\infty}f(t)\psi_{m,n}^{l}(t)\mathrm{d}t \tag{5-23}$$

通过小波系数计算小波包节点能量 $E_{m,n}$ 为

$$E_{m,n}=\sum_{n}c_{m,n}^{l}{}^{2} \tag{5-24}$$

节点 (m,n) 的归一化能量 $\overline{E}_{m,n}$ 为

$$\overline{E}_{m,n}=\frac{E_{m,n}}{\sum_{n=0}^{2^m}E_{m,n}} \tag{5-25}$$

可以将归一化能量作为性能退化评估指标建立评估模型。图 5-1 为三层小波包分解图，其中 G 为高频分量，H 为低频分量。

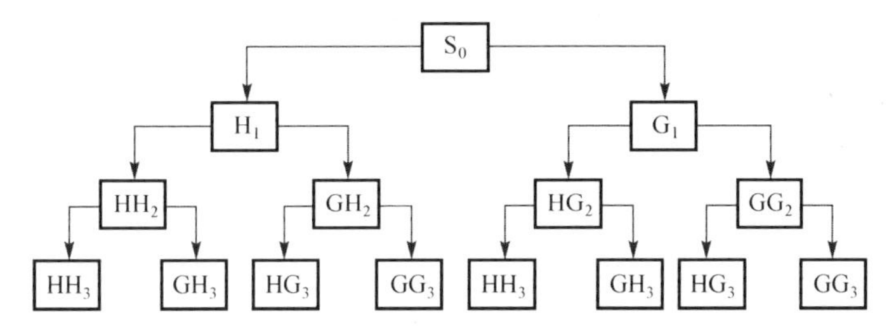

图 5-1　三层小波包分解

5.2.2　EMD 理论

EMD 相关基本理论已在第 2 章详细说明，在此不再赘述。然而针对 EMD 理论存在模态混叠现象这一非常严重的问题，不少学者在此做出了大量的改进工作。模态混叠是指对原始数据序列进行 EMD 后，某些 IMF 中包含不同时间尺度成分(同一个 IMF 中出现了多种固有振荡模式)的情况。而 Wu 和 Huang 于 2009 年提出的集合经验模态分解[3](ensemble empirical mode decomposition，EEMD)能够有效地解决这一问题。EEMD 详细步骤如下[4]。

(1) 向原始信号 $x(t)$ 中多次加入高斯白噪声 $n_i(t)$，即

$$x_i(t)=x(t)-n_i(t) \tag{5-26}$$

其中 i 为添加白噪声的次数。

(2) 对处理后的信号 $x_i(t)$ 进行 EMD 分解，得到固有模态分量 $c_{ij}(t)$ 和余项 $r_i(t)$。

$$x_i(t)=\sum_{j=1}^{n}c_{ij}(t)+r_i(t) \tag{5-27}$$

其中 n 为 IMF 的个数。

(3) 进行平均化处理以消去加入的白噪声影响，得到最终的 IMF 为

$$c_j(t)=\frac{1}{N}\sum_{i=1}^{n}c_{ij}(t) \tag{5-28}$$

式中 $c_j(t)$ 为原信号 EEMD 的第 j 个 IMF，N 为过程中加入白噪声的次数。

5.3 样本熵的特征参数提取

熵是表明系统无序状态的某种测度，是系统复杂度的一种定量描述工具；系统的状态发生变化时，其熵值也会改变。目前，熵的概念越来越广地应用到众多领域，它已成为研究数字信号处理的重要基础理论之一[5]。近年来，很多学者将熵作为特征参数提取的方法引入到机械故障诊断领域，取得了一定的应用成果。

2000 年，Richman 和 Moorman[6]在近似熵的基础上提出样本熵(sample entropy，SampEn)，它属于一种系统复杂的度量方法。基于振动信号的特点，样本熵非常适合对振动信号进行分析，具体算法如下。

原始数据序列为 $x(1),x(2),\cdots,x(n)$，n 为个数。

(1) 给定模式维数 m，由原序列组成 m 维矢量：

$$\boldsymbol{X}(i)=[x(i),x(i+1),\cdots,x(i+m-1)],\quad i=1,2,\cdots,n-m+1 \tag{5-29}$$

(2) 定义 $X(i)$ 与 $X(j)$ 的距离：

$$d(i,j)=\max_{k=1\sim m-1}\left|x(i+k)-x(j+k)\right|,\quad k=0,1,\cdots,m-1 \tag{5-30}$$

(3) 设定阈值 r，对每一个 i 值统计 $d(i,j)<r$ 的数目与距离 $n-m+1$ 的比值，记为 $B_i^m(r)$。

$$B_i^m(r)=\frac{\left[d(i,j)<k\right]\text{的数目}}{n-m+1}，\ 1\leqslant j\leqslant n-m,j\neq i \tag{5-31}$$

求其均值得

$$B^m(r)=\frac{1}{n-m+1}\sum_{i=1}^{N-m+1}B_i^m(r) \tag{5-32}$$

(4) 对 $m+1$ 维，重复(1)～(3)步，得到 $B_i^{m+1}(r)$。

(5) 序列的样本熵为

$$\text{SampEn}(m,r)=\lim_{n\to\infty}\left[-\ln\frac{B^{m+1}(r)}{B^m(r)}\right] \tag{5-33}$$

当 n 为有限值时，得到序列长度为 n 时的样本熵估计值为

$$B^m(r)=\frac{1}{n-m+1}\sum_{i=1}^{N-m+1}B_i^m(r) \tag{5-34}$$

对轴承的振动信号进行小波包分解，可以计算各子带的样本熵，并以之作为性能退化评价模型的输入量进行性能退化状态评估。

参 考 文 献

[1] WANG F T, LIU X F, LIU C F, LI H K, HAN Q K. An Enhancement Deep Feature Extraction Method for Bearing Fault Diagnosis Based on Kernel Function and Autoencoder[J]. Shock and Vibration, 2018:1-12.

[2] BOZCHALOOI I S, LIANG M. A joint resonance frequency estimation and in-band noise reduction method for enhancing the detectability of bearing fault signals[J]. Mechanical Systems and Signal Processing, 2008(22): 915-933.

[3] WU Z H, HUANG N E. Ensemble Empirical Mode Decomposition: a noise-assisted data analysis method[J]. Advances in Adaptive Data Analysis, 2011, 1(1): 1-41.

[4] 陈略, 訾艳阳, 何正嘉, 等. 总体平均经验模式分解与 1.5 维谱方法的研究[J]. 西安交通大学学报, 2009(5): 94-98.

[5] 苏文胜, 王奉涛, 朱泓, 郭正刚, 张洪印. 基于小波包样本熵的滚动轴承故障特征提取[J]. 振动、测试与诊断, 2011, 31(2): 162-166.

[6] RICHMAN J S, MOORMAN R J. Physiological time-series analysis using approximate entropy and sample entropy[J]. American Journal of Physiology Heart & Circulatory Physiology, 2000, 278(6): 2039-2049.

第 6 章　Morlet 小波和自相关增强特征提取

本章提出一种基于最优 Morlet 小波滤波器和自相关增强算法[1]的新方法。首先，为了消除干扰振动的频率成分，振动信号通过一个由 Morlet 小波确定的带通滤波器(该滤波器参数由遗传算法优化得到)；然后，为了进一步减少残余的带内噪声，突出周期性冲击特征，对滤波后的信号使用自相关增强算法。在自相关增强包络功率谱中，只有简单的几根谱线存在，这对于操作者识别轴承故障类型非常容易，同时，本章提出的方法可以几乎以自动的方式执行。仿真和试验结果验证了本章方法非常适合滚动轴承的诊断。

6.1　Morlet 小波滤波器的优化问题

6.1.1　连续小波变换

如果存在一个函数 $\psi(t)\in L^2(R)$，其傅里叶变换 $\hat{\psi}(\omega)$ 满足如下容许条件：

$$C_\psi=\int_{-\infty}^{+\infty}\frac{\left|\hat{\psi}(\omega)\right|^2}{|\omega|}\mathrm{d}\omega<+\infty \tag{6-1}$$

则称 $\psi(t)$ 为母小波或基小波，$L^2(R)$ 表示平方可积复函数空间。将母小波 $\psi(t)$ 进行伸缩和平移，可以得到一系列子函数，如式(6-2)所示：

$$\psi_{a,b}(t)=|a|^{-\frac{1}{2}}\psi\left(\frac{t-b}{a}\right)\qquad a,b\in R，\ a\neq 0 \tag{6-2}$$

其中，a 为伸缩因子(尺度因子)；b 为平移因子；$|a|^{-\frac{1}{2}}$ 用来确保能量保持不变。

称 $\psi_{a,b}(t)$ 为依赖于参数 a、b 的小波基函数，也称连续小波基函数。使用分析小波 $\psi(t)$，有限能量信号 $x(t)$ 的连续小波变换定义为 $L2$ 范数 Hilbert 空间内的卷积：

$$W_b(a)=<\psi_{a,b}(t),x(t)>=|a|^{-\frac{1}{2}}\int_{-\infty}^{+\infty}x(t)\psi^*\left(\frac{t-b}{a}\right)\mathrm{d}t \tag{6-3}$$

式中，星号*表示复共轭；尺度因子 a 和平移因子 b 连续变化。

基于 Fourier 变换的尺度性质和卷积理论，式(6-3)进一步表示为

$$W_b(a)=|a|^{\frac{1}{2}}F^{-1}\{X(f)\Psi^*(af)\} \tag{6-4}$$

其中，$X(f)$ 和 $\Psi(f)$ 分别为 $x(t)$ 和 $\psi(t)$ 的 Fourier 变换，F^{-1} 表示 Fourier 逆变换。

式(6-4)指出，信号 $x(t)$ 在尺度 a 处的小波变换可以表示为信号通过一个带通滤波器，该滤波器是由分析信号的基小波表示的滤波器的收缩(频率因子 a)和放大(因子 $|a|^{\frac{1}{2}}$)得到。因此，对于机械故障诊断，小波变换可以有效地作为一个带通滤波器使用。

6.1.2　Morlet 小波滤波器

针对不同的目的，可以使用各种类型的小波函数，比如，Harr、Daubechies、Gaussian、Meyer、Mexician Hat、Morlet、Coiflet、Symlet、Biorthogonal，等等。一般地，连续小波变换相对二进制小波变换而言具有更高的分辨率、更大的选择基函数(包括非正交小波)的自由度，所以连续小波变换更适合基于振动信号的机械故障诊断[2]。虽然对不同的任务，选择小波函数没有一个统一的标准[3]，但可以根据实际信号特点选择一个恰当的小波。当轴承某个表面的缺陷撞击另一个表面时，就会产生冲击响应。典型的冲击响应包含开始的快速增长部分和后面的衰减部分。Morlet 小波与典型的冲击产生的瞬态具有相似性，如图 6-1 所示[4]。

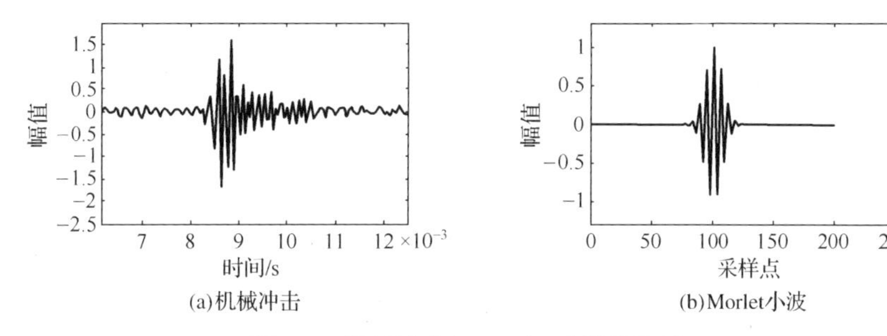

图 6-1　机械冲击与 Morlet 小波的比较

根据 N.G.Nikolaou 和 I.A.Antoniadis 的研究[4]，本文采用复 Morlet 小波，其定义为

$$\psi(t) = c\mathrm{e}^{-\sigma^2 t^2}\mathrm{e}^{\mathrm{j}2\pi f_0 t} \tag{6-5}$$

其中，c 为正值，典型取值为

$$c = \sigma\big/\sqrt{\pi} \tag{6-6}$$

根据该 c 值，Morlet 小波的 Fourier 变换为

$$\Psi(f) = \mathrm{e}^{-(\pi^2/\sigma^2)(f-f_0)^2} \tag{6-7}$$

该小波在频域具有高斯窗的形状，其中 f_0 为窗的中心频率，σ 为确定其带宽的形状因子。由该窗确定的频带范围为 $[f_0-\sigma/2, f_0+\sigma/2]$。这里，带通滤波器，也即 Morlet 小波滤波器可以构造为

$$WT(f_0,\sigma) = F^{-1}\{X(f)\Psi^*(f)\} \tag{6-8}$$

在式(6-8)中，$X(f)$ 只须计算一次，$\Psi^*(f)$ 对所有可能的 f_0 和 σ 值进行计算，因此，它的计算速度较快。

6.1.3　最优参数选择策略

小波变换计算中采用的是复小波基，所以式(6-8)的结果也是解析的。该解析结果的模为带通滤波信号的包络：

$$C(t) = \sqrt{[\mathrm{Re}(WT)]^2 + [\mathrm{Im}(WT)]^2} \tag{6-9}$$

带通滤波通常视为包络谱分析的预处理步骤[5]，所以该包络的本质特征可用于调整 f_0 和 σ 的大小，以便寻找信噪比最高和脉冲特征最明显的最优通带。有几个准则可用于该目的，如峭度[6]、平滑指数[4]和 Shannon 熵[7]。峭度是反映信号“峰度”的一个指标，“峰度”是脉冲的一个特征。高峭度值通常意味着信号包含高脉冲成分。然而，峭度与转速有关，并且缺乏有意义的基准，对少数异常突出线过于敏感，因此对于某次测试的峭度值，很难去解释它的涵义[4]。平滑指数被提出来用于克服这些不足，它被定义为小波系数模的几何平均与算术平均的比值[4]。当小波系数的模值太小或(和)其长度太大时，平滑指数趋于零，用 MATLAB 程序计算时只能得到无穷小值。Shannon 熵用于测量概率序列的多样性，小波系数的稀疏性可以用这些小波系数的熵来度量。本文选择滤波信号(小波系数)的最小 Shannon 熵作为遗传算法的目标函数(6.2 节中有进一步地讨论)。该优化问题可写为如下形式：

$$\text{Optimal}(f_0,\sigma)=\min\left(-\sum_{i=1}^{M}d_k\log d_k\right) \tag{6-10}$$

$$d_k=C(k)\Big/\sum_{k=1}^{M}C(k) \tag{6-11}$$

其中，$d_k\ (k=1,\cdots,M)$ 是 $C(k)$ 的归一化形式；$C(k)$ 为 $C(t)$ 的离散点；M 是信号的采样长度。

为了优化 Morlet 小波滤波器参数，还需要同时考虑一些约束条件。

(1) 基小波应满足容许条件，它等价于：

$$\Psi(0)=\int_{-\infty}^{+\infty}\psi(t)\mathrm{d}t=0 \tag{6-12}$$

严格来说，Morlet 小波并不满足零均值要求。然而，当 f_0/σ 充分大时，该均值变得无限小。当 $f_0/\sigma>1.3$ 时，有

$$\Psi(0)<5.7033\times10^{-8} \tag{6-13}$$

因此，当 $f_0/\sigma>1.3$ 时，近似满足容许条件。

(2) 根据采样定律，上限截止频率必须满足下列条件：

$$f_0+\sigma/2<f_s/2.56 \tag{6-14}$$

f_s 为信号采样频率，2.56 与 2 的幂有关。

(3) 同时，为了减少轴速谐波的干扰，下限截止频率应该充分大，即

$$f_0-\sigma/2\geqslant N\times f_r \tag{6-15}$$

其中，f_r 为轴旋转频率；N 为需要考虑的轴频谐波的阶次，本文 N 选为 35。

(4) 为完全提取冲击特征，带宽应该充分大，故带宽可选为

$$\sigma>3f_d \tag{6-16}$$

其中，f_d 为内圈故障频率，因为它在轴承故障特征频率中的值最大。

综上所述，Morlet 小波滤波器的最优参数应该满足如下条件：

$$\text{Minimize Shannon-Entropy}(C(k))$$

$$\text{s.t.}\quad \begin{cases} f_0/\sigma > 1.3 \\ f_0 + \sigma/2 < f_s/2.56 \\ f_0 - \sigma/2 \geqslant 35 f_r \\ \sigma > 3 f_d \end{cases} \tag{6-17}$$

以上四个约束中，对于给定的轴承信号，f_s 和 f_d 是常量，而 f_0 和 σ 为变量，将这些约束画在一个二维平面上，如图 6-2 所示，其中 X 轴表示变量 f_0，Y 轴表示变量 σ。由图 6-2 可知，该约束集合组成一个封闭的灰色区域，所有可能的解都在该区域之内。

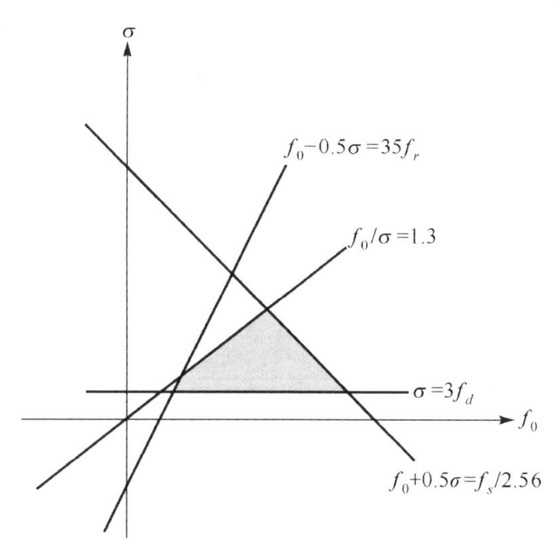

图 6-2　约束集合组成的变量区域

根据式(6-9)～式(6-11)可知，目标函数 Optimal(f_0,σ) 是非线性的；而由图 6-2 可知，约束是线性的，所以整个优化问题是非线性的，线性优化方法并不适合这里。而且，故障轴承振动信号可能包含好几个共振频带，相应地，在优化问题中可能存在好几个局部极小值。传统的线性优化方法并不容易找到这些极小值，而 6.2 节将要介绍的遗传算法更适合解决这类问题。

6.2　遗 传 算 法

目前，遗传算法获得越来越多的研究热情，研究人员将其用于各个领域。遗传算法通过模仿自然界“适者生存”的行为来寻找解空间。通过对种群中的个体应用遗传操作，探索所有状态空间和开发潜在的区域，遗传算法被用来解决线性和非线性问题。最近，遗传算法在机械故障诊断领域得到较多应用，如自适应滤波器设计[8]、特征提取[9-11]、神经网络和支持向量机[12,13]。本文采用遗传算法优化 Morlet 滤波器参数：中心频率和带宽。使用遗传算法优化参数的流程图如图 6-3 所示。遗传算法的控制参数列于表 6-1 中，更多细节可参考文献[14]。

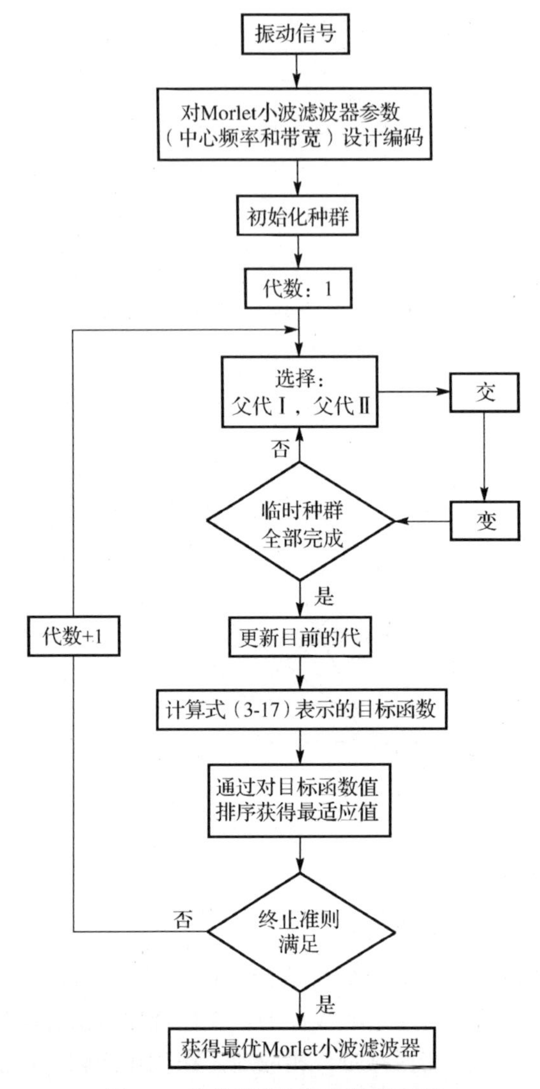

图 6-3　遗传算法优化参数的流程

6.2.1　染色体表示

采用二进制编码方式表示中心频率 f_0 和带宽 σ 。根据 Goldberg 的建议，计算精度和编码长度之间的关系定义为

$$\delta = \frac{U_{\max} - U_{\min}}{2^l - 1} \tag{6-18}$$

式中，δ 表示需要的精度；$U_{\max}$ 和 $U_{\min}$ 分别表示变量的最大和最小值；l 表示编码长度。一旦精度和变量范围确定，编码长度可通过式(6-18)确定。根据文献[15]，可以选择合理的范围，如表 6-1 所示。

表 6-1　优化 Morlet 小波滤波器参数的遗传算法控制参数

项　目	参 数 值
种群大小	40
迭代次数	50
交叉概率	0.7
变异概率	0.02
计算精度	
$f_0 \in [0.1f_s, 0.4f_s]$	1
$\sigma \in [3f_d, 0.2f_s]$	1
二进制编码长度	
f_0	12
σ	11

6.2.2 初始化种群

在开始遗传算法操作前，必须首先随机产生初始种群。种群大小要确保不同染色体之间有相对较高程度的交换，并减少在种群内收敛的可能。种群大小根据经验确定，本文种群大小取为 40。

6.2.3 适应度函数

适应度函数评价某个体在目前环境中生存的状态。在最小化函数问题中，具有最小值的个体得到的分数最高。目标函数为小波系数的 Shannon 熵，定义为式(6-17)。每个染色体的适应度值可通过目标函数值的线性排序得到。具有较大适应度值的染色体比具有较小适应度值的染色体拥有更大的选择概率。

6.2.4 遗传操作

1. 选择

选择算子选择两个个体进行交配。有几种方法可用来选择新的中间种群。轮盘赌选择是种群选择策略的一种普遍技术。但如果种群较小，轮盘赌选择不能产生预期的种数。最适应的个体可能以很高的概率占据主导地位。本文采用随机遍历选择，在随机遍历选择中，轮盘只旋转一次。轮盘上有 n 个标记，n 个标记将给出 n 个染色体串。

2. 交叉

交叉是一个概率过程，两个父染色体交换信息产生两个子染色体。需要选择某个点，在该点处两个字符串彼此交换遗传信息。交叉方式有两种：单点交叉和多点交叉。本文采用单点交叉，交叉概率取值为 0.7。

3. 变异

变异用来避免遗传算法的局部收敛。在二进制编码中，意味着某个位变换为它的补位。即，“0”变为“1”，而“1”变成“0”。在本研究中，变异概率取为 0.02。

4．终止准则

最大遗传代数选为终止准则，本文选为 50。

6.3 自相关增强算法

虽然通过最优 Morlet 小波滤波可以有效提高检测信号的信噪比，但 Morlet 小波滤波器确定的频带范围内的残余噪声并不能被消除。为了进一步增强该频带内的信号，提出了一种自相关增强算法[16-18]，该算法包括以下三个部分。

6.3.1 自相关运算

带通滤波信号的自相关运算可提高周期脉冲特征。自相关函数只涉及一个信号，它提供了该信号在时域内的结构信息或行为。由 6.1 节的讨论可知，滤波信号的包络可表达为式(6-9)。带通滤波信号为小波系数 $WT(f_0,\sigma)$，其长度与原始信号 $x(k)$ 相等，这里，$k=1,2,3,\cdots,K$，K 为采样点数。为了便于表示，$WT(f_0,\sigma)$ 用 $WT_{f_0,\sigma}(k)$ 代替，则 $WT(f_0,\sigma)$ 的自相关可以表示为如下形式：

$$r_{xx}(l)=E[WT_{f_0,\sigma}(k)\cdot WT^{*}_{f_0,\sigma}(k+l)]，\quad l=0,1,2,\cdots,K-1 \tag{6-19}$$

其中，l 为时间延迟；$E[\cdot]$ 为数学期望。通过自相关运算，与轴承故障有关的周期脉冲信号成分得到加强，而随机噪声信号成分被减弱。

6.3.2 自相关包络功率谱

$$R(f)=F[R_{xx}(l)] \tag{6-20}$$

$$P(f)=R(f)R^{*}(f) \tag{6-21}$$

其中，$F[\cdot]$ 表示 Fourier 变换；$P(f)$ 为功率谱。如果 $r_{xx}(l)$ 为式(6-19)，则 $R_{xx}(l)$ 等于 $r_{xx}(l)$，得到自相关功率谱；如果 $R_{xx}(l)$ 取为 $r_{xx}(l)$ 的包络，则式(6-21)得到的是自相关包络功率谱。在本研究中，主要使用自相关包络功率谱和其增强形式。时域内的周期脉冲特征在自相关包络功率谱中通常会直观地显示为较高幅值的谱线及其谐波。

6.3.3 扩展 Shannon 熵函数

通过扩展 Shannon 熵函数得到增强自相关包络功率谱。在功率谱中通常存在幅值相对较小的谱线，本文形象地称其为毛刺。为了便于观察，使用扩展 Shannon 熵函数来消除自相关功率谱或自相关包络功率谱中的毛刺。Shannon 熵是信息论中度量不确定程度的一个指标，与随机变量的概率密度函数有关。本文中，对 Shannon 熵的定义做些修改，用以突出功率谱中幅值高的谱线、削减幅值低的谱线。在水平轴线附近，低幅值的谱线通常与周期成分无关，被认为是背景噪声，应该减小。这里，扩展 Shannon 熵函数定义为

$$H(f_i)=\overline{P(f_i)}\log_2\overline{P(f_i)} \tag{6-22}$$

式中，$i=1,2,\cdots,m$；m 表示功率谱的点数。归一化功率谱 $\overline{P(f_i)}$ 为

$$\overline{P(f_i)} = \frac{P(f_i)}{u} \tag{6-23}$$

标准差 u 为

$$u = \left[\sum_{i=1}^{m} \left| P(f_i) - \frac{1}{m} \sum_{i=1}^{m} P(f_i) \right|^2 \Big/ (m-1) \right]^{1/2} \tag{6-24}$$

该技术突出了自相关功率谱或自相关包络功率谱 $P(f)$ 中幅值大于 $2u$ 的成分，同时削弱了其他成分。

6.3.4　方法

本章提出的轴承故障诊断过程的步骤如图 6-4 所示。

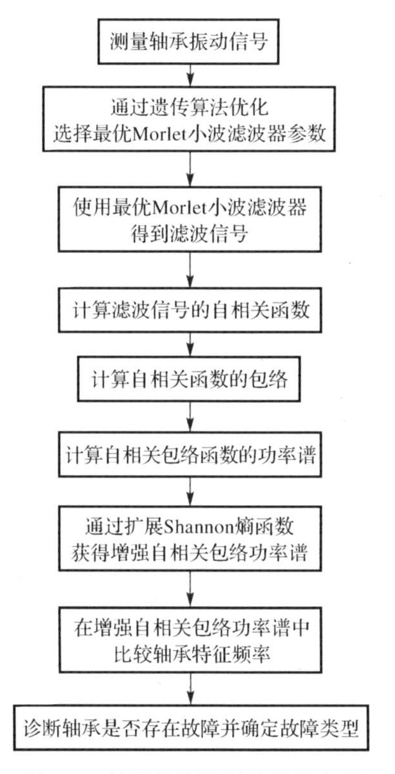

图 6-4　轴承故障诊断过程的步骤

6.4　应 用 实 例

6.4.1　仿真结果

本文用两个谐波频率调制一个指数衰减的脉冲串仿真故障轴承的振动信号。该信号用于模拟被两个共振频率调制的冲击响应信号，它表示为

$$x(k) = \mathrm{e}^{-\alpha t'}(\sin 2\pi f_1 kT + 1.2\sin 2\pi f_2 kT) \tag{6-25}$$

$$t' = \mathrm{mod}(kT, 1/f_m) \tag{6-26}$$

其中，$\alpha = 800$、$f_m = 100\,\mathrm{Hz}$、$f_1 = 3000\,\mathrm{Hz}$、$f_2 = 8000\,\mathrm{Hz}$ 分别表示指数频率、调制频率和两个载波频率；采样间隔 $T = 1/25000\,\mathrm{s}$。图 6-5(a)、(b)分别表示不加噪声情况下的仿真信号及其功率谱。在功率谱中，3000Hz 和 8000Hz 处峰值最大，分别对应两个共振频率。图 6-5(c)为加适量高斯噪声后的信号，脉冲串几乎被湮没在噪声中。图 6-5(d)为其功率谱。

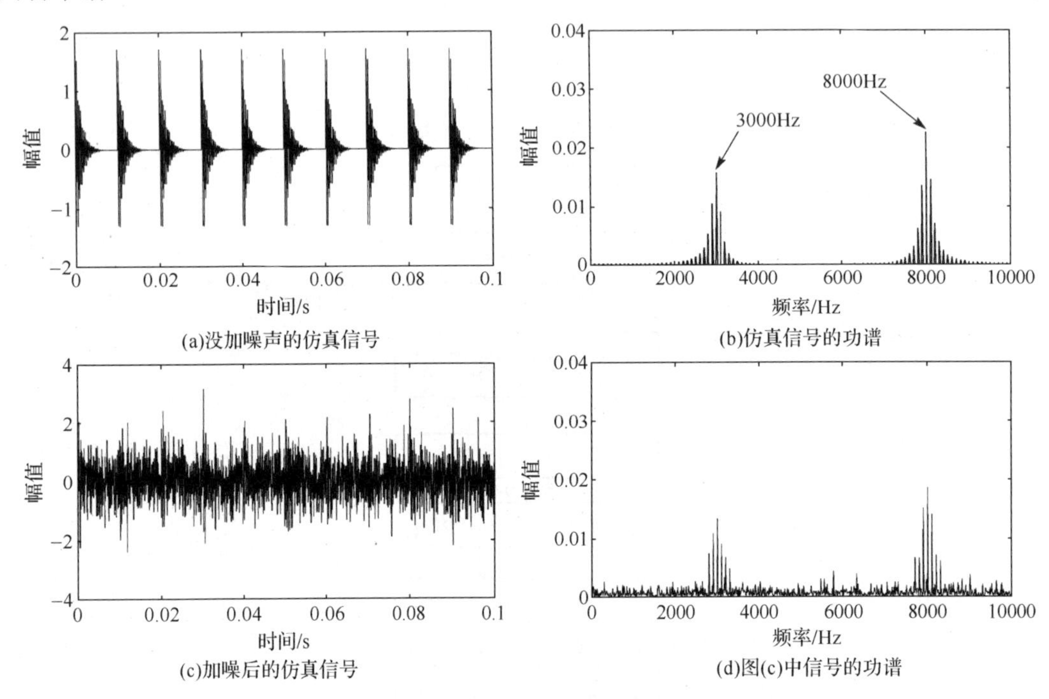

(a)没加噪声的仿真信号　(b)仿真信号的功谱

(c)加噪后的仿真信号　(d)图(c)中信号的功谱

图 6-5　仿真信号及其功率谱

首先，将最优 Morlet 小波滤波器应用于该含噪信号。该滤波器由最小 Shannon 熵准则的遗传算法优化获得，带宽为 1008Hz，其中心频率为 $f_0 = 8017\,\mathrm{Hz}$，非常接近共振频率 8000Hz。顺便提及的是，对于寻找近似最优解，遗传算法每次优化结果都有点区别，偶尔还能找到 3000Hz 附近的中心频率。图 6-6(a)为最优 Morlet 小波滤波器的幅值谱。滤波信号(小波系数)的实部显示在图 6-6(b)中，虽然周期脉冲能清楚地看到，但噪声依然很明显。图 6-6(c)为相应的功率谱，在该频带中可以看到背景噪声。使用自相关增强算法来消除这

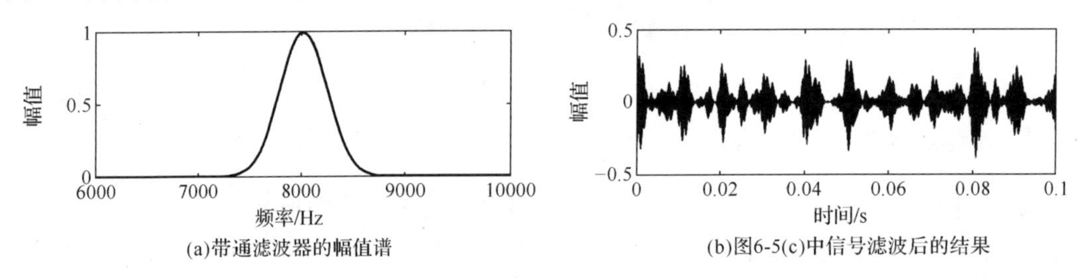

(a)带通滤波器的幅值谱　(b)图6-5(c)中信号滤波后的结果

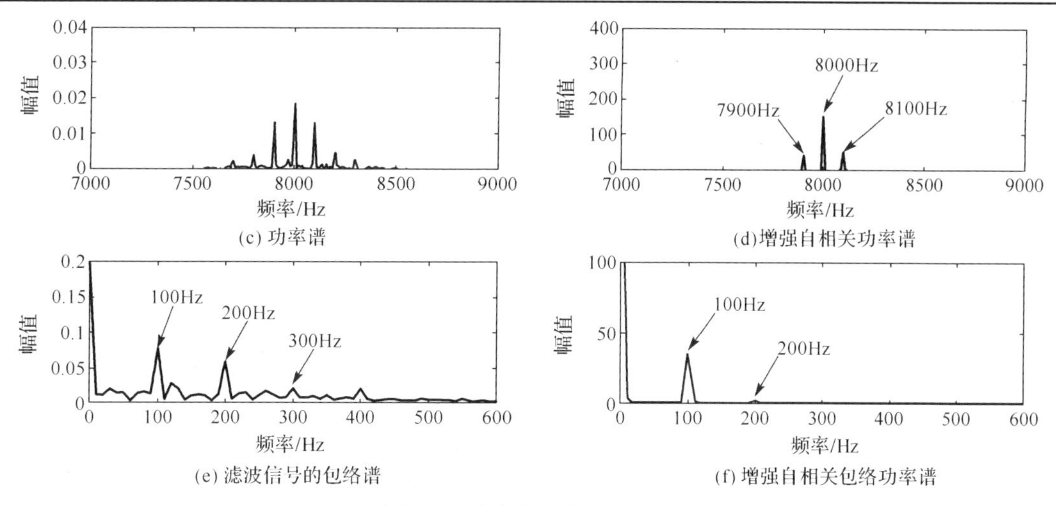

(c) 功率谱　(d)增强自相关功率谱

(e) 滤波信号的包络谱　(f) 增强自相关包络功率谱

图 6-6　仿真信号的测试结果

些残余噪声。图 6-6(d)为滤波信号的增强自相关功率谱，共振频率 8000Hz 及其边带，(7900Hz 和 8100Hz)可以清楚地显示，边带间隔 100Hz 与调制频率一致。图 6-6(e)为滤波信号的包络谱，仍可以看到一些噪声。图 6-6(f)为滤波信号的增强自相关包络功率谱，调制频率 100Hz 及其倍频 200Hz 也可以找到，但是没有毛刺了。

6.4.2　试验台数据结果

将本方法应用于美国 Case Western Reserve University 大学的轴承故障信号。试验台装置及其结构简图如图 6-7 所示。在试验装置中，1.5kW 的三相感应电机通过自校准联轴器与一个功率计和一个扭矩传感器相连，最后驱动风机进行运转。电机的负载由风机来调节。将振动加速度传感器垂直固定在感应电机输出轴支撑轴承上方的机壳上进行数据采集。滚动轴承为 SKF6205-2RS JEM 型深沟球轴承，分别在内圈和外圈表面用电火花加工出单点故障，故障大小均为直径 0.18mm，深度为 0.28mm。轴的旋转频率 f_r 为 29.53 Hz(1772rpm)。根据文献[19]可知，内圈故障频率为 159.93Hz(5.4152 f_r)，外圈故障频率为 105.87Hz(3.5848 f_r)。振动信号由加速度传感器采集获得，传感器用磁座安装在轴承座上。采样频率为 12000 Hz，采样点数为 8192。

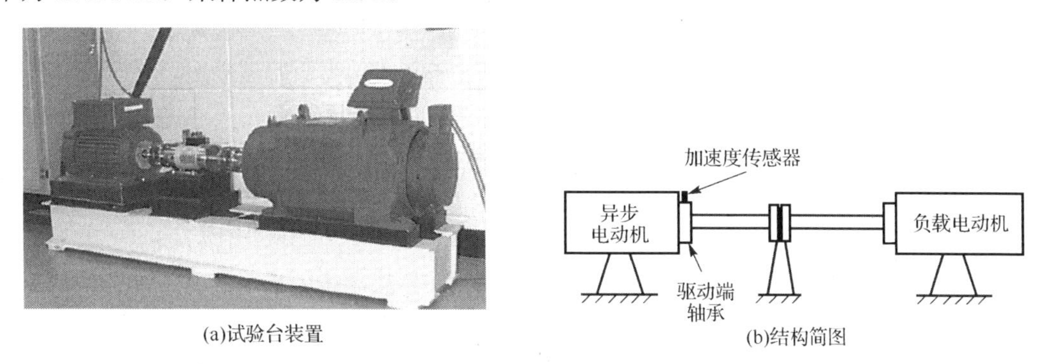

(a)试验台装置　(b)结构简图

图 6-7　试验台装置及其结构简图

内圈故障信号及其功率谱如图 6-8(a)、(b)所示。g 为加速度，$1\,g=9.8\text{m/s}^2$。如上节所述，对该信号通过遗传算法选择适当的小波参数，得到最优 Morlet 小波滤波器，其中心频率 $f_0=2718\,\text{Hz}$，带宽 $\sigma=1359\,\text{Hz}$。图 6-8(c)为带通滤波器的幅值谱，使用该最优滤波器得到滤波信号的实部如图 6-8(d)所示。滤波信号的包络谱如图 6-8(e)所示，159.7Hz 及其倍频 319.4Hz，29.3Hz 及其倍频 58.6Hz 都可找到。29.3Hz 和 159.7Hz 分别对应轴旋转频率 29.53Hz 和内圈故障频率 159.93Hz。增强自相关包络功率谱如图 6-8(f)所示，159.7Hz 处的幅值相对较大，对应内圈故障频率，该频率的单根谱线得到保留；而出现在图 6-8(e)中的 29.3Hz 及其谐波几乎全部消除，几乎所有毛刺也被清除。根据手头资料，还不知道图 6-8(f)中的 101.1Hz 为何频率，但是并不需要考虑它，因为它对分析没有影响。

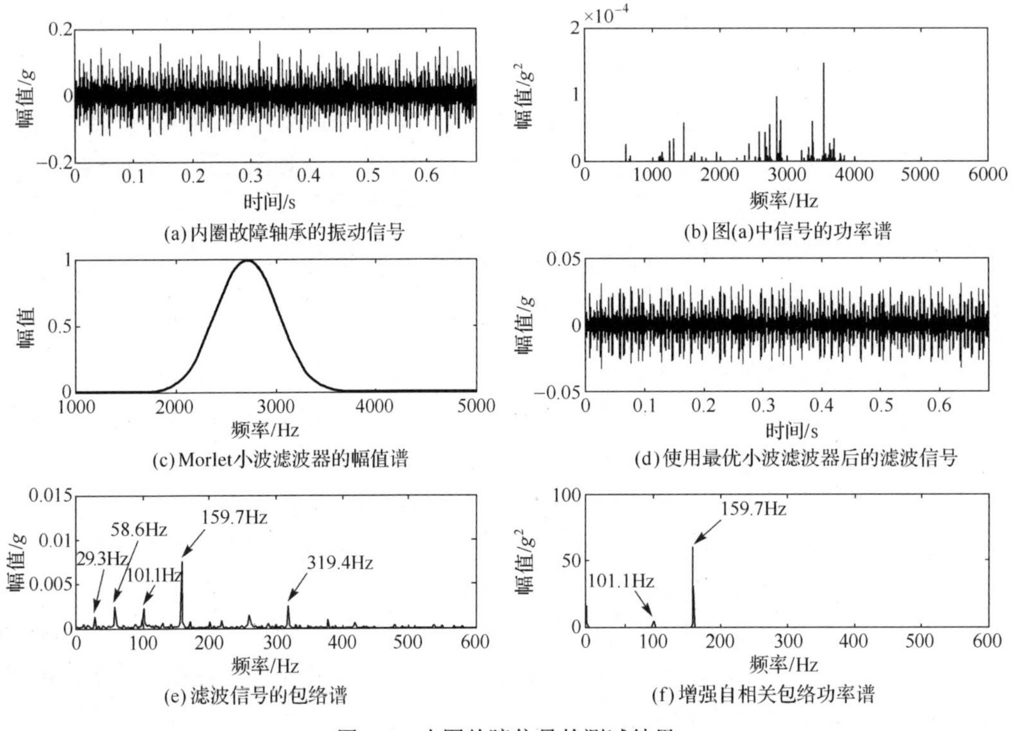

图 6-8　内圈故障信号的测试结果

同样的过程应用到外圈故障信号，如图 6-9(a)所示。因为原始振动时域信号冲击特征非常明显，所以在原信号中加入适量高斯噪声，使得冲击特征隐藏在噪声中。图 6-9(b)为其功率谱。对该信号使用遗传算法优化选择恰当的小波参数，得到最优 Morlet 小波滤波器，其中心频率 $f_0=3498\,\text{Hz}$，带宽 $\sigma=1054\,\text{Hz}$。带通滤波器的幅值谱如图 6-9(c)所示，使用该最优滤波器后得到的滤波信号的实部如图 6-9(d)所示。周期冲击特征比较明显。图 6-9(e)为滤波信号的包络谱，可以找到轴旋转频率 29.3Hz，外圈故障频率 106.9Hz 及其谐波。但在包络谱中仍然存在一些背景噪声，为了消除这些噪声，进一步使用自相关增强算法，结果如图 6-9(f)所示。图 6-9(f)中几乎只有 106.9Hz 存在，说明外圈故障频率存在。所有与外圈故障无关的频率成分，包括轴旋转频率及其谐波，几乎都被消除了。

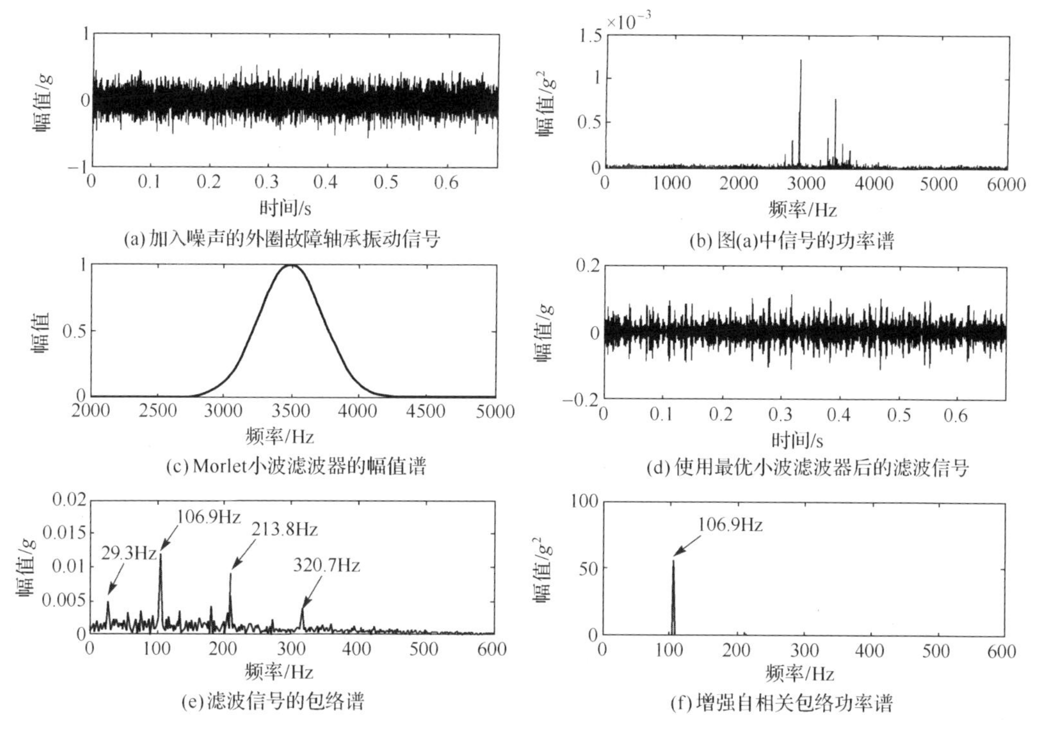

(a) 加入噪声的外圈故障轴承振动信号　(b) 图(a)中信号的功率谱

(c) Morlet小波滤波器的幅值谱　(d) 使用最优小波滤波器后的滤波信号

(e) 滤波信号的包络谱　(f) 增强自相关包络功率谱

图 6-9　外圈故障信号的测试结果

为了进一步评价本方法的性能，使用转速为 1772rpm 的正常轴承信号。原始振动信号及其功率谱如图 6-10(a)、(b)所示。使用遗传算法对该信号选择恰当的小波参数，得到最优 Morlet 小波滤波器，其中心频率 $f_0 = 1045\,\text{Hz}$，带宽 $\sigma = 519\,\text{Hz}$。图 6-10(c)为带通滤波器的幅值谱。使用该滤波器获得的滤波信号的实部如图 6-10(d)所示。滤波信号的包络谱如图 6-10(e)所示，可以看到轴旋转频率 29.3Hz 及其谐波，还有一些毛刺。图 6-10(f)为增强自相关包络功率谱，只有 29.3Hz 处的单根谱线存在。值得注意的是，对正常轴承信号，使用本文方法可以测量实际的轴旋转频率。

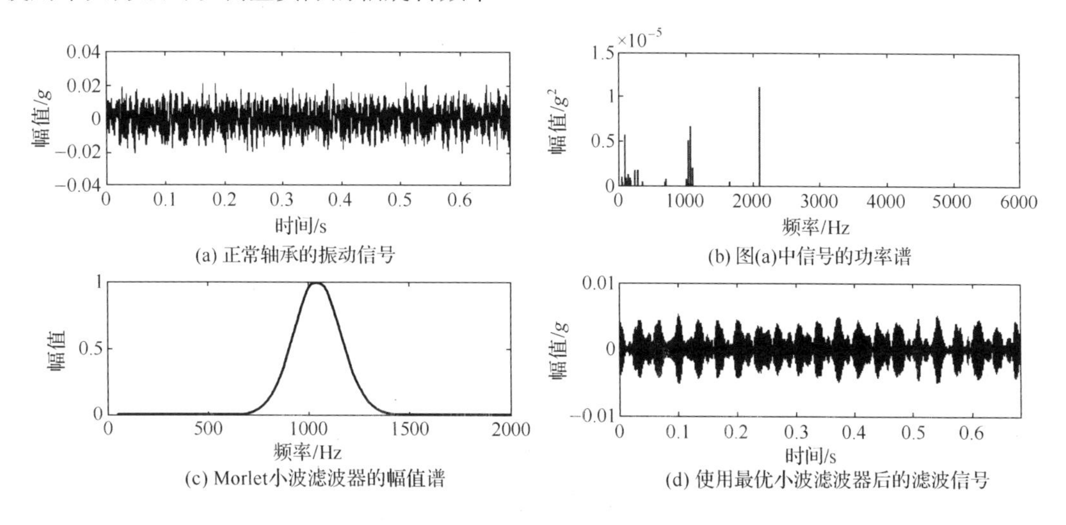

(a) 正常轴承的振动信号　(b) 图(a)中信号的功率谱

(c) Morlet小波滤波器的幅值谱　(d) 使用最优小波滤波器后的滤波信号

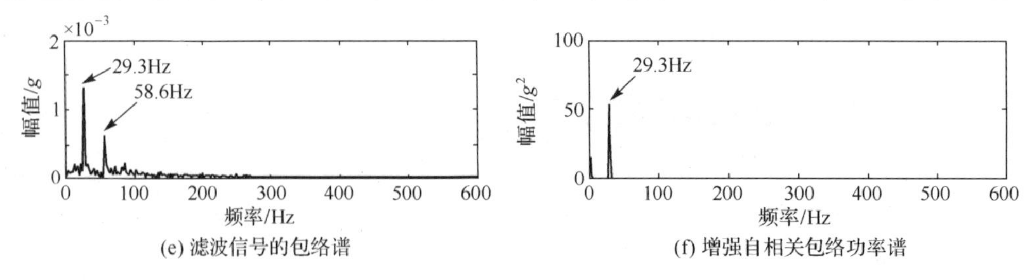

图 6-10　正常轴承信号的测试结果

6.4.3　实际故障轴承结果

上面使用的大多数原始信号包含明显的冲击特征，所以简单的谱分析方法似乎就足够了。为了突出本文方法的优势，这里使用实际的工业轴承早期内圈故障振动信号，具体介绍同 2.5 节，其中，轴速大约为 510rpm，采样频率为 12800Hz，采样长度为 4096 个点。齿轮啮合频率约为 387.5Hz。经计算，内圈、外圈、滚动体、保持架所对应的特征频率依次为 68.75Hz、48.2Hz、21.58Hz、3.44Hz。

振动信号及其 FFT 谱如图 6-11 和图 6-12 所示。振动信号的冲击特征不明显，FFT 谱复杂，从中并不容易寻找内圈故障频率(68.75Hz)及其谐波，齿轮啮合频率(387.5Hz)及其谐波是主要的频率成分。

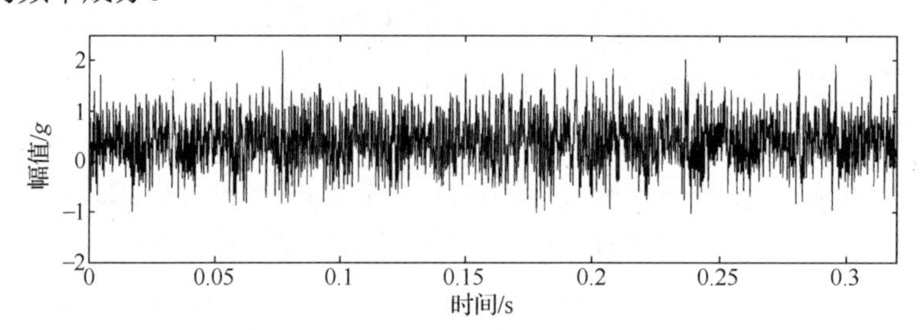

图 6-11　包含内圈故障的工业轴承的振动信号

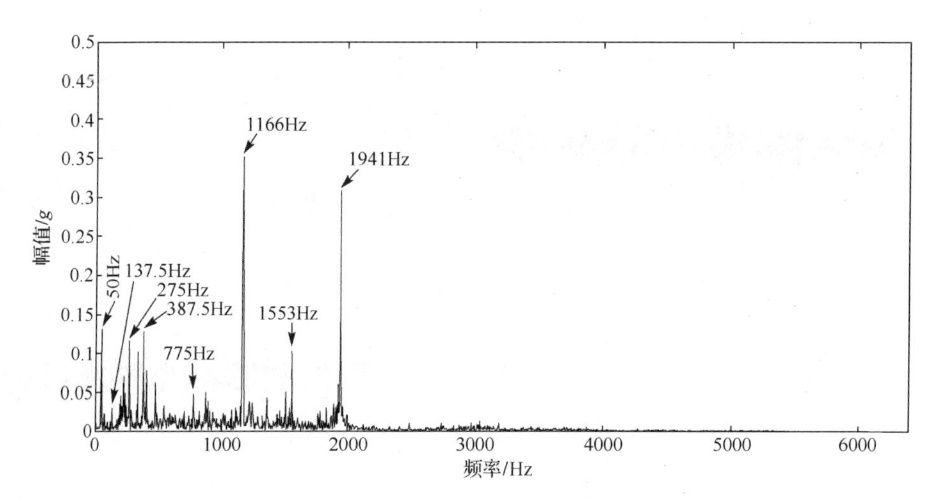

图 6-12　图 3-12 中振动信号的 FFT 谱

对该信号使用遗传算法选择恰当的小波参数，得到最优 Morlet 小波滤波器，其中心频率 $f_0 = 5120\,\text{Hz}$，带宽 $\sigma = 854\,\text{Hz}$。带通滤波器的幅值谱如图 6-13(a)所示；使用最优小波滤波器，滤波信号的实部如图 6-13(b)所示，冲击特征变得明显；滤波信号的包络谱如图 6-13(c)所示，虽然内圈故障频率(68.75Hz)及其谐波可以识别出来，但其他频率成分的幅值也很大。为了更清楚地识别故障频率，应用自相关增强算法。增强自相关包络功率谱如图 6-13(d)所示，内圈故障频率 68.75Hz 明显，说明轴承存在内圈故障，大多数与轴承故障频率无关的毛刺消失了。

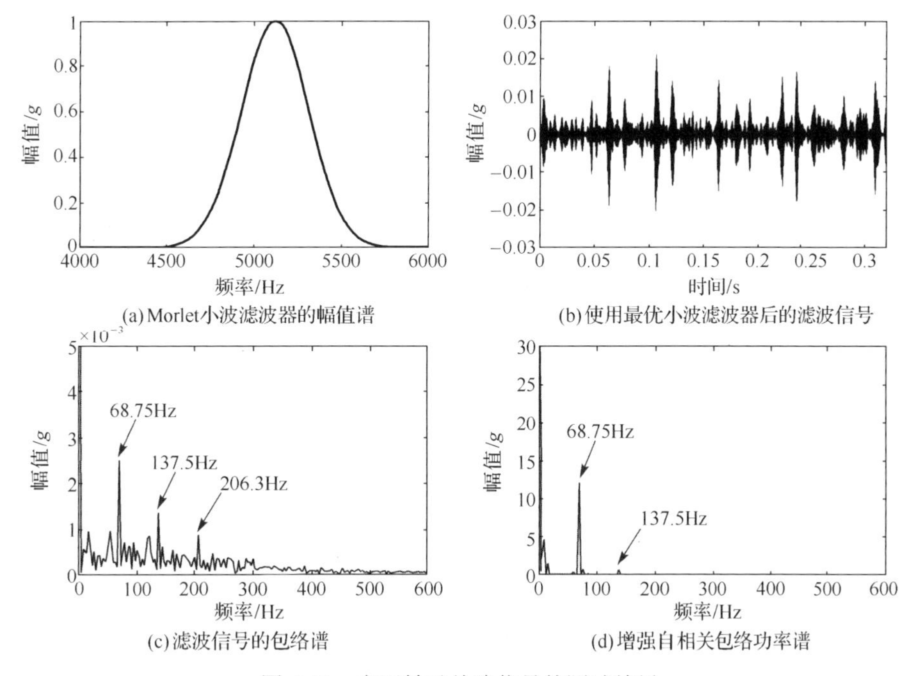

图 6-13　实际轴承故障信号的测试结果

为使本方法能得到更好的结果，根据图 6-12，主观选择其他频的比较结果，如 $\{f_0 = 1941\,\text{Hz},\ \sigma = 800\,\text{Hz}\}$、$\{f_0 = 1166\,\text{Hz},\ \sigma = 800\,\text{Hz}\}$和$\{f_0 = 380\,\text{Hz},\ \sigma = 300\,\text{Hz}\}$。频率 1941Hz 和 1166Hz 为齿轮啮合频率 387.5Hz 的谐波，结果如图 6-14 所示。在图 6-14(a)、(b)中，并不能找到内圈故障频率 68.75Hz 及其谐波。虽然在图 6-14(c)中存在 68.75Hz，但该频率不突出，对不熟练的操作人员来说，确定内圈故障并不容易。该结果说明本文的方法优于一些简单方法。而且，本文方法的两个阶段几乎可以自动执行，不需要操作人员选择任何参数，对于工厂里不熟练人员的来说，本文方法更简单有效。

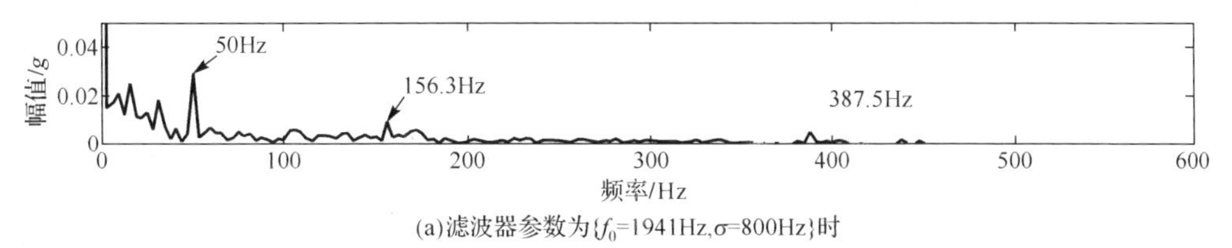

(a) 滤波器参数为$\{f_0=1941\text{Hz}, \sigma=800\text{Hz}\}$时

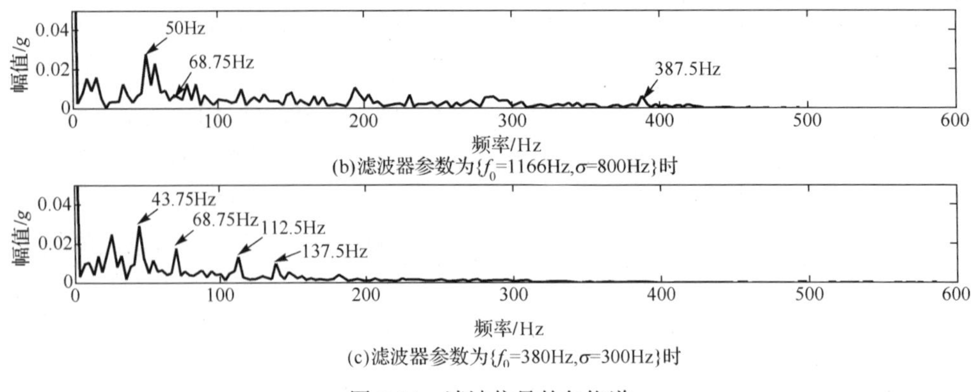

图 6-14　滤波信号的包络谱

参考文献

[1] SU W S, WANG F T, ZHU H, ZHANG Z X, GUO Z G. Rolling element bearing faults diagnosis based on optimal Morlet wavelet filter and autocorrelation enhancement[J]. Mechanical Systems & Signal Processing, 2010, 24(5):1458-1472.

[2] TSE P, PENG Y H, YAM R. Wavelet analysis and envelop detection for rolling element bearing fault diagnosis: their effectiveness and flexibility[J]. Journal of Vibration and Acoustics, 2001(123): 303-310.

[3] PENG Z K, CHU F L. Application of the wavelet transform in machine condition monitoring and fault diagnosis: a review with bibliography[J]. Mechanical Systems and Signal Processing, 2004(18): 199-221.

[4] NIKOLAOU N G, ANTONIADIS I A. Demodulation of vibration signals generated by defects in rolling element bearings using complex shifted Morlet wavelet[J]. Mechanical Systems and Signal Processing, 2002, 16(4): 677-694.

[5] ANTONI J, RANDALL R B. The spectral kurtosis: Application to the vibratory surveillance and diagnostics of rotating machines[J]. Mechanical Systems and Signal Processing, 2006(20): 308-331.

[6] HE W, JIANG Z N, FENG K. Bearing fault detection based on optimal wavelet filter and sparse code shrinkage[J]. Mcasurement, 2009(42): 1092-1102.

[7] LIN J, QU L. Feature extraction based on morlet wavelet and its application for mechanical fault diagnosis[J]. Journal of Sound and Vibration, 2000(234): 135-148.

[8] RAFIES J, TSE P W. Use of autocorrelation of wavelet coefficients for fault diagnosis[J]. Mechanical Systems and Signal Processing, 2009(23): 1554-1572.

[9] PETER W T, YANG W X, TAM H Y. Machine fault diagnosis through an effective exact wavelet analysis[J]. Journal of Sound and Vibration, 2004(277): 1005-1024.

[10] JACK L B, NANDI A K. Genetic algorithms for feature selection in machine condition monitoring with vibration signals[J]. IEE Proceedings of Vision, Image and Signal Processing, 2000(147): 205-212.

[11] CHEN H X, PATRICK S K, LIM G H. Adaptive wavelet transform for vibration signal modeling and application in fault diagnosis of water hydraulic motor[J]. Mechanical Systems and Signal Processing, 2006(20): 2022-2045.

[12] SAMANTA B, BALUSHI K R, ARAIMI S A. Artificial neural networks and support vector machines with genetic algorithm for bearing fault detection[J]. Engineering Applications of Artificial Intelligence, 2003(16): 657-665.

[13] RAFIES J, TSE P W, HARIFI A. A novel technique for selecting mother wavelet function using an intelligent fault diagnosis[J]. Expert Systems with Applications, 2009(36): 4862-4875.

[14] YANG W X, HULL J B, SEYMOUR M D. A contribution to the applicability of complex wavelet analysis of ultrasonic signals[J]. NDT & E International, 2004(37): 497-504.

[15] LEI W, WANG F T, ZHAO J L, MA X J. Fault Diagnosis of Reciprocating Compressors Valve Based on Cyclostationary Method[J]. Journal of Donghua University (English Edition), 2011, 28(4): 349-352.

[16] LUO G Y, OSYPIW D, IRLE M. Real-time condition monitoring by significant and natural frequencies analysis of vibration signal with wavelet filter and autocorrelation enhancement[J]. Journal of Sound and Vibration, 2000(236): 413-430.

[17] WANG F T, SONG L T, ZHANG B. Analysis for Effect of Key Parts on Precision of High Precision Machine Center[J]. Advanced Materials Research, 2011, 189-193: 2107-2111.

[18] RAFIES J, TSE P W. Use of autocorrelation of wavelet coefficients for fault diagnosis[J]. Mechanical Systems and Signal Processing, 2009(23): 1554-1572.

[19] Case Western Reserve University bearing data center. bearing data[EB/OL]. [2009]. http: //csegroups. case.edu/bearingdatacenter/home.

第 7 章　张量流形特征提取

故障特征提取是故障诊断的关键，关系到故障诊断的准确性与可靠性。滚动轴承的故障特征大体可以分为三大类，即时域特征[1]、频域特征[2]、时频域特征[3]。相对而言，时域特征比较形象直观但波动性大，缺乏定量判断的标准，一般不能直接用于轴承故障诊断中。频域故障特征提供了一种精确的诊断手段，不同的轴承故障对应不同的特征频率，频域特征可以准确诊断出轴承的故障状态。但由于轴承工作环境以及故障机理不同，轴承故障信号中通常会存在不同程度的噪声干扰以及调制成分，直接应用频域方法会造成故障特征频率被噪声湮没，或解调参数选择不当造成解调信号的频率中不存在特征频率谱线。为了提取轴承故障特征频率，必须先对信号进行降噪及解调处理。在降噪解调[4]过程中存在诸多如降噪参数、解调中心、滤波带宽的选择问题。并且这些参数需要根据经验进行人工选择，多次调整后才能获得满意的效果。

时频域特征不但具有时域特征的直观性，而且具有良好的时频聚集性，能够同时反映出信号的时、频域特性。时频特征中含有大量反映故障特征的信息，有效提取时频故障特征对故障诊断具有重大意义。Wang 等在 1993 年应用时频图像分析原理对齿轮箱的早期故障进行了有效诊断，这是第一次应用时频图像对机械设备进行故障诊断。此后，西安交通大学张优云等[5]应用时频图像对复杂振动状态下的柴油机故障进行了识别分类。朱利民等[6]提取短时傅里叶变换的时频特征用以故障诊断，取得了满意的效果。但上述时频特征都不具备自适应的特点，且都是针对往复机械而言的。为了克服以上方法的局限性，Norden Huang 提出了具备自适应性的 HHT 时频谱[7]。由于其频率的瞬时性，HHT 谱非常适合于分析非平稳信号[8]。李宏坤等[9]以 HHT 时频谱的几何中心作为特征向量，结合 SVM 对滚动轴承故障信号进行分类。但几何中心不但计算量大，同时缺乏对应的物理意义。几何中心只能提供定性的分类标准，不能定量地判断轴承故障类型。

为了克服传统 HHT 时频特征的不足，提出了一种基于张量流形的时频特征提取方法。以含有大量故障信息的 HHT 时频谱为研究对象，应用张量流形方法提取 HHT 时频特征的张量流形时频特征，在此基础上定义了几种时频特征参数。与传统 HHT 时频特征参数相比，张量流形时频特征参数能更有效地区分不同故障类型样本。计算张量流形时频特征时无须将二维时频信息转化为一维向量，信息损失小。利用张量流形时频特征参数与概率神经网络相结合，能有效区分轴承不同故障类型样本。

7.1　理论基础

7.1.1　HHT 时频谱

在瞬时频率以及 EMD 分解定义的基础上，可以定义 HHT 时频谱。下面给出 HHT 时频谱的定义。

对信号 $X(t)$ 进行 Hilbert 变换，如式(7-1)所示：

$$H(t)=\frac{1}{\pi}\int_{-\infty}^{+\infty}\frac{X(\tau)}{t-\tau}\mathrm{d}\tau \tag{7-1}$$

$X(t)$ 的解析信号 $Z(t)$ 为

$$Z(t)=X(t)+\mathrm{j}H(t)=A(t)\mathrm{e}^{\mathrm{j}\theta(t)} \tag{7-2}$$

式中，$A(t)$ 为幅值函数；$\theta(t)$ 为相位函数。

$$A(t)=\sqrt{X(t)^2+H(t)^2},\quad \theta(t)=\arctan\frac{H(t)}{X(t)} \tag{7-3}$$

由式(7-3)定义信号 $X(t)$ 的瞬时频率 ω 为

$$\omega=\frac{\mathrm{d}\theta(t)}{\mathrm{d}t} \tag{7-4}$$

对信号 $X(t)$ 通过 EMD 得到的 IMF 进行 Hilbert 变换，构成 $X(t)$ 解析形式表示为

$$X(t)=\sum_{i=1}^{n}A_i(\mathrm{t})\mathrm{e}^{\mathrm{j}\omega_i(t)t} \tag{7-5}$$

式中，$A_i(t)$ 是第 i 个 IMF 的瞬时幅值；$\omega_i(t)$ 是瞬时频率。

把信号 $X(t)$ 的幅度在 Hilbert 空间中表示为时间与瞬时频率的函数 $H(t,\omega)$，则函数 $H(t,\omega)$ 称为 HHT 时频函数，其数学表达式如式(7-6)所示：

$$H(t,\omega)=\sum_{i=1}^{n}b_iA_i(t)\mathrm{e}^{\mathrm{j}\omega_i(t)t} \tag{7-6}$$

式中，b_i 为开关因子，当 $\omega_i=\omega$ 时，$b_i=1$；当 $\omega_i\neq\omega$ 时，$b_i=0$。

由上述时频函数推导可以看出 HHT 时频分析是基于信号局部特征的分解方法，这使得瞬时频率概念具有了实际的物理意义，从而使这一方法不同于用很多谐波分量来描述复杂的非线性非平稳信号的传统方法。因此，无论从概念定义还是从信号分析本质来看，HHT 时频谱摆脱了傅里叶变换的束缚，能准确地描述非平稳信号特征。

7.1.2　张量流形理论

1. LPP 流形算法

局部保持投影(LPP)算法通过一定的性能目标来寻找线形变换矩阵 $\boldsymbol{W}$，以实现对高维数据的降维。已知存在 l 个训练样本 $\{\boldsymbol{x}_i\}_{i=1}^{l}\in\mathbf{R}^m$，变换矩阵 $\boldsymbol{W}$ 可以通过最小化目标函数得到。

$$\min\left[\sum_{i,j}(\boldsymbol{W}^{\mathrm{T}}\boldsymbol{x}_i-\boldsymbol{W}^{\mathrm{T}}\boldsymbol{x}_j)^2\boldsymbol{S}_{ij}\right] \tag{7-7}$$

其中 $\boldsymbol{S}$ 是权值矩阵，可以采用 k 近邻法来定义。

$$\boldsymbol{S}_{ij}=\begin{cases}\dfrac{\exp\|\boldsymbol{x}_i-\boldsymbol{x}_j\|^2}{\lambda}\boldsymbol{x}_j & (\boldsymbol{x}_j \text{是} \boldsymbol{x}_i \text{的第} j \text{个临近点}) \\ 0 & \end{cases} \tag{7-8}$$

其中 λ 是一个大于 0 的常量。

从式(7-7)可以看出，降维后的特征空间能够保持原始高维空间的局部结构。对式(7-7)进行代数变换：

$$\begin{aligned}\frac{1}{2}\sum_{i,j}(\boldsymbol{W}^{\mathrm{T}}\boldsymbol{x}_i-\boldsymbol{W}^{\mathrm{T}}\boldsymbol{x}_i)^2\boldsymbol{S}_{ij}&=\sum_{i,j}\boldsymbol{W}^{\mathrm{T}}\boldsymbol{x}_i\boldsymbol{D}_i\boldsymbol{x}_i^{\mathrm{T}}\boldsymbol{W}-\sum_{i,j}\boldsymbol{W}^{\mathrm{T}}\boldsymbol{x}_i\boldsymbol{S}_ij\boldsymbol{x}_i^{\mathrm{T}}=\boldsymbol{W}^{\mathrm{T}}\boldsymbol{X}(\boldsymbol{D}-\boldsymbol{S})\boldsymbol{X}^{\mathrm{T}}\boldsymbol{W}\\&=\boldsymbol{W}^{\mathrm{T}}\boldsymbol{X}\boldsymbol{L}\boldsymbol{X}^{\mathrm{T}}\boldsymbol{W}\end{aligned} \tag{7-9}$$

其中 $\boldsymbol{X}=[x_1,x_2,\cdots,x_l]$； $\boldsymbol{D}$ 是 $l\times l$ 的对角阵；对角线元素 $\boldsymbol{D}_{ii}=\sum_i \boldsymbol{S}_{ij}$ ； $\boldsymbol{L}=\boldsymbol{D}-\boldsymbol{S}$ 。式(7-9)取得最小值的变换矩阵 $\boldsymbol{W}$ 可以通过求解式(7-10)的广义本征值而得到。

$$\boldsymbol{X}\boldsymbol{L}\boldsymbol{X}^{\mathrm{T}}\boldsymbol{W}=\lambda\boldsymbol{X}\boldsymbol{D}\boldsymbol{X}^{\mathrm{T}}\boldsymbol{W} \tag{7-10}$$

2. 张量 LPP 流形算法

LPP 算法只能算是一种针对一维向量的流形特征提取算法。但是在时频图等二维图像特征的提取过程中，训练图像的数目相对于图像向量的维数而言很小，导致 $\boldsymbol{X}\boldsymbol{D}\boldsymbol{X}^{\mathrm{T}}$ 奇异，LPP 算法失效。为此，本章采用一种新的二维张量 LPP 算法提取时频图的故障特征。

已知存在 l 个训练二维图像 $\{\boldsymbol{A}_i\}_{i=1}^{l}\in\mathbf{R}^{m\times n}$ ， $\boldsymbol{w}$ 表示 n 维单位化的列向量。张量 LPP 的思想是使每一个 $m\times n$ 的图像矩阵 $\boldsymbol{A}_i$ ，通过线性变换 $\boldsymbol{y}_i=\boldsymbol{A}_i\boldsymbol{w}$ 直接投影到 $\boldsymbol{w}$ 上，于是得到一个 m 维列向量 $\boldsymbol{y}_i$ ，称之为图像 $\boldsymbol{A}_i$ 的投影特征向量。张量流形算法的目标函数与 LPP 算法的相同，即式(7-7)。对(7-7)式进行代数变换：

$$\begin{aligned}\frac{1}{2}\sum_{i,j}(\boldsymbol{A}_i\boldsymbol{w}-\boldsymbol{A}_j\boldsymbol{w})^2\boldsymbol{S}_{ij}&=\sum_{i,j}\boldsymbol{W}^{\mathrm{T}}\boldsymbol{A}_i^{\mathrm{T}}\boldsymbol{D}_{ii}\boldsymbol{I}_m\boldsymbol{A}_i\boldsymbol{w}-\sum_{i,j}\boldsymbol{W}^{\mathrm{T}}\boldsymbol{A}_i^{\mathrm{T}}\boldsymbol{S}_{ij}\boldsymbol{I}_m\boldsymbol{A}_i\boldsymbol{w}\\&=\boldsymbol{W}^{\mathrm{T}}\boldsymbol{A}^{\mathrm{T}}\left[(\boldsymbol{D}-\boldsymbol{S})\otimes\boldsymbol{I}_m\right]\boldsymbol{A}\boldsymbol{W}=\boldsymbol{W}^{\mathrm{T}}\boldsymbol{A}^{\mathrm{T}}(\boldsymbol{L}\otimes\boldsymbol{I}_m)\boldsymbol{A}\boldsymbol{W}\end{aligned} \tag{7-11}$$

其中 $\boldsymbol{A}=[\boldsymbol{A}_1,\boldsymbol{A}_2,\cdots,\boldsymbol{A}_k]$； $\boldsymbol{L}$ 和 $\boldsymbol{D}$ 的定义与一维 LPP 算法完全相同； $\otimes$ 表示克罗内克积。

求解最优 $\boldsymbol{w}$ 的问题可转化成如下本征值问题：

$$\boldsymbol{A}^{\mathrm{T}}(\boldsymbol{L}\otimes\boldsymbol{I}_m)\boldsymbol{A}\boldsymbol{w}=\lambda\boldsymbol{A}^{\mathrm{T}}(\boldsymbol{D}\otimes\boldsymbol{I}_m)\boldsymbol{A}\boldsymbol{w} \tag{7-12}$$

使式(7-12)取最小值的 $\boldsymbol{w}$ 由式(7-12)的 d 个最小非零特征值所对应的特征向量构成。也就是说，最终求解的最优投影向量 $\boldsymbol{w}$ 共有 d 个，这 d 个投影向量形成的矩阵 $\boldsymbol{W}=[\boldsymbol{w}_1,\boldsymbol{w}_2,\cdots,\boldsymbol{w}_d]$ 称为投影矩阵，对于任意一幅图像 $\boldsymbol{A}_x$ ，有

$$\boldsymbol{y}_{xi}=\boldsymbol{A}_x\boldsymbol{w}_i,\quad (i=1,2,\cdots,d) \tag{7-13}$$

这里 $\boldsymbol{y}_{x1},\boldsymbol{y}_{x2},\cdots,\boldsymbol{y}_{xi}$ 称作样本图像 $\boldsymbol{A}_x$ 的投影特征向量。投影特征向量形成的矩阵 $\boldsymbol{y}_x=[\boldsymbol{y}_{x1},\boldsymbol{y}_{x2},\cdots,\boldsymbol{y}_{xd}]$ 称作样本图像 $\boldsymbol{A}_x$ 的特征矩阵。

7.2　张量流形时频故障特征提取

7.2.1　方法的原理及步骤

流形方法是一种非线性降维方法，能够提取高维特征的非线性低维特征。流形方法与常规线形降维方法的区别在于，流形方法是一种先局部后整体的非线性方法。在考虑满足全局优化的前提下可以很好地保留局部流形特征，它能有效提取蕴含在高维特征组合中的非线性流形特征。

常规的流形算法在提取二维时频特征组合的低维流形特征时，须将二维时频特征转化为一维向量，因此会造成信息损失和误差。本节提出一种基于张量流形的时频故障特征提取方法，利用张量流形方法提取 HHT 时频特征组合的张量流形时频特征，如图 7-1 所示。

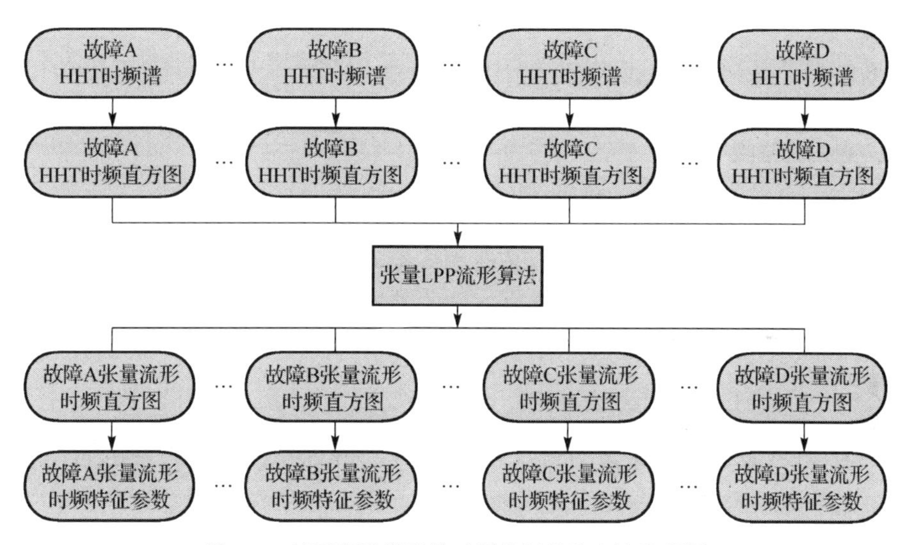

图 7-1　基于张量流形的时频特征提取方法流程图

基于张量流形的时频特征提取方法的具体步骤如下：

(1) 对不同类型的轴承故障信号进行截取预处理。

(2) 计算各信号的 HHT 时频谱。为了提高流形算法的计算速度，对时频区域进行网格划分，对每个时频网格内的时频谱能量值进行积分，将信号的 HHT 时频谱转化为时频能量直方图。

(3) 时频能量直方图实际是一个二维矩阵，将不同类型故障样本对应的直方图组成一个高维时频特征组合。

(4) 利用张量流形学习方法提取高维时频特征组合的低维流形特征组合，便可得到每个样本的张量流形时频能量直方图。

(5) 以张量流形时频能量直方图为基础，定义不同的张量流形时频特征参数，用来描述信号的故障特征。

7.2.2 时频特征参数的定义

张量流形时频能量直方图是一种非线性时频故障特征，能有效体现不同故障类型信号的差异。但其本质是一个二维矩阵，不方便直接应用它进行故障分类，因此本文提出了几种时频特征参数来衡量张量流形时频能量直方图的差异。下面分别给出它们的定义。

1．能量熵

熵是从衡量数据复杂性的角度提出来的，用来度量信号中产生新模式的概率大小。定义能量熵来衡量时频能量直方图的差异，其具体定义如下：

$$H=-\sum_{i=1}^{n}p_i\log(p_i)\text{，其中 }p_i=\frac{e_i}{\sum_{i=1}^{n}e_i} \tag{7-14}$$

式中，H 代表能量熵；e_i 代表时频能量直方图中能量的 n 种取值 e_1,e_2,L,e_n；p_i 代表每个独立的能量值 e_i 在直方图总能量 $\sum_{i=1}^{n}e_i$ 中所占的比率。能量熵能够表示时频能量分布的不确定性。

2．能量关联系数

将时频能量直方图从频域划分 i 个子带区域。称每个子带的能量向量为 $\boldsymbol{E}_{f1},\boldsymbol{E}_{f2},\cdots,\boldsymbol{E}_{fi}$，它们的能量和为 $\boldsymbol{E}_t$。每个能量向量 $\boldsymbol{E}_{fi}$ 依时频能量直方图的不同而有所不同，所以可以利用 $\boldsymbol{E}_{fi}$ 与 $\boldsymbol{E}_t$ 的相关程度来衡量时频能量直方图的差异。相关程度的度量一般采用相关系数，在本文中定义能量相关系数向量为

$$\text{Ecoef}=\left[\text{corcoef}(1),\quad \text{corcoef}(2),\quad \cdots\quad \text{corcoef}(i)\right]^{\mathrm{T}} \tag{7-15}$$

其中，Ecoef 表示能量相关系数向量；$\text{corcoef}(i)=\text{corcoef}(\boldsymbol{E}_{fi},\boldsymbol{E}_t)$，$\text{corcoef}(\cdot)$ 为互相关函数。

3．能量概率分布函数

时频能量直方图能体现不同时频区域内信号能量的分布状况，不同信号的时频能量分布是不同的。从概率的观点来理解，能量出现在不同时频区域的频率可以看作其出现的概率，因此整个时频能量直方图的能量分布情况可以用其能量分布概率密度函数(probability density function，PDF)来描述。不同信号的能量直方图对应不同 PDF 分布曲线，可以应用概率分布函数 P 对不同的 PDF 进行量化比较。概率分布函数 P 是概率密度函数 PDF 的积分，即

$$P(e)=\int_0^e \text{PDF}(e)\,\mathrm{d}e \tag{7-16}$$

4．能量稀疏度

时频能量直方图中，信号在不同区域的能量分布是稀疏不均的，某一区域能量较大，而另一区域的能量却接近于零。能量分布的稀疏程度可以用稀疏度来度量，稀疏度估计的

实质就是求一个函数 $q(\boldsymbol{x})$，$\boldsymbol{x}\in\mathbf{R}^n$。如果 $\boldsymbol{x}$ 的取值是稀疏的，那么 $q(\boldsymbol{x})$ 值就比较大；反之，$q(\boldsymbol{x})$ 的取值就较小。通常可以用向量 $\boldsymbol{x}$ 的 L_P 范数的标准化形式来定量估计稀疏度。定义任意向量 $\boldsymbol{x}$ 的 L_P 范数标准化形式为

$$q^{-1}(\boldsymbol{x})=\frac{\|\boldsymbol{x}\|_p}{n^{1/p-1/2}\cdot\|\boldsymbol{x}\|_2}=\frac{1}{n^{1/p-1/2}}\cdot\frac{\left(\sum_{k=1}^{n}\boldsymbol{x}_k^p\right)^{1/p}}{\left(\sum_{k=1}^{n}\boldsymbol{x}_k^2\right)^{1/2}} \tag{7-17}$$

其中 $1\leqslant p<\infty$。实际应用中，时频能量直方图的能量分布能够被 L_1 范数较好体现，因此取 $p=1$，即 L_1 范数被 L_2 范数标准化后可以作为评价稀疏度的标准。

5. 能量互信息

互信息(mutual Information，MI)是衡量随机变量间独立程度的物理量。多变量间的互信息可以定义为多变量联合概率密度和其边缘概率密度乘积的 $K-L$ 散度，即

$$I(\boldsymbol{x})=KL\left(p(\boldsymbol{x}),\prod_{i=1}^{N}p_i(\boldsymbol{x}_i)\right)=\int p(\boldsymbol{x})\log\left(p(\boldsymbol{x})\Big/\prod_{i=1}^{N}p_i(\boldsymbol{x}_i)\right)\mathrm{d}\boldsymbol{x} \tag{7-18}$$

其中，$\boldsymbol{x}=[\boldsymbol{x}_1,\boldsymbol{x}_2,\cdots,\boldsymbol{x}_N]$；$p(\boldsymbol{x})$ 为多变量联合概率密度函数；$p_i(\boldsymbol{x}_i),(i=1\sim N)$ 为各变量的边缘概率密度函数；KL 代表散度其定义为

$$KL[p(x),q(x)]=\int p(x)\log\frac{p(x)}{q(x)}\mathrm{d}x \tag{7-19}$$

其中 $p(x)$、$q(x)$ 表示随机变量 x 的两种不同概率密度函数。将时频能量直方图按频域划分为 i 个区域，每个区域的能量向量为 $\boldsymbol{E}_{f1},\boldsymbol{E}_{f2},\cdots,\boldsymbol{E}_{fi}$。按式(7-19)的定义便可计算每个直方图的能量互信息。

6. 能量峭度

峭度是衡量随机变量分布高斯性强弱的物理量，时频能量直方图能量的峭度越大，表明能量分布的高斯性越弱；而能量的峭度越小，表明能量分布的高斯性越强。能量分布的高斯性越强，则能量的分布呈现“中间大，两头小”的现象，能量的取值以中间大小为主，较大或较小值出现的概率较低。对于能量值序列 $X=x_1,x_2,\cdots,x_N$，其总体峭度的定义为

$$\mathrm{Kurt}(x_{1,2,\cdots,N})=\frac{\sum_{i=1}^{N}(x_i-\mu)^4\Big/N}{\sigma^4}-3 \tag{7-20}$$

7.3 应用实例

7.3.1 故障信号的 HHT 时频特征

为了验证基于张量流形的时频故障特征提取方法的有效性，将本方法应用于美国 Case Western Reserve University 大学的轴承故障信号。试验台装置图可参考图 6-7。在试验装置

中，1.5kW 的三相感应电机通过自校准联轴器与一个功率计和一个扭矩传感器相连，最后驱动风机进行运转。电机的负载由风机来调节。将振动加速度传感器垂直固定在感应电机输出轴支撑轴承上方的机壳上进行数据采集。滚动轴承为 SKF6205-2RS JEM 深沟球轴承，分别在内圈和外圈表面用电火花加工出单点故障，故障大小的直径为 0.18mm，深度为 0.28mm。轴的旋转频率 f_r 为 29.53Hz(1772rpm)。经计算可知，内圈故障频率为 159.93Hz($5.3152 f_r$)，外圈故障频率为 105.87Hz($3.5838 f_r$)。振动信号由加速度传感器采集获得，传感器用磁座安装在轴承座上。采样频率为 12000Hz，采样点数为 8192。

图 7-2(a)～(d)分别是滚动轴承正常信号、内环故障信号、滚动体故障信号、外环故障信号的时域波形。四种信号的时域波形虽然有一定的差异，但无法通过这种非定性直观差异来区分轴承故障状态。分别作出四种状态下信号的 HHT 时频谱。为了提高后续张量流形算法的计算速度，将 HHT 时频谱划分为 64 个大小均等的时频网格区域，对每个区域中的能量幅值积分，从而得到 HHT 时频能量直方图。不同类型信号的 HHT 时频谱及其直方图如图 7-3～图 7-6 所示。

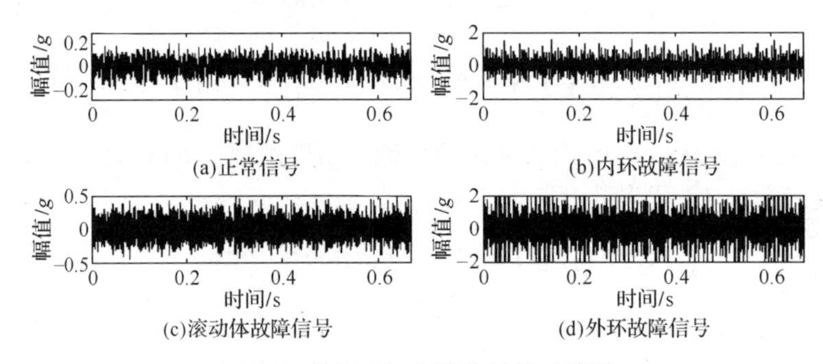

图 7-2　轴承不同故障信号的时域图

图 7-3 为正常状态下滚动轴承振动信号的 HHT 时频谱及对应的时频能量直方图。由图 7-3 可知，正常状态下，滚动轴承振动信号的能量主要分布在低频区域，幅值范围为 0～10，且随着频率的增加频带能量逐渐减弱。

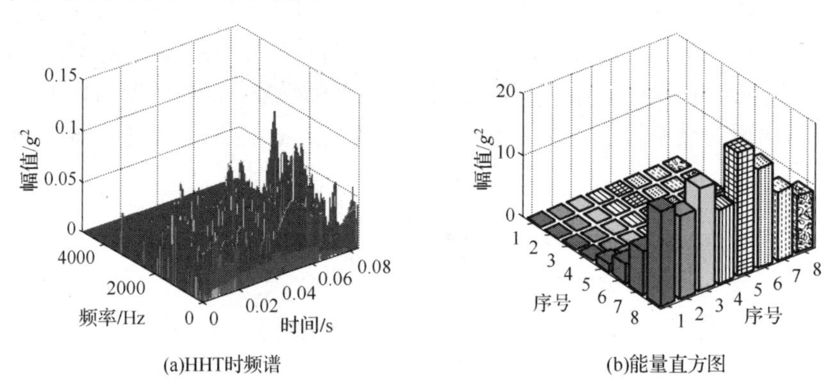

图 7-3　正常状态下信号的 HHT 时频谱及能量直方图

图 7-4 是滚动轴承内环故障信号的 HHT 时频谱及对应的能量直方图。由图 7-4 可知，内环故障信号的时频能量分布较广，在低频及高频区域都存在较高的能量，其时频能量分

布的特点是能量从低频区域开始逐渐减弱，而后在高频区域时，能量突然强。能量直方图的幅值分布范围为 0～30，大于正常情况下轴承故障能量直方图的最大值。

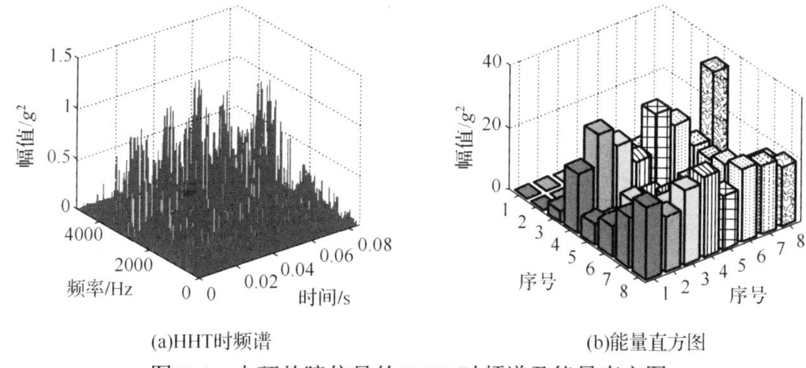

(a)HHT时频谱　　　　　　　　　　　　(b)能量直方图

图 7-4　内环故障信号的 HHT 时频谱及能量直方图

图 7-5 是滚动轴承滚动体故障信号的 HHT 时频谱及对应的能量直方图，由图可知，滚动体故障信号的时频能量主要分布在高频区域，低频区域也有少量分布。能量分布的特点是高频能量占优势，低频能量分布较均匀，能量直方图变化趋势是从低频到高频能量先减少后增加，能量直方图的幅值范围为 0～20。

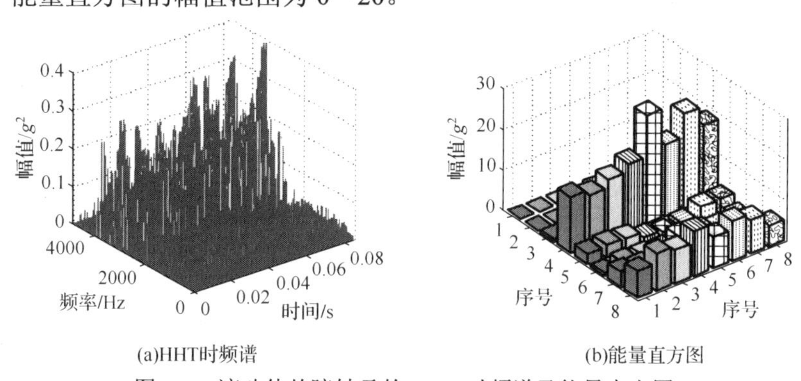

(a)HHT时频谱　　　　　　　　　　　　(b)能量直方图

图 7-5　滚动体故障轴承的 HHT 时频谱及能量直方图

图 7-6 是滚动轴承外环故障信号的 HHT 时频谱及对应的能量直方图，由图可知，外环故障信号的能量主要集中分布在高频区域，低频区域分布非常少。能量分布的特点是从低频开始能量变化较平缓，到达高频区域后能量突然增大达到最大值。能量直方图的幅值范围为 0～100。

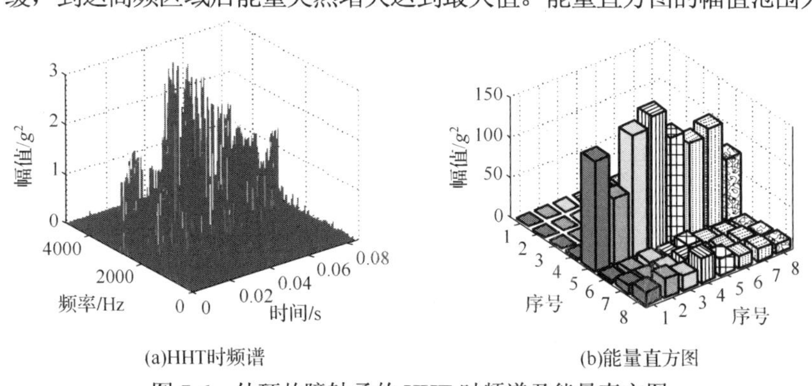

(a)HHT时频谱　　　　　　　　　　　　(b)能量直方图

图 7-6　外环故障轴承的 HHT 时频谱及能量直方图

7.3.2　张量流形时频特征参数提取

分别取正常、内环故障、滚动体故障、外环故障信号各 20 个样本，依次计算 HHT 时频谱，将时频区域划分为8×8的网格，把 HHT 时频谱转化为能量直方图。每个能量直方图都是一个8×8的矩阵，4 种不同状态信号的能量直方图可组成一个含 80 个样本的高维时频特征组合。应用张量 LPP 算法提取高维时频特征组合的低维张量流形特征，可得最优投影向量$\boldsymbol{W}=\left[w_1,w_2,\cdots,w_d\right]$，按特征值的大小分布情况，本文取$d$=6。将四类信号样本的$8\times8$能量直方图分别向最优投影向量$\boldsymbol{W}$投影，可得 80 个$8\times6$规格的张量流形能量直方图。在此基础上，分别计算每个信号的张量流形时频特征参数，作为滚动轴承故障特征参数。具体结果如下。

1．流形能量熵

取四种不同类型的滚动轴承信号各 10 个，其中正常状态样本序号为 1～10，内环故障样本序号为 11～20，滚动体故障样本序号为 21～30，外环故障样本序号为 31～40(下同)。分别计算其张量流形能量直方图的能量熵(为了与 HHT 能量直方图的能量熵有所区别，简称为流形能量熵)，计算结果如图 7-7 所示。

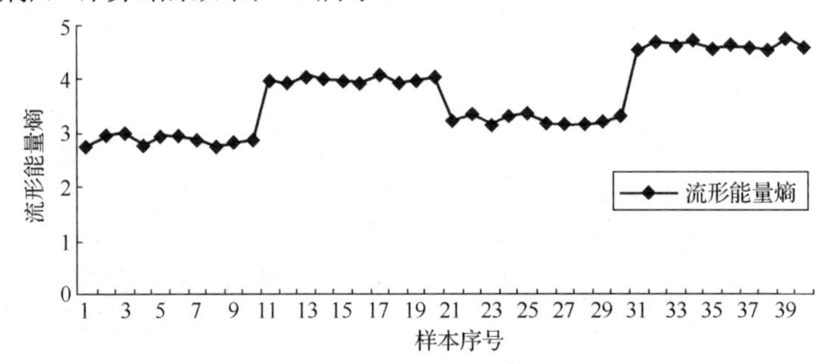

图 7-7　不同故障类型信号的流形能量熵

计算四种类型轴承信号 HHT 能量直方图的能量熵(为了便于比较，简称为能量熵)，其结果如图 7-8 所示。

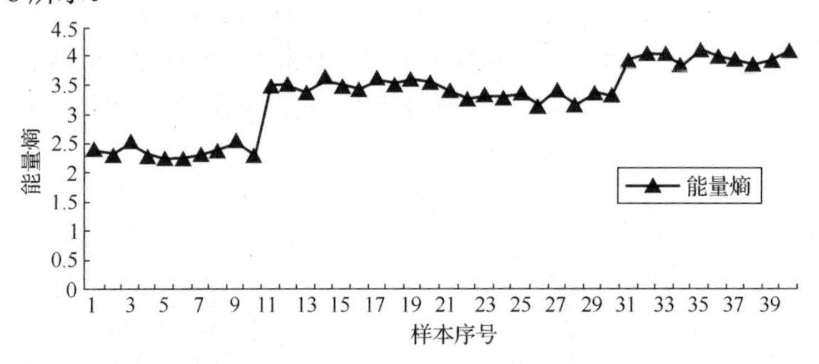

图 7-8　不同故障类型信号的能量熵

由图 7-7 可知，不同故障类型信号的流形能量熵具备较大的区分度，能够有效区分不同类型故障。由图 7-8 可知，能量熵不能有效区分内环故障、滚动体故障、外环故障。因此，流形能量熵更适合作为不同故障的分类依据。

2．流形能量关联系数

每个信号的张量流形能量直方图含有 6 个能量向量 $\boldsymbol{E}_{f1},\boldsymbol{E}_{f2},\cdots,\boldsymbol{E}_{f6}$，它们的能量和为 $\boldsymbol{E}_t$。分别计算 $\boldsymbol{E}_{f1},\boldsymbol{E}_{f2},\cdots,\boldsymbol{E}_{f6}$ 与 $\boldsymbol{E}_t$ 的能量相关系数(简称为流形能量关联系数)。结果如图 7-9 所示。

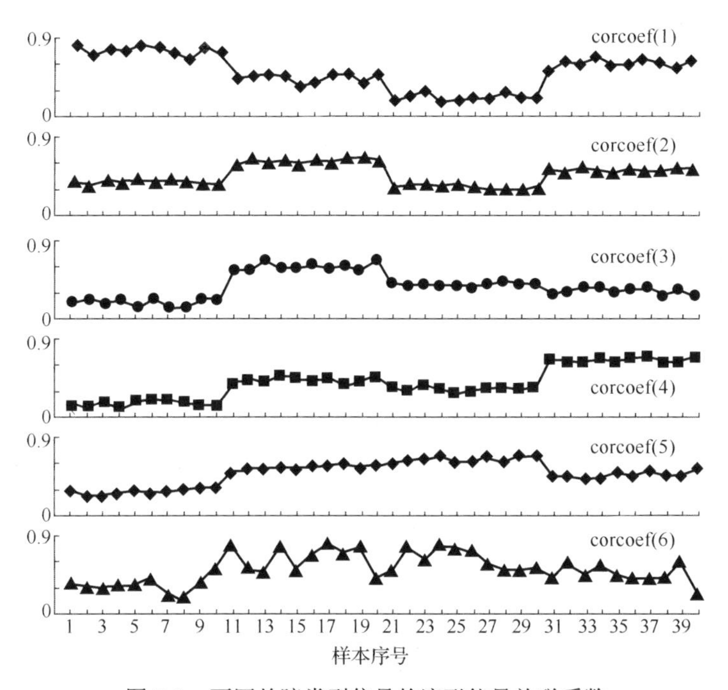

图 7-9　不同故障类型信号的流形能量关联系数

由图 7-9 可知，流形能量关联系数 corcoef(1) 总体上对不同类型的故障信号有一定的区分能力，但是不同的流形能量关联系数 corcoef(i) 区分不同类型故障的能力有所不同。流形能量关联系数 corcoef(1) 能够明显地区分四种不同类型的轴承运行状态。corcoef(2) 虽然也具备一定的区分能力，但是它不能有效地区分正常状态、外环故障状态样本。上述两类状态信号的 corcoef(2) 取值比较接近，因此 corcoef(2) 不适合作为特征参数来区分轴承故障类型。同理，由于 corcoef(3) 不能有效区分滚动体故障与外环故障，所以它也不适合作为故障特征参数。corcoef(4) 对内环故障和滚动体故障的区分效果较差，也不能作为故障特征。corcoef(5)、corcoef(6) 对四种信号的区分度都不是十分明显，因此也不能作为特征参数来区分滚动轴承的故障状态。综上所述，可以选择 corcoef(1) 作为区分不同类型故障样本的特征参数。

图 7-10 为应用 HHT 时频能量直方图中 6 个能量较大的频带计算的能量关联系数(简称能量关联系数)，由图可知，能量关联系数[corcoef(i)，$i=1,\cdots,6$]对每种类型样本的区分效果都不是十分理想，因此能量关联系数不适合作为故障特征参数。

3．流形能量概率分布函数

任取一组四种故障类型信号，分别计算其张量流形能量直方图的 PDF 分布曲线，结果如图 7-11 所示。

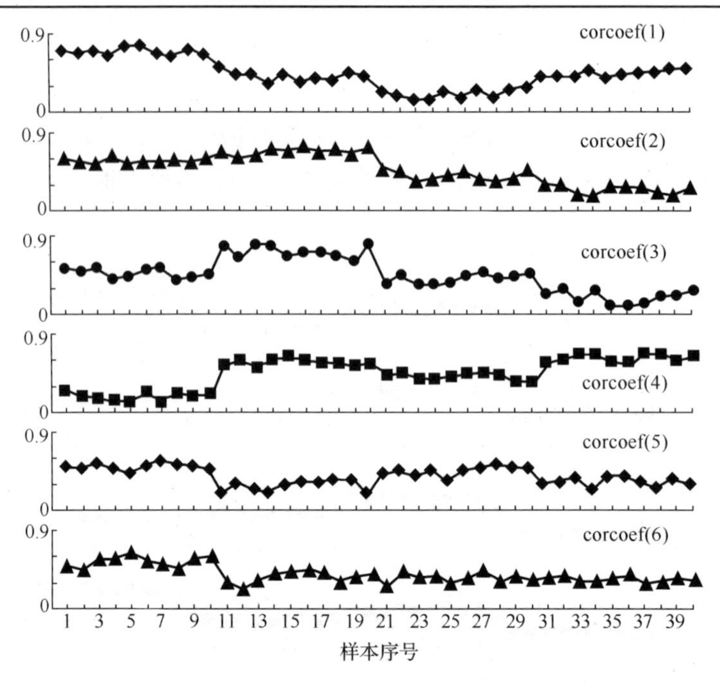

图 7-10　不同故障类型信号的能量关联系数

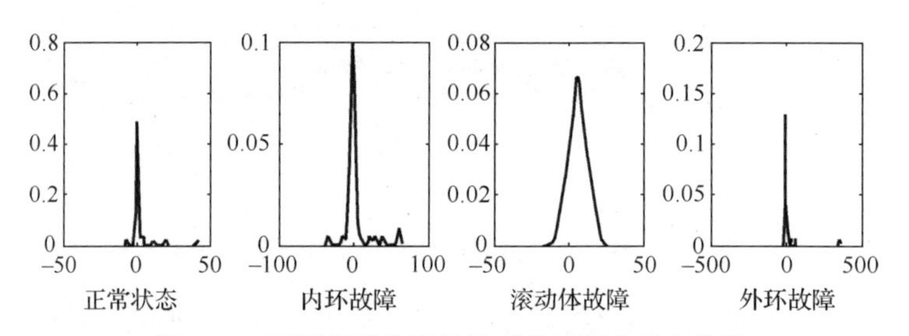

图 7-11　不同故障信号的流形能量概率分布曲线

由图 7-11 可知，不同信号的张量流形能量直方图具有不同的 PDF 分布曲线，应用概率分布函数 P 量化 PDF 分布曲线的不同。计算信号张量流形能量直方图的概率密度分布函数 P（简称流形能量分布概率），结果如图 7-12 所示。

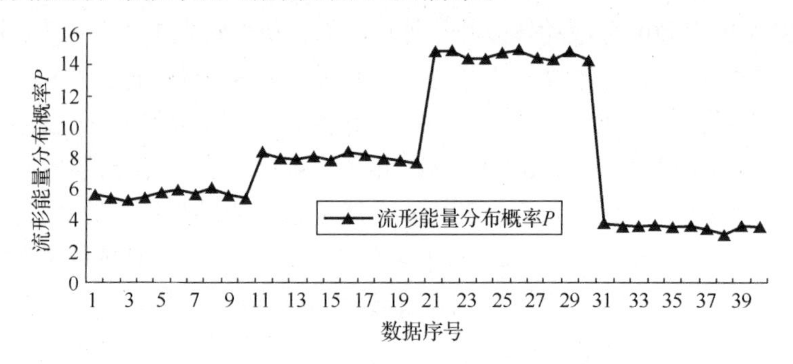

图 7-12　不同故障信号的流形能量概率分布

由图 7-12 可知，四种不同信号的流形能量分布概率 P 具有显著差异，利用流形能量分

布概率 P 作为时频特征参数，能有效区分轴承的不同故障。为了进行比较，任取一组故障信号，分别计算其 HHT 能量直方图的 PDF 分布曲线，结果如图 7-13 所示。

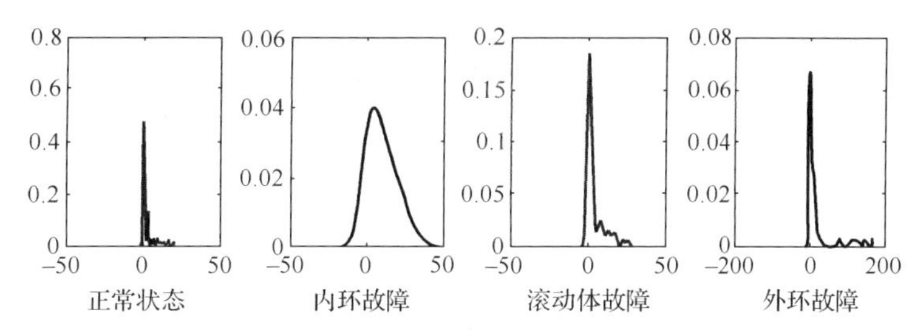

图 7-13 不同故障类型轴承的能量概率分布曲线

由图 7-13 可知，不同类型故障信号对应不同的 PDF 分布曲线，应用概率分布函数 P 对不同的 PDF 分布进行量化，分别计算四种故障样本 HHT 能量直方图的概率密度分布。

能量分布概率 P 的结果如图 7-14 所示。由图 7-14 可知，不同故障信号的能量分布概率 P 的值是不同的，但其差异并不明显。使用能量分布概率 P 作为时频特征参数，在某些样本点处会造成轴承故障类型的错分。因此，能量分布概率 P 不适合作为轴承故障分类的依据。

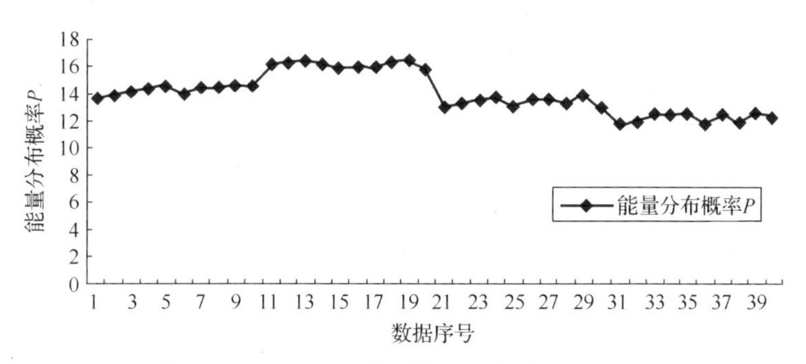

图 7-14 不同故障信号的能量概率分布函数

4. 流形能量稀疏度

不同故障信号的能量分布规律是不同的，即时频能量直方图中不同区域的能量分布是稀疏不均的。分别计算四组故障信号的张量流形时频能量直方图，并计算其能量分布的稀疏度(简称流形能量稀疏度)，结果如图 7-15 所示。

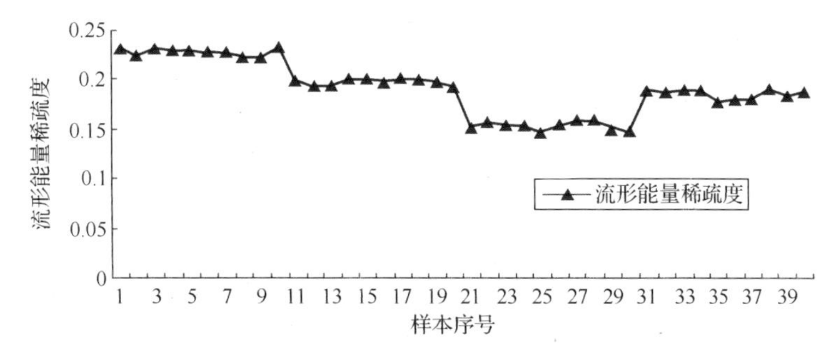

图 7-15 不同故障信号的流形能量稀疏度

由图 7-15 可知，利用流形能量稀疏度能有效区分不同类型故障样本，可以将流形能量稀疏度作为滚动轴承的一种时频故障特征。

计算四种信号样本的 HHT 能量直方图稀疏度(简称能量稀疏度)，结果如图 7-16 所示。由图 7-16 可知，能量稀疏度虽然能够区分四种类型样本，但各类样本的能量稀疏度波动较大，类间样本的能量稀疏度差别不明显。因此，能量稀疏度不宜作为轴承故障特征。

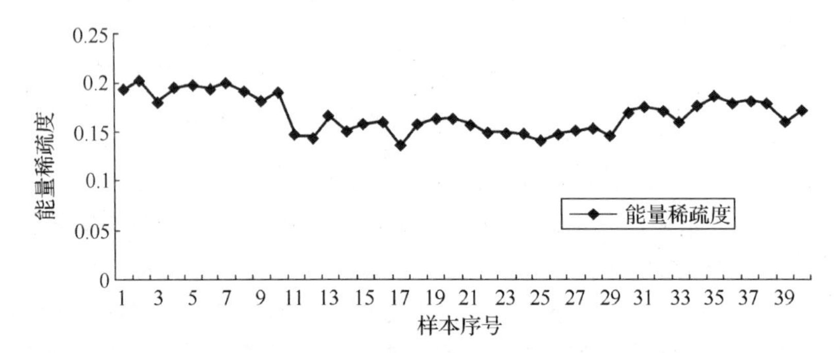

图 7-16　不同故障信号的能量稀疏度

5．流形能量互信息

分别将四种信号样本的流形能量直方图和 HHT 能量直方图按频域划分 6 个区域，称 6 个子带的能量向量为 $\boldsymbol{E}_{f1},\boldsymbol{E}_{f2},\cdots,\boldsymbol{E}_{f6}$。按式(6-19)的定义分别计算每个样本流形能量直方图的能量互信息(简称流形能量互信息)，及 HHT 能量直方图的能量互信息(简称能量互信息)，结果如图 7-17(a)所示。

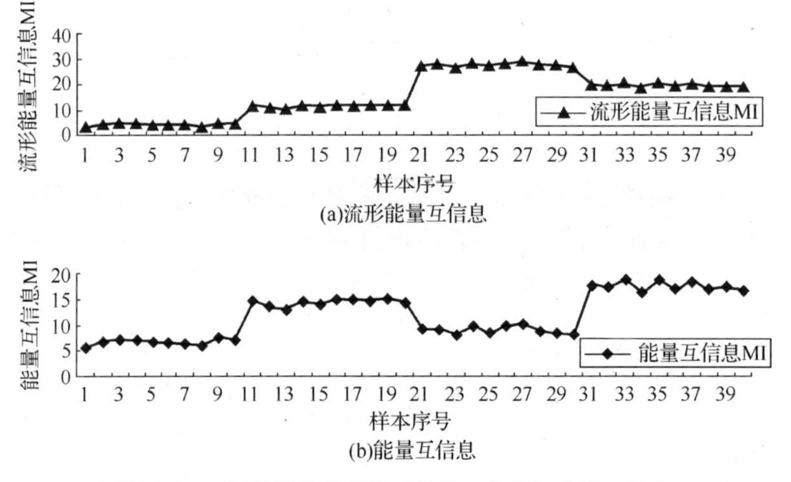

图 7-17　不同故障信号的流形能量互信息与能量互信息

由图 7-17(a)可知，样本的流形能量互信息区分轴承故障的能力较强，不同故障样本间的流行能量互信息差别明显，因此流形能量互信息可以作为轴承的故障特征。由图 7-17(b)可知，正常状态样本与滚动体故障样本的能量互信息大小较为接近，无法从取值上予以区分，且同种样本的能量互信息值存在较大幅度波动。因此，能量互信息对轴承故障的区分能力较弱，不能作为轴承的故障特征参数。

6．流形能量峭度

分别计算四种信号样本的张量流形能量直方图的峭度(简称流形能量峭度)和 HHT 时频能量直方图的峭度(简称能量峭度)，结果如图 7-18 所示。其中，图 7-18(a)是四种信号样本的流形能量峭度，不同类型信号的流形能量峭度差距明显，流形能量峭度可以作为轴承的故障特征。图 7-18(b)是四类信号样本的能量峭度，由图可知，同类故障信号的能量峭度值存在一定的波动，不同类型故障信号的能量峭度差别不明显；正常状态、滚动体故障、外环故障三种信号的能量峭度值较为接近；通过能量峭度无法区分三种故障样本，因此能量峭度不适合作为轴承的故障特征。

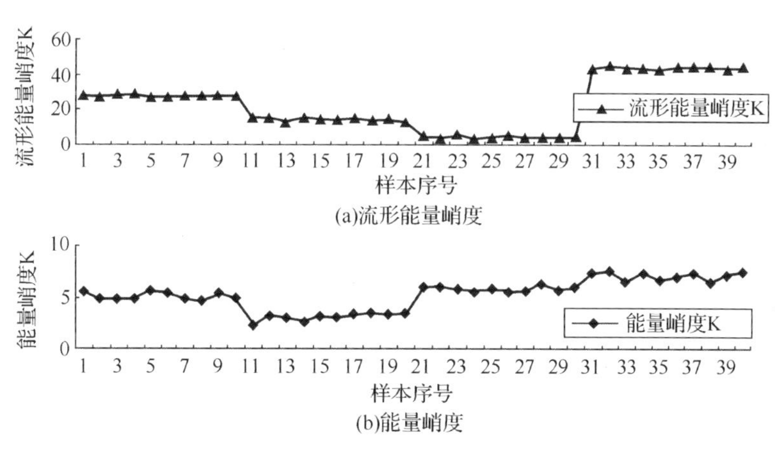

图 7-18　不同故障信号的流形能量峭度与能量峭度

参 考 文 献

[1] WANG F T, ZHANG L, ZHANG B, ZHANG Y, HE L. Development of Wind Turbine Gearbox Data Analysis and Fault Diagnosis System[C]. Asia-pacific Power & Energy Engineering Conference, 2011: 1-4.

[2] LI H K, ZHANG Z X, GUO Z G, ZOU S, WANG F T. Rolling bearing fault diagnosis using Hough transform of time-frequency image[J]. Journal of Vibration Measurement & Diagnosis, 2010, 30(6): 634-637.

[3] PENG Z K, PETER W, CHU F L. A comparison study of improved Hilbert–Huang transform and wavelet transform: Application to fault diagnosis for rolling bearing[J]. Mechanical Systems and Signal Processing, 2005, 19(5): 974-988.

[4] 张志新，王奉涛，李宏坤，陈建国，苗刚. 基于分数阶 Fourier 变换的经验模式分解方法研究[J]. 振动与冲击, 2008, 27(7): 127-130.

[5] 张金玉，张优云，谢友柏. 时频分析方法在冲击故障早期诊断中的应用研究[J]. 振动工程学报，2000, 13(2): 66-72.

[6] 朱利民, 牛新文, 钟秉林, 丁汉. 振动信号短时功率谱时-频二维特征提取方法及应用[J]. 振动工程学报, 2004, 17(4): 71-76.

[7] HUANG N E, ZHENG S, LONG S R. The empirical mode decomposition and the Hilbert spectrum for nolinear and non-stationary time series analysis[J]. Proc. Royal Society Lond, 1998, 454(A): 903-995.

[8] LEI Y G, HE Z J, ZI Y Y. EEMD method and WNN for fault diagnosis of locomotive roller bearings[J]. Expert Systems with Applications, 2011, 3(6): 7334-7341.

[9] 李宏坤, 周帅, 黄文宗. 基于时频图像特征提取的状态识别方法研究与应用[J]. 振动与冲击, 2010, 29(7): 184-188.

第 8 章　小波包样本熵特征提取

众所周知，特征提取是故障诊断的关键环节，关系到故障诊断的准确性和早期预报的可靠性。为此，本章提出了小波包样本熵[1]的概念，并将其用于评价轴承故障状态，它不需知道故障特征频率的大小，只需通过对各种状态信号的收集，就可以了解各种类型故障小波包样本熵的大致范围，从而确定故障类型。同时，本章还探讨了小波包样本熵在故障趋势预测中的应用。通过实验验证发现，小波包样本熵可以作为一种较好的轴承监测预报工具。

8.1　理论基础

8.1.1　熵概念的发展及泛化

熵，这个概念最早是在热力学领域被提出的。热力学第二定律指出，能量总是从有序趋向于无序。即如果一个系统和外界没有能量交换，则这个封闭系统的熵是恒增加的。熵是德国物理学家克劳修斯在 1850 年创造的一个术语，他用熵来表示任何一种能量在空间中分布的均匀程度。能量分布得越均匀，熵就越大。熵的提出是 19 世纪科学思想的一个巨大贡献，可以与生物学中提出的“进化”相媲美。如今，熵的应用已远远超出热力学、统计物理学的范畴，直接或间接地影响诸如信息论、控制论、概率论等不同领域。从历史上看，熵的概念一再扩展和泛化，各种熵的定义千差万别，但彼此间又存在着紧密的联系。

1. 热力学的熵

在热力学中，作为考察能量转化现象而提出的熵，与能量一样是一个真实的物理量。从宏观上讲，熵是能的不可用程度的度量。熵越大，能的不可用程度越高；熵越小，能的不可用程度越低。

2. 统计物理学的熵

统计物理学作为对热力学系统研究的微观理论，用分子运动论的观点来分析系统的热力学性质，在理论和实践上都取得了巨大的成功。统计物理学将热力学熵概念也做了进一步推广和深入分析，把在宏观层次上熵的改变与系统吸收热量的关系，推广到熵与系统微观层次上子系统分布的某种确定关系，并给出了具体表达式。

1896 年，奥地利物理学家玻耳兹曼从分子运动论的角度考察了熵。在系统的总能量、总分子数一定的情况下，证明表征系统宏观状态的熵与该宏观态对应的微观态数 W 有如下关系：

$$S = k\ln W \tag{8-1}$$

这就是著名的玻耳兹曼公式，其中 k 是玻耳兹曼常数。这样，玻耳兹曼把熵与有序和无序(混乱)的概念联系起来了，将系统的熵看成是该状态下微观态数的宏观体现：若微观态数较多，则系统中粒子可以构成各式各样的排列，各种排列的变换将变得频繁，粒子分布的混乱程度大，系统的熵值就大；相反，若系统所含的微观态数较少，则粒子的分布仅能在少数几种状态间变化，即粒子分布的混乱程度小，系统的熵值也小。熵因此成为分子运动混乱程度的度量，其大小与系统某一宏观状态所对应的微观态数有关。玻耳兹曼从分子运动论的观点对熵所作的微观解释，不仅使人们对熵的理解豁然开朗，而且为熵概念的泛化创造了契机。20 世纪 50 年代以来，一些学者把熵的概念加以推广，根据出发点或计算方法的不同，给出了不同定义，并成为信息论、非线性动力学及复杂性研究中极为重要的特征量。

3. 信息熵

香农等证明，如果某事物具有 n 种独立的可能结果或状态，如 $X_1, X_2, \cdots, X_n$，且每一个结果出现的概率为 $p_1, p_2, \cdots, p_n$，$\sum_{i=1}^{n} p_i = 1$，则事物所具有的不确定性 $H(X|Q)$ 为

$$H(X|Q) = -\sum_{i=1}^{n} p_i \ln p_i \tag{8-2}$$

在数学家冯・诺曼的建议下，香农把不确定程度 H 称为信息熵。信息熵概念的建立，为测度信息的多少找到了一个统一的科学计量方法，从而奠定了信息论的基础。尽管信息熵的概念既不与热力学过程相联系，也不与分子运动相联系，但信息熵与热力学熵有着密切关系，即

$$S = kNH \tag{8-3}$$

通过式(8-3)，可以把热力学、统计物理学与信息论联系起来，熵的概念也得以再次扩展。物理学家劳厄曾说过："熵与几率之间的联系是物理学的最深刻的思想之一。"熵概念的泛化正是在此基础上进行的。它不仅使我们很容易想到一切有概率分布的问题中都包含着相应的熵值存在，而且也使我们看到熵并不一定必须与物理问题联系起来，它完全可以从纯抽象的数学概念中引申出来。各种由概率表述的"不确定性"问题都可以用信息熵这个统一的概念来描述，这就是熵概念泛化的背景。

4. K-S 熵

动力学系统中的 K-S 熵[2]是对信息熵概念的进一步精确化，用来刻画系统的复杂性。K-S 熵，也称 Kolmogorov 熵，最早由 Kolmogorov 于 1958 年提出[3]，并由其学生 Sinai 扩展所得。

考虑一个 d 维系统，把它的相空间分割为 N 个边长为 ε 的 d 维格子。当系统运动时，它在相空间的轨道为 $x(t)$。

$$x(t) = [x_1(t), x_2(t), \cdots, x_d(t)] \tag{8-4}$$

取时间间隔为一个很小的量 τ ，令 $p(i_0,i_1,\cdots,i_n)$ 表示起始时刻系统在第 i_0 个格子中，$t=\tau$ 时刻在第 i_1 个格子中，…，$t=n\tau$ 时刻在第 i_n 个格子中的联合概率。根据信息熵的定义式(8-2)，确定系统沿轨道$(i_0,i_1,\cdots,i_n)$运动所需的信息量为

$$K_n=-\sum_{i_0,i_1,\cdots,i_n}^{N} p(i_0,i_1,\cdots,i_n)\log p(i_0,i_1,\cdots,i_n) \tag{8-5}$$

而 $K_{n+1}-K_n$ 则为知道系统沿某一轨道运动后，确定其在 $(n+1)\tau$ 时刻落在哪一个格子所需的附加信息量，也即系统由时刻 $n\tau$ 到时刻 $(n+1)\tau$ 的运动过程中损失的信息量。据此，定义广义熵为单位时间内信息量的损失为

$$K=\lim_{\tau\to 0}\lim_{\varepsilon\to 0}\lim_{N\to\infty}\frac{1}{N\tau}\sum_{n=0}^{N-1}(K_{n+1}-K_n) \tag{8-6}$$

也就是

$$K=\lim_{\tau\to 0}\lim_{\varepsilon\to 0}\lim_{N\to\infty}\frac{1}{N\tau}\sum_{i_0,i_1,\cdots,i_N}^{N} p(i_0,i_1,\cdots,i_N)\log p(i_0,i_1,\cdots,i_N) \tag{8-7}$$

式(8-7)中，极限 $\varepsilon\to 0$ 取在极限 $N\to\infty$ 之后，它使 K 值实际上与分格无关；如取 $\tau=1$，则极限 $\varepsilon\to 0$ 可省去。这样定义的 K 就成为 K-S 熵。

5. 近似熵

尽管 K-S 熵在判断真正的动力学系统时比较有效，但 K-S 熵是数学意义的，在应用于一般的模型时其结论常易引起混淆[4]。首先，无法根据 K-S 熵的计算结果对系统的性质作出正确判断；其次，K-S 熵的计算要求所分析的数据无限长或足够长，而在实际计算中，通常由于数据的缺乏，K-S 熵很难直接计算得到。估计 K-S 熵的唯一办法是 Pesin 等式：

$$K=\sum_{i\cdot\lambda_i>0}\lambda_i \tag{8-8}$$

即通过计算所有正的 Lyapunov 指数之和得到。然而，Pesin 等式也仅仅是给出了 K-S 熵的上界。

为了更好地处理生理学信号中常见的带噪短数据信号，1991 年，S. M. Pincus[5]在研究婴儿猝死病症的心率变化时提出了近似熵(approximate entropy，ApEn)的算法，并取得了令人满意的结果。近似熵的概念一经提出，便很快被用于各种带噪短数据信号的分析处理中，尤其是在生命科学研究领域，近似熵已广泛应用于脑电、心电等各种生物医学信号中。

ApEn 的构造方法类似于 K-S 熵，其定义基于这样一个认识：如果描述两个系统的重构空间具有不同的联合概率分布，那么在一个固定划分内，其边缘概率密度分布也可能不同，而边缘概率密度分布可通过条件概率给出。据此，Pincus 定义 ApEn 为相似向量由 m 维增加至 $m+1$ 维时继续保持其相似性的条件概率，用 ApEn 描述一个时间序列在其演化过程中出现新的模式的概率大小，进而度量该时间序列的复杂性。ApEn 的计算步骤可以参考文献[6]。

与 K-S 熵等非线性动力学参数相比，近似熵至少具有以下优点：①只需较短的数据就

能得到比较稳健的估计值；②有较好的抗噪和抗干扰能力，特别是对偶尔产生的瞬态强干扰有较好承受能力；③对确定性信号和随机信号都适用，也可以用于由随机成分和确定性成分组成的混合信号，当两者混合比例不同时，其近似熵值也不同。尽管近似熵优于很多常用的非线性动力学参数，但统计值 $\mathrm{ApEn}(m,r,N)$ 是一个有偏的估计值。导致 ApEn 有偏的一个很重要的原因是它计入了自身匹配。

8.1.2 样本熵

为了避免由计入向量的自身匹配而引起的有偏性，Richman 和 Moorman[7]于 2000 年在 ApEn 的基础上发展了另一个相关的系统复杂度度量方法，并将之命名为样本熵(sample entropy, SampEn)。该度量方法可用于分析从连续过程中采样得到的时间序列。SampEn 区别于 ApEn 之处在于：①不计及向量的自身匹配；②仅考虑前 $N-m$ 个向量，以确保对所有的 $1\leqslant i\leqslant N-m$，向量 $\boldsymbol{X}_i^m$ 和 $\boldsymbol{X}_i^{m+1}$ 都有定义。样本熵与近似熵的物理意义相似，都是衡量维数变化时该时间序列所产生新模式概率的大小。产生新模式的概率越大，序列就越复杂，对应的样本熵就越大。若序列的自我相似性越高，则样本熵值越小。因此，从理论上讲，样本熵能够表征信号的不规则性和复杂性。在实际应用中，样本熵可用于由随机成分和确定性成分组成的混合信号，具有分析效果优于简单统计参数(如均值、方差、标准差等)和不需要对原始信号进行粗粒化等特点，使之非常适合对振动信号进行分析。

1. 算法描述与性能讨论

样本熵的算法可参考第 5.3 节，在此不再赘述。本节以滚动轴承故障诊断为研究对象，该类故障信号具有脉冲性和周期性的特点，讨论样本熵在该类信号分析中的适用性十分必要。在讨论的同时，样本熵与近似熵进行性能比较，验证其优越性。

众所周知，当滚动轴承出现故障时，振动信号产生调制现象，具体表现为在共振频率周围存在边频带，边带间隔即为调制频率，也即轴承故障特征频率。为此，建立滚动轴承仿真信号模型[8]为

$$x(k)=\mathrm{e}^{-\alpha t'}\times\sin 2\pi f_c kT \tag{8-9}$$

其中

$$t'=\mathrm{mod}\left(kT,\frac{1}{f_m}\right) \tag{8-10}$$

式中，α、f_m、f_c、T 分别为指数频率、调制频率、载波频率和采样间隔。当 $f_m=100\,\mathrm{Hz}$，$f_c=5000\,\mathrm{Hz}$，$T=1/25000\,\mathrm{s}$，信号长度为 1250 点时，其时域波形和频谱如图 8-1 所示。

近似熵可以用 $\mathrm{ApEn}(m,r,N)$ 来表示[6]，其中参数 m、r、N 含义与样本熵相同；r 取 SD_x 的倍数；SD_x 为序列 x 的标准差。取 $m=2, r=0.2$，研究样本熵和近似熵随 N 的变化关系(这里 N 为信号包含脉冲的数目)，结果如图 8-2 所示。其中，ApEn1 和 SampEn1 为未加噪声时的近似熵和样本熵，ApEn2 和 SampEn2 为加适量噪声时的近似熵和样本熵。在未加噪声的情况下，样本熵和近似熵基本不随 N 的增大而变化；在加噪的情况下，样本熵变化不明显，而近似熵在 N 较小时变化较快，在 $N=20$ 以后才趋于平稳，并与样本熵保持一致。这

说明样本熵的抗噪能力比近似熵强，在适量的噪声范围内，样本熵的值基本稳定。在实际应用中，估计样本熵可以使用更短的数据而不影响分析结果，节省了计算开销。

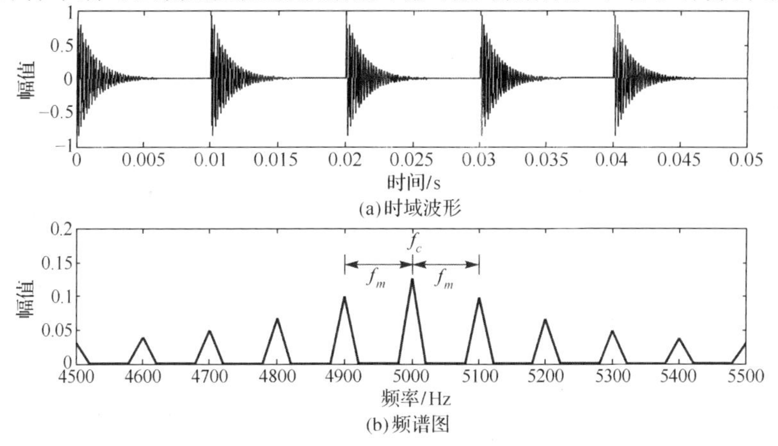

图 8-1　轴承故障仿真信号

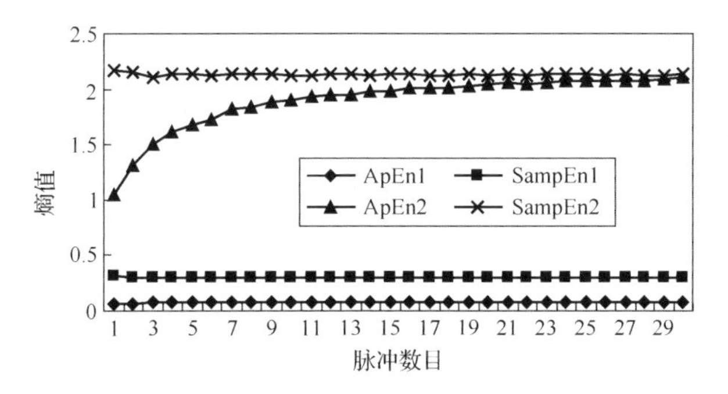

图 8-2　ApEn 和 SampEn 随脉冲数目的变化图

为了分析结果更接近实际，仿真信号中加入适量噪声，分别取式(8-10)中的调制频率 f_m 为 50Hz、100Hz 和 200Hz(可将其理解为轴承内圈、外圈和滚动体中的某个故障特征频率)，其时域波形如图 8-3 所示。当 N 取为 20，r 取 0.2 时，研究样本熵和近似熵随模式维数 m 的变化关系。如图 8-4 所示，其中，ApEn1、ApEn2、ApEn3 和 SampEn1、SampEn2、SampEn3 分别为对应 f_m=50、100、200Hz 时的近似熵和样本熵。在 $m=4$ 时，三种信号的样本熵具有最好的区分能力，而近似熵在所有的 m 处区分不明显；随着 m 的增加，近似熵迅速下降，而样本熵变化幅度不大，说明近似熵受模式维数 m 影响较大。

当 $N=20, m=4$ 时，考察图 8-3 中三个信号的样本熵和近似熵随相似容限 r 的变化关系。如图 8-5 所示，ApEn1、ApEn2、ApEn3 和 SampEn1、SampEn2、SampEn3 分别为对应调制频率 f_m=50、100、200Hz 时的近似熵和样本熵。当 $r>0.4$ 时，样本熵和近似熵变化曲线趋于一致，三种信号可以区分开。当 $r<0.4$ 时，样本熵和近似熵变化趋势相反，样本熵由大到小，近似熵由小变大。从物理学意义上讲，熵是一个度量产生新信息的量，新信息产生概率越大，熵值越大；r 取值越小，要求自相似越强。根据信号的物理实质可以看出，当 $r<0.4$ 时，样本熵比近似熵更能反映系统复杂性的真实本质[9]。

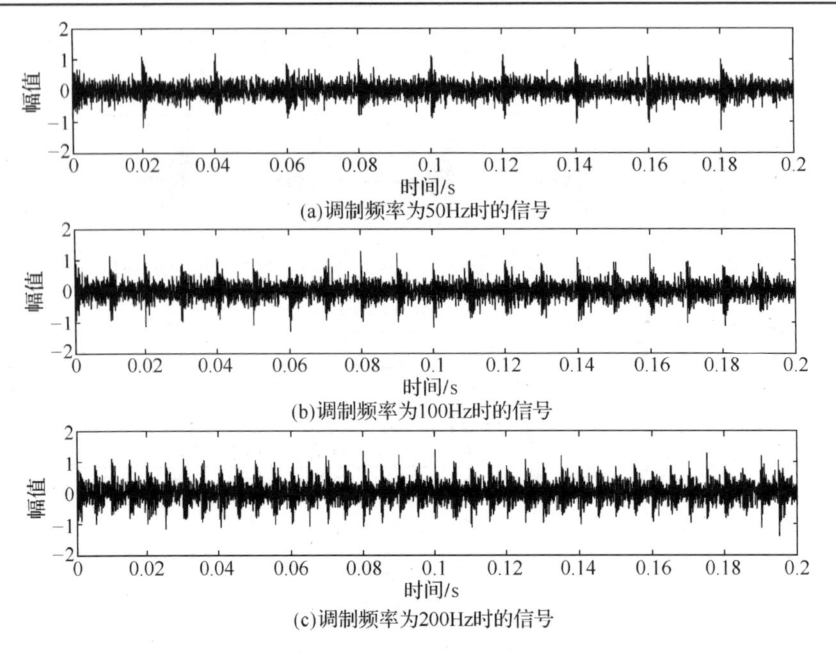

图 8-3　加噪后的仿真信号

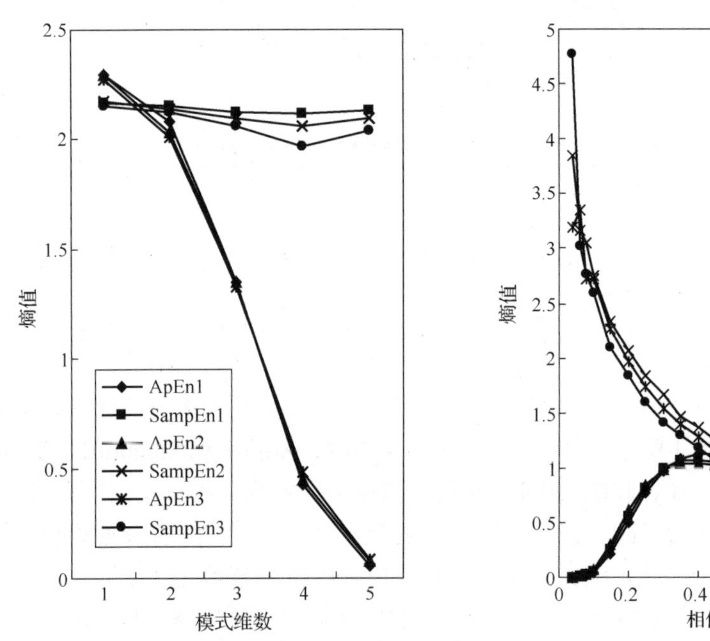

图 8-4　ApEn 和 SampEn 随模式维数的变化图　　图 8-5　ApEn 和 SampEn 随相似容限的变化图

综上所述，对轴承仿真信号，无论在抗噪性、对样本长度的要求、还是反映系统的本质上，样本熵都比近似熵具有更好的性能，样本熵可以用于滚动轴承的故障诊断中。

2. 参数选择

上节的讨论验证了样本熵的优势，同时也发现不同的参数（m、r、N）对样本熵的性能有重要影响。上文确定的参数是针对仿真信号而言的，而实际轴承信号工作状态复杂，包含成分更多，有必要研究实际信号中的参数选择。

试验数据来自 CWRU 轴承数据中心网站。试验装置在 6.4.2 节有具体介绍。模拟的运行状态包含 0、1、2、3hp 四种载荷状态下正常、内圈故障、外圈故障和滚动体故障四种故障状态。滚动轴承型号为 SKF 6205，采样频率为 12000Hz，故障为直径 7″ 的微小坑点，坑点是由电火花机人工加工制作而成。

仿照上节思路，考察四种故障状态和四种载荷状态共 16 个状态下的统计结果，可以选择样本长度 m 为 2048 个点，比较不同 m、r 值时的样本熵。试验发现，$m=2$ 时，四种故障状态的区分度最好，典型的曲线如图 8-6 所示。

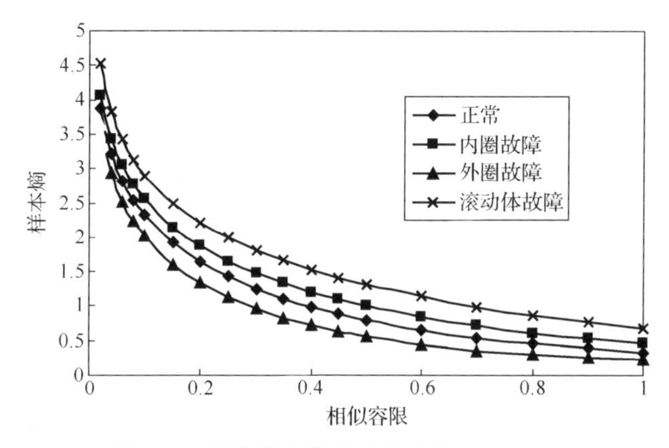

图 8-6　四种状态信号的样本熵（$m=2$）

由此，对实际轴承信号估计样本熵时，可以选择如下参数：$m=2$，$r=0.2$，$N=2048$。

8.1.3　小波包分解

根据多分辨分析理论，$L^2(R)=\oplus W_j$，$j\in Z$，W_j 为小波子空间。小波包分解进一步对 W_j 分解，对整个分析频带给出更好的划分，因此提高了频率分辨率。小波包分解可以表示为

$$W_j = U_{j-k}^{2^k} \oplus U_{j-k}^{2^k+1} \oplus \cdots \oplus U_{j-k}^{2^{k+1}-1} \qquad j,k\in Z \tag{8-11}$$

式中，U_j^n 为通过小波包分解得到的子带，$n=2^k,2^k+1,\cdots,2^{k+1}-1$。图 8-7 是一个三层小波包分解树结构，$(i,j)$ 表示第 i 层第 j 个节点，$i=1\sim 3$。

小波包分解后，原始信号能量被划分到各个子带中。假设原始信号为 $\{x_k,k\in Z\}$，通过小波包分解，得到子带信号 X_j，$X_j=\{x_{j,n,l},j,n,l\in Z\}$，这里 $x_{j,n,l}$ 为第 j 层第 n 个子带的第 l 个样本。定义子带的归一化能量为

$$E(n)=\sum_l x_{j,n,l}^2 \Big/ \sum_k x_k^2 \tag{8-12}$$

其中，$\sum\limits_l x_{j,n,l}^2$ 为第 j 层第 n 个子带的能量；$\sum\limits_k x_k^2$ 为原始信号的能量[10]。

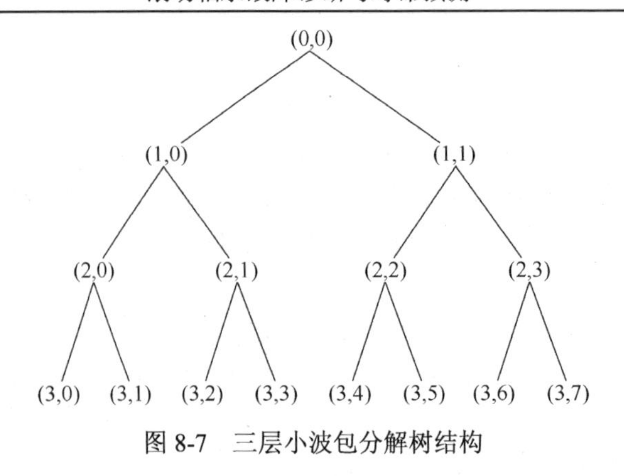

图 8-7　三层小波包分解树结构

8.2　小波包样本熵的特征提取

8.2.1　小波包样本熵的特征提取方法

实际轴承故障信号中通常包含大量的背景噪声。虽然样本熵计算有一定的抗噪性，但有时效果并不理想。而小波包分解的子带能量越大，包含的故障信息越明显，为此，本文将小波包分解和样本熵相结合，提出了一种滚动轴承故障特征提取方法。首先对轴承振动信号进行小波包分解，提取归一化能量最大的子带，计算其样本熵，然后评价其故障状态，具体诊断流程如图 8-8 所示。

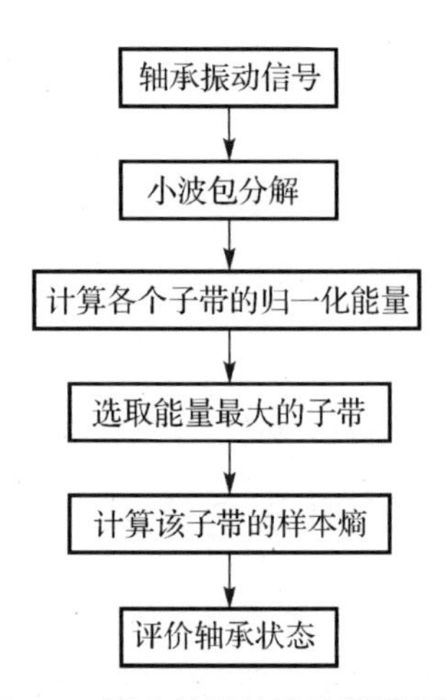

图 8-8　滚动轴承故障诊断流程图

8.2.2　实际信号分析

使用 CWRU 信号，图 8-9 是载荷为 2hp 时，四种运行状态下的时域波形。

计算各种状态下原始信号的样本熵，如表 8-1 所示。在不同载荷下，同一种故障状态下的样本熵差别不大，说明不同载荷条件下，样本熵估计具有较好的稳定性；而不同故障状态之间样本熵差异较大，故样本熵可以用于故障状态的区分。但正常状态下的样本熵值变化幅度较大，其值介于内圈故障和外圈故障之间，容易与它们的状态混淆，增加了该状态识别的难度。

采用本文提出的方法进行分析，使用 3 层小波包分解，小波包基函数选为 db10。以图 8-9 的信号为例，计算得到的归一化频带能量如图 8-10 所示。分别取正常信号的子带 1、内圈故障信号的子带 7、外圈故障信号的子带 7 和滚动体故障信号的子带 7，计算这些子带信号的样本熵，其余载荷状态下的计算方法与此类似，最后得到各个故障和载荷状态下的样本熵。如图 8-11 所示，其中 n0～n3、i0～i3、o0～o3、b0～b3 分别为正常、内圈故障、外圈故障、滚动体故障信号在载荷 0、1、2、3hp 下的数据样本。CWRU 数据库中其他轴承数据测试也有类似结果，这里仅以图 8-11 为例进行说明。能量最大子带信号的样本熵比原始信号的样本熵具有更好的区别能力，特别是正常信号；而且不同载荷下样本熵比较稳定，不同故障状态下的样本熵明显能够区分开，效果比较理想，可用于特征提取和故障分类。

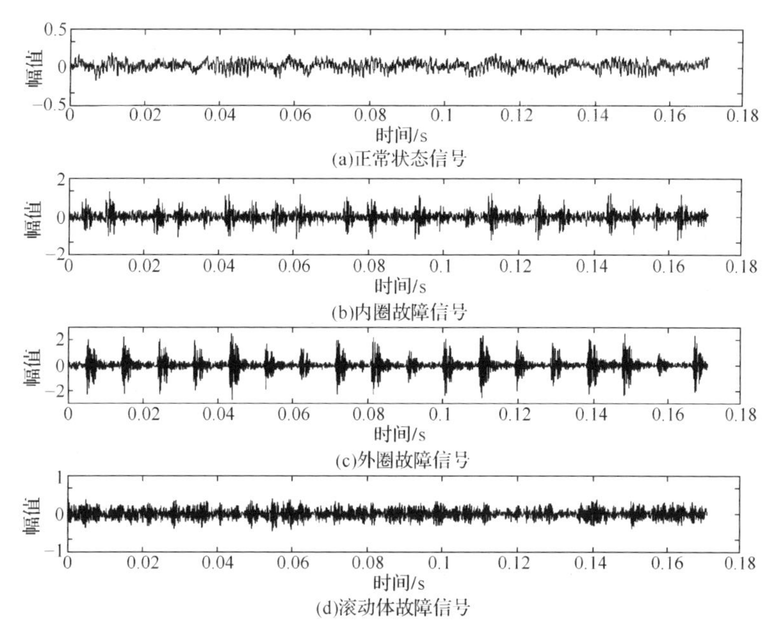

图 8-9　四种轴承状态信号

表 8-1　四种轴承状态下的样本熵

载荷/hp	正常	内圈故障	外圈故障	滚动体故障
0	1.4468	1.7922	1.2165	2.1759
1	1.5390	1.7853	1.3803	2.1761
2	1.6430	1.8675	1.3334	2.2121
3	1.6854	1.8269	1.2787	2.2040

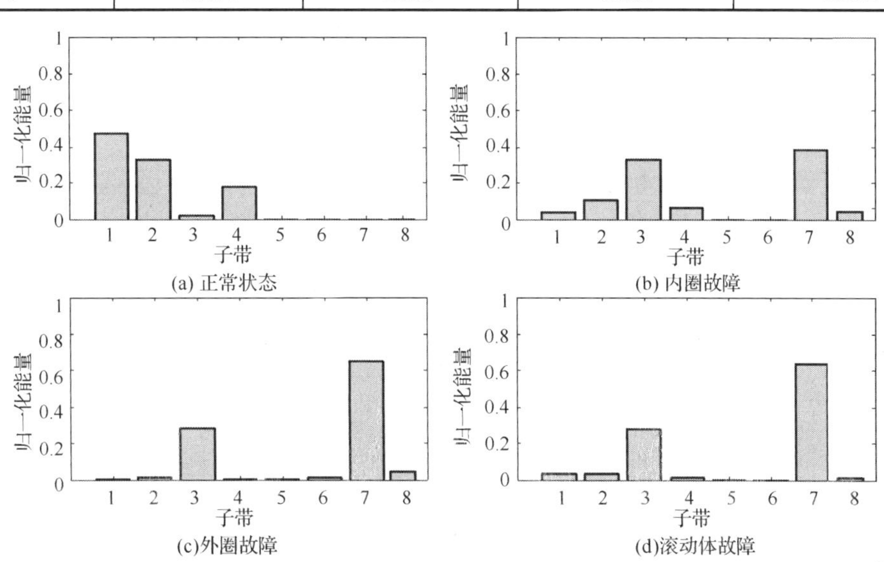

图 8-10　小波包分解子带能量

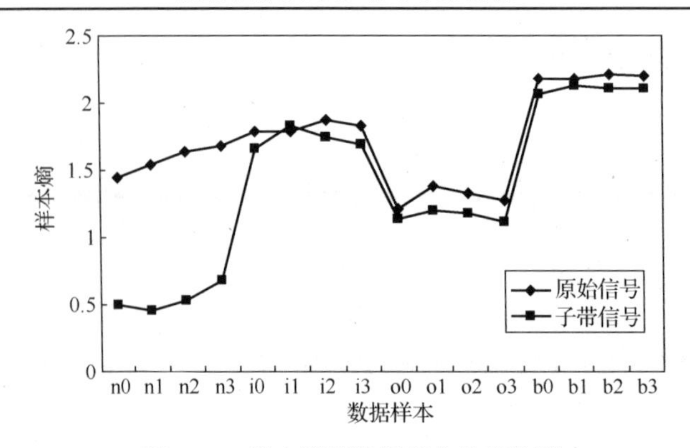

图 8-11　样本熵随数据样本的变化图

参 考 文 献

[1] 苏文胜，王奉涛，朱泓，郭正刚，张洪印. 基于小波包样本熵的滚动轴承故障特征提取[J]. 振动、测试与诊断，2011，31(2)：162-166.

[2] 刘秉正, 彭建华. 非线性动力学[M]. 北京: 高等教育出版社, 2004.

[3] BENETTIN G, GAKGANI L, STRELCYN J M.Kolmogorov Entropy and Numerical Experiments[J]. Physical Review A, 1976, 14(6):2338-2345.

[4] WANG F T, CHEN S H, YAN D W, ZHU H, CUI L M, WANG L. Fault Feature Extraction Method for Rolling Bearing Based on Manifold and Singular Values Entropy[J]. Journal of Vibration Measurement & Diagnosis, 2016.

[5] PINCUS S M. Approximate entropy as a measurement of system complexity[J].Proc Natl Acad Sci USA, 1991, 88(6): 2297-2301.

[6] 王奉涛，陈守海，闫达文，朱泓，崔立明，王雷. 基于流形-奇异值熵的滚动轴承故障特征提取[J]. 振动、测试与诊断, 2016, 36(2):288-294.

[7] RICHMAN J S, MOORMAN R J.Physiological time-series analysis using approximate entropy and sample entropy[J]. Am J Physiol Heart Circ Physiol, 2000, 278(6):2039-2049.

[8] WANG L, WANG F T, ZHAO J L, MA X J. Fault Diagnosis of Reciprocating Compressors Valve Based on Cyclostationary Method[J]. Journal of Donghua University(English Edition), 2011, 28(04):349-352.

[9] 葛家怡，周鹏，赵欣，等. 睡眠脑电时间序列的非线性样本熵研究[J]. 电子器件，2008，31(3): 972-975.

[10] 王奉涛, 马孝江, 邹岩崑, 张志新. 基于小波包分解的频带局部能量特征提取方法[J]. 农业机械学报, 2004, 35(5): 177-180.

第三部分　故障诊断

第 9 章　谱峭度故障诊断方法

峭度作为一种统计工具，在噪声干扰较小的状态监测中，可利用它对奇异信号的敏感性来检测系统的异常响应。但是，它作为一个全局指标无法反映特定信号分量的变化情况，不适合强噪声环境下的状态监测问题。为了克服峭度在工程应用中的不足，Dwyer 首先提出了谱峭度(spectral kurtosis—SK)法，用于克服功率谱无法检测和提取信号中瞬态现象的问题，其基本思路是计算每根谱线的峭度值，从而发现隐藏的非平稳的存在，并指出它们出现在哪些频带。尽管谱峭度特别适合一些检测问题，但是它却很少使用，主要是因为缺少正式的定义和容易理解的估计程序。J.Antoni[1]对此进行了深入研究，阐述了谱峭度诊断机械故障的理论背景，介绍了该领域的工作，给出了谱峭度的正式定义，并成功应用谱峭度法诊断了实际机械故障。

9.1　谱峭度的定义

考虑非平稳信号的 Wold-Cramer 分解，定义 $Y(t)$ 为由信号 $X(t)$ 激励的系统响应，$h(t,s)$ 为时变冲击响应函数，则 $Y(t)$ 可以表示为[1]

$$Y(t)=\int_{-\infty}^{+\infty}\mathrm{e}^{2\pi ft}H(t,f)\mathrm{d}X(f) \tag{9-1}$$

其中，$H(t,f)$ 是系统的时变传递函数，可以解释为信号 $Y(t)$ 在频率 f 处的复包络。在实际机械振动中，$H(t,f)$ 是随机的，可表示为 $H(t,f,\omega)$，ω 表示滤波器时变性的随机变量。基于四阶谱累积量的谱峭度定义为

$$C_{4Y}(f)=S_{4Y}-2S_{2Y}^{2}(f) \tag{9-2}$$

$S_{2nY}(t,f)$ 为 $2n$ 阶瞬时矩，是复包络能量的度量，定义为

$$S_{2nY}(t,f)=E\{|H(t,f)\mathrm{d}X(f)|^{2n}|\omega\}/\mathrm{d}f=|H(t,f)|^{2n}S_{2nX} \tag{9-3}$$

因此，谱峭度定义为能量归一化累积量，即概率密度函数 H 的峰值度量。

$$K_Y(f)=\frac{C_{4Y}(f)}{S_{2Y}^{2}(f)}=\frac{S_{4Y}(f)}{S_{2Y}^{2}(f)}-2 \tag{9-4}$$

9.2　谱峭度故障诊断方法

9.2.1　谱峭度检测轴承故障的物理解释

滚动轴承通用的振动信号模型可用下式表示：

$$Z(t)=X(t)+N(t) \tag{9-5}$$

式中，$Z(t)$ 为实际测量的振动信号；$X(t)$ 为被检测的故障信号；$N(t)$ 为强烈的加性噪声。滚动轴承的潜在故障产生一系列重复的瞬时冲击力，从而激起系统的某些结构共振。$X(t)$ 合理的通用模型为

$$X(t)=\sum_k X_k h(t-\tau_k) \tag{9-6}$$

其中，$h(t)$ 是单个冲击引起的脉冲响应；X_k 和 τ_k 分别表示各个脉冲的随机幅值和发生时间。

文献[1]给出谱峭度的解释为：理想滤波器组的输出在频率 f 处计算得到的峭度值即为谱峭度。根据该文献的理论结果，可以得到：

$$K_Z(f)=\frac{K_X(f)}{[1+\rho(f)]^2} \tag{9-7}$$

式中，$K_X(f)$ 为 $X(t)$ 的谱峭度；$\rho(f)$ 为噪信比，即 $\rho(f)=S_N(f)/S_X(f)$，它是频率的函数；$S_N(f)$ 和 $S_X(f)$ 分别为噪声和信号的功率谱密度。因此，在信噪比很高的频率处，$K_Z(f)$ 近似于 $K_X(f)$；而在噪声很强烈的频率处，$K_Z(f)$ 趋于零值。所以谱峭度法[2]能够细查整个频域，寻找故障信号能够最好地被检测出来的那些频带。

9.2.2 峭度图

式(9-7)定义的谱峭度 SK 可直接用传统的数字信号处理器来估计，但文献[1,2]指出，该估计值只在局部平稳过程下是稳定的，对高度非平稳过程(如瞬态)，SK 估计与频率分辨率 Δf 的选择有很大关系。极端情况下，当 Δf 无限小时，根据中心极限定理得到零值 SK；当 Δf 很粗糙时，SK 无法检测到加性平稳宽带噪声中的窄带瞬态。因此，对任何非平稳过程，SK 是频率 f 和频率分辨率 Δf 的函数，问题就变为：对任意信号，在给定 f 处，如何选择计算 SK 的最佳 Δf。从检测角度来说，存在一个使 SK 最大的 f 和 Δf 的最佳组合，即 $(f/\Delta f)$ 对，文献[2]提出的“峭度图”是基于 STFT 来计算的，它表示频率 f 和窗宽 N_w 平面上的 SK 值。对汉宁窗而言，$\Delta f\approx f_s\cdot 2/N_w$，$f_s$ 为信号采样频率，SK 值最大时对应的 f 和 Δf 即为最佳的带通滤波器中心频率和带宽。文献[3]进一步提出基于塔式算法的计算方法，也能得到同一水平的结果，但计算时间明显减少；得到的二维图称为“快速峭度图”，其横坐标代表频率 f，纵坐标代表分解层数 K，而 $\Delta f=f_s\cdot 2^{-(K+1)}$，图像上的颜色深浅表示各个 f 和 Δf 下的 SK 值。本文采用的就是这种表示方法，把它作为一种确定诊断用的检测滤波器的盲辨识工具。

9.2.3 EMD 降噪和谱峭度法的滚动轴承故障诊断步骤

应用谱峭度理论诊断机械故障虽然取得了一定成效[2]，但采取某些信号预处理手段可以进一步提高诊断效果，如文献[4]提出先用最小熵反褶积技术提高原信号的峭度，再使用谱峭度进行故障诊断的方法，取得了比仅使用谱峭度法更好的效果。由共振解调原理可知，它是从高频共振区域解调出低频故障成分，分析过程只对高频共振部分感兴趣。本章提出

的基于滤波处理的 EMD 降噪方法具有减少低频干扰，突出高频共振成分，并提高原始信号峭度的特点，而谱峭度法本身也具有较强的诊断能力。将两者结合，有望取得更好的效果。为此，本文提出一种基于 EMD 降噪和谱峭度法的滚动轴承早期故障诊断新方法，具体诊断步骤如下，详细流程如图 9-1 所示。

(1)对采集信号进行 EMD 分解。

(2)计算各 IMF 与原信号的互相关系数。

(3)计算各 IMF 的峭度值。

(4)取互相关系数和峭度值均较大时对应的 IMF，将这些 IMF 相加，得到合成信号。

(5)对合成信号求快速峭度图，选取图中峭度最大处对应的中心频率和带宽。

(6)以该中心频率和带宽为带通滤波器参数对合成信号进行带通滤波。

(7)对滤波后信号进行平方包络，并通过 Fourier 变换求出包络谱。

(8)将滚动轴承故障特征频率与包络谱峰值较大处的频率进行比较，从而确定故障状态。

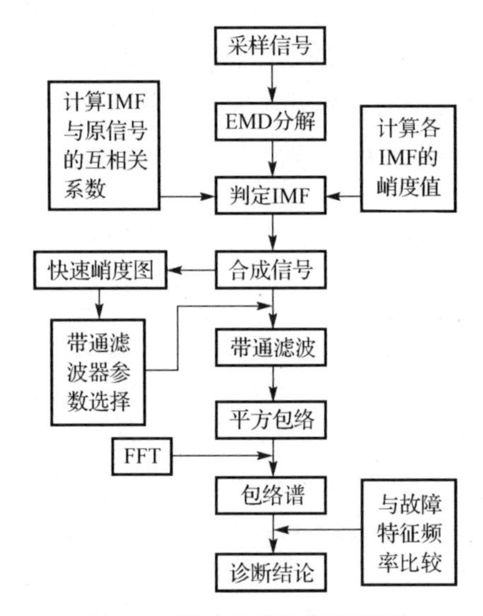

图 9-1　滚动轴承诊断流程图

9.3　工 程 实 例

该工程实例采用第 2 章石化公司低压聚乙烯混炼机变速箱的轴承座上采集的实验数据。轴承型号、轴速采样频率、采样长度及轴承故障特征频率等信息可参见 2.5 节应用实例。

分别求出原信号与合成信号的快速峭度图和带通滤波后的平方包络谱，如图 9-2 所示。由图 9-2(a)可知，最大谱峭度处的$(f/\Delta f)$对为(3067Hz/267Hz)，即带通滤波器的范围为[2933.5,3200.5]Hz，在此范围内，峭度值最大，信噪比也最高。使用该滤波器对原信号滤波，滤波后信号再使用平方包络解调，得到包络谱如图 9-2(c)所示，可以找到内圈故障频率为 68.75Hz，说明使用谱峭度法是有效的，但效果不是特别明显。可先对原信号进行 EMD 分解处理，去除低频成分，突出高频共振成分，提高分析信号的峭度值，其快速峭度图如图 9-2(b)所示，带通滤波器的中心频率取为 5200Hz，带宽为 800Hz，此时最大峭度值为 14.3，较原来的 4.5 提高了很多。平方包络谱如图 9-2(d)所示，此时，内圈故障频率(68.75Hz)及其倍频已经可以明显地看出来了。

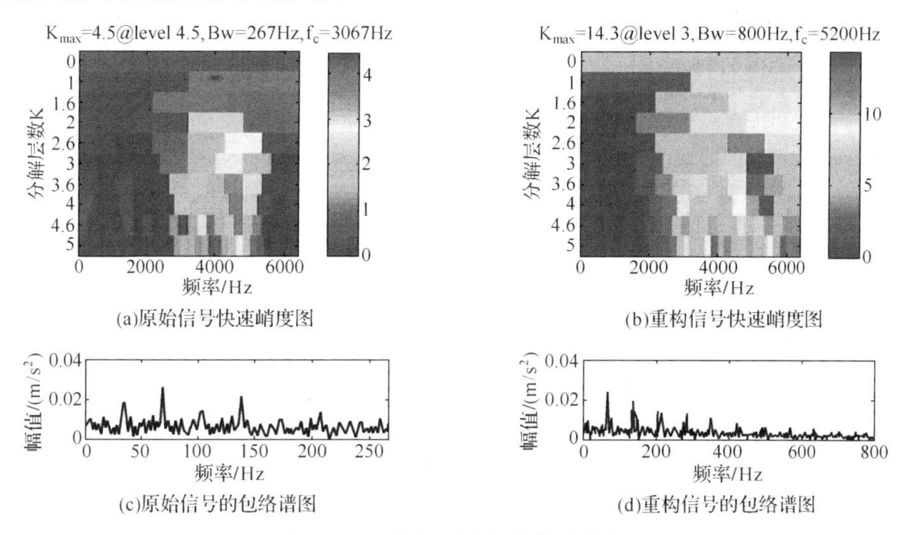

(a)原始信号快速峭度图　(b)重构信号快速峭度图

(c)原始信号的包络谱图　(d)重构信号的包络谱图

图 9-2　实际轴承信号的测试结果

参 考 文 献

[1] ANTONI J. The spectral kurtosis: A useful tool for characterising non-stationary signals[J].Mechanical Systems and Signal Processing, 2006(20): 282-307.

[2] 苏文胜，王奉涛，张志新，郭正刚，李宏坤. EMD 降噪和谱峭度法在滚动轴承早期故障诊断中的应用[J]. 振动与冲击，2010，29(3): 18-21.

[3] SU W S, WANG F T, ZHANG Z X, GUO Z G, LI H K. Application of EMD denoising and spectral kurtosis in early fault diagnosis of rolling element bearings[J]. Journal of Vibration & Shock, 2010, 22(1): 3537-3540.

[4] SAWHLHI N, RANDALL R B, ENDO H. The enhancement of fault detection and diagnosis in rolling element bearings using minimum entropy deconvolution combined with spectral kurtosis[J]. Mechanical Systems and Signal Processing, 2007, 21(6): 2616-2633.

第 10 章　相空间 ICA 故障诊断方法

机械状态监测和故障诊断技术就是为了适应工程需要而形成和发展起来的。状态监测就是采用各种测量和监视方法，记录和显示设备运行状态，对异常状态报警，为设备的故障分析提供数据和信息[1]。在工程实践中，为了做到防微杜渐、防患于未然，希望能够将设备故障消灭于萌芽状态。因此开展早期故障诊断的理论与技术研究，不仅是工程实际中的迫切需要，也是设备状态监测与故障诊断技术发展的必然趋势[2]。

10.1　基 本 理 论

对于 ICA 方法来说，时间和相位延迟将对其带来不利影响，很多学者都对多通道信号的时间延迟和相位延迟进行研究，目的是使多通道信号间保持同一步调,以满足 ICA 的线性瞬时混合模型[1]，获取准确的分离信号及其精确的特征频率。但是对于轴承早期故障信号来说，只需要获取微弱的时域冲击成分即可，所以对于 ICA 线性瞬时的条件可以适当放宽。对于单通道轴承信号，其时间序列观测值可以重构一个与原系统拓扑等价的空间后再进行 ICA 分离，从而获取相空间中潜在源的信息[3]。

相空间重构 ICA 方法的框架图如图 10-1 所示，可以分为相位重构、独立分量分析、聚类分析及重构、冲击成分分析等。

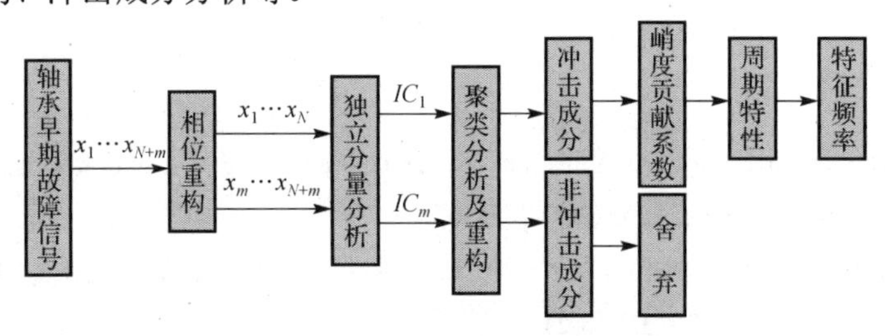

图 10-1　相空间 ICA 方法流程图

10.2　相空间重构 ICA 方法

10.2.1　相空间重构 ICA 的详细步骤

(1) 对轴承故障信号 $x_1, x_2, \cdots, x_{N+m}$ 进行延时相位重构，获取 m 维 N 列的信号空间。

(2) 进行 ICA 方法分析获取 m 个估计振源信号和分离矩阵 $\boldsymbol{W}$。

(3) 将估计信号按峭度指标进行聚类，重构一个由冲击信号组成的信号。

(4) 对于重构信号，提出峭度贡献系数概念并用其提升周期特性，利用峭度贡献系数的周期性来计算轴承故障的特征频率，从而判断轴承某个部件发生了早期故障。

10.2.2　相空间重构及参数选择

相空间重构是非线性时间序列分析方法的前提条件，通过对时间序列进行相空间重构，探索原始动力系统的信息，以便揭示原系统产生该时间序列的机理。1981 年，Takens 提出了相空间重构的延时坐标法 ,奠定了相空间重构技术的基础[4]。这种方法用单一的标量时间序列来重构相空间，包括吸引子、动态特性和相空间的拓扑结构，并基于嵌入理论，采用延迟坐标法将相空间重构理论引入到系统动力学中,证明了重构的相空间与原动力系统拓扑等价[5]。

在实际的工程应用中，由于条件所限，一般只能得到系统的一个状态变量的输出，通常以离散时间序列 $\{x_i\},(i=1,2,\cdots,N)$ 的形式出现。原则上讲，它是系统中各要素相互作用的结果，因此，它应该包含该动力系统的信息。为了研究系统的动力学特征，就要从这个时间序列中抽取动力系统、重构相空间[6]。

1. 延迟时间

给定一个时间序列 $x=x_n$， $n=1\cdots,N$ ，适当的选择嵌入空间的维数 d 和延迟时间 τ ，从而得到动力系统的轨道矩阵为

$$\boldsymbol{x}_i=[x_i,x_{i+\tau},x_{i+2\tau},\cdots,x_{i+(d-1)\tau}],\quad i=1,2,\cdots,N-(d-1)\tau \tag{10-1}$$

即

$$\boldsymbol{X}=\begin{bmatrix} x_1 & \cdots & x_{1+(d-1)\tau} \\ x_2 & \cdots & x_{2+(d-1)\tau} \\ \vdots & & \vdots \\ x_{N-(d-1)\tau} & \cdots & x_N \end{bmatrix} \tag{10-2}$$

$\boldsymbol{X}$ 即为从原时间序列 x 中抽取的动力系统。

嵌入维数与延迟时间的选择是重构相空间质量的关键。延迟时间太长，重构的动力系统不能够反映真实的动力系统；延迟时间过小，则会产生信息冗余[7]。

估计延迟时间 τ 有两个非常重要的原则：① τ 应该足够大使 x 在 i 和 $i+\tau$ 时刻有着明显的区别；② τ 不应大于系统失去初始记忆的时刻。

基于以上两条原则，Fraser 和 Swinney 提出了利用交互信息求延迟时间 τ 的方法[8]，具体计算步骤如下。

已知时间序列 $\boldsymbol{X}=[x_0,x_1,x_2,\cdots,x_n]$ 。

(1) 找出序列 $\boldsymbol{X}$ 中的最大值点 $x_{\max}$ 与最小值点 $x_{\min}$ ，并求出它们差值的绝对值 $|x_{\max}-x_{\min}|$ ；利用这个绝对值把 $\boldsymbol{X}$ 分成 j 个等间隔的小段，其中 j 为足够大的整数。

(2) 计算 $I(\tau)$ 。

$$I(\tau)=-\sum_{h=1}^{j}\sum_{k=1}^{j}P_{h,k}(\tau)\ln\frac{P_{h,k}(\tau)}{P_hP_k} \tag{10-3}$$

式中，P_h、P_k 表示假设点出现在第 h 、k 段的概率；$P_{h,k}$ 表示 h 段中 x_i 与 k 段 $x_{i+\tau}$ 相连的概率。当 $I(\tau)\to 0$ 时，$\tau\to\infty$，找出 $I(\tau)$ 中第一个极小值对应的 τ，即为需要的时间延迟。

2. 嵌入维数

嵌入维数的计算方法一般参照 Cao 的方法，该方法的主要思想为伪临近点的思想，即，若 d 为重构维数，那么 d 维空间中的两个点也应该包含在（$d+1$）维的重构空间中，这样的点称为真临近点，否则称为伪临近点[9]。

该方法的具体求解步骤如下。

(1) 已知一时间序列 $\boldsymbol{X}=[x_0,x_1,x_2,\cdots,x_n]$，则该时间序列可以重构成相空间：

$$y_i(d)=(x_i,x_{i+\tau},\cdots,x_{i+(d-1)\tau}), \qquad i=1,2,\cdots,N-(d-1)\tau \tag{10-4}$$

式中，d 为嵌入维数；τ 为时间延迟。

(2) 定义：

$$a(i,d)=\frac{\left\|\boldsymbol{y}_i(d+1)-\boldsymbol{y}_{n(i,d)}(d+1)\right\|}{\left\|\boldsymbol{y}_i(d)-\boldsymbol{y}_{n(i,d)}(d)\right\|}, \qquad i=1,2,\cdots,N-d\tau \tag{10-5}$$

式中，$\|\cdot\|$ 为欧几里德距离；$\boldsymbol{y}_i(d+1)$ 为第 i 个重构向量；$\boldsymbol{y}_{n(i,d)}$ 为 $\boldsymbol{y}_i(d)$ 的最临近点。

(3) 定义：

$$E(d)=\frac{1}{N-d\tau}\sum_{i=1}^{N-d\tau}a(i,d) \tag{10-6}$$

$$E1(d)=\frac{E(d+1)}{E(d)} \tag{10-7}$$

$E(d)$ 完全由 d 与 τ 决定，当 τ 为定值时，d 决定 $E(d)$，这样当 $E1(d)$ 无变化或变化缓慢时所对应的 d，即为所求的重构维数。

根据上述理论和方法，在单维轴承早期故障信号的基础上可以重构一个与早期信号检测系统拓扑等价的一个空间。因此，作用在轴承早期冲击信号检测系统中的各种潜在的振源信息必然包含在相空间矩阵中。对相空间矩阵中的潜在源采用独立分量分析方法进行信号分离，可以大概估计出各自源的信息。

3. 峭度贡献系数及其性能

峭度是振动幅值概率密度函数陡峭程度的量度。它主要反映了信号 $x_i(i=1,2,\cdots,N)$ 各值的差异程度，对于信号中的冲击成分特别敏感。峭度属于四阶累积量，属于高阶统计量范畴，对于高斯噪声信号免疫[10]，所以峭度是判断故障的主要参数之一。需要注意的是，峭度随着冲击发生频度的增大反而下降[11]。

由于本章研究的是滚动轴承早期故障信号，其冲击成分的幅值和周期性不会太明显。为了更加准确地表征冲击信号的周期性，本章提出了峭度贡献系数的概念。对于信号 $X=[x_1,x_2,\cdots,x_N]$，其总体峭度为

$$Kurt(x_{1,2,\cdots,N}) = \frac{\sum_{i=1}^{N}(x_i-\mu)^4 \Big/ N}{\sigma^4} - 3 \tag{10-8}$$

如果衡量 $x_1,x_2,\cdots,x_N$ 中某一点 x_i 对整个序列峭度的贡献系数，那么就相当于考虑整个序列除去此点之后峭度发生的变化。一般按照此点的位置分为三种情况：

(1) 如果此点在相对平稳、邻域内没有冲击的区段，那么缺少此点的 $N-1$ 个其他序列的峭度值不会发生太大变化。此种情况下，$N-1$ 个序列的峭度略微大于原完整序列的峭度。

(2) 如果此点不是冲击序列的峰值，但它是峰值间的过渡点，那么缺少此点将拉近两个峰值的距离，$N-1$ 个序列的峭度值将有很大变化；此点具有较大的峭度贡献系数，它代表了其相邻点对整个序列的峭度影响。此种情况下，$N-1$ 个序列的峭度将有很大的增加，大于原完整序列的峭度。

(3) 如果此点是冲击序列的峰值，那么缺少此点的序列将不再存在峰值，$N-1$ 个序列的峭度值将大幅降低；此点具有很大的峭度贡献系数，它代表了自身对整个序列的峭度的影响。此种情况下，$N-1$ 个序列的峭度将大幅降低，小于原完整序列的峭度。

基于以上讨论，某一点的峭度贡献系数可以用完整序列的峭度和缺少此点的序列峭度之差来衡量，其计算公式如式(10-10)所示：

$$Kurt(x_{j=1,2,\cdots,N,j\neq i}) = \frac{\sum_{j=1,j\neq i}^{N}(x_i-\mu)^4 \Big/ N-1}{\sigma^4} - 3 \tag{10-9}$$

$$Kurt(x_i) = Kurt(x_{1,2,\cdots,N}) - Kurt(x_{j=1,2,\cdots,N,j\neq i}) \tag{10-10}$$

式中，$Kurt(x_{j=1,2,\cdots,N,j\neq i})$ 为缺少 x_i 点时 $N-1$ 个序列的峭度值。由上述讨论可知，峭度的贡献系数有正有负，但无论正、负，它表征了对完整序列峭度值的影响，所以峭度的贡献系数可以用总体序列峭度与 $N-1$ 个序列峭度之差的绝对值来衡量。

$$Kurt(x_i) = \left|Kurt(x_{1,2,\cdots,N}) - Kurt(x_{j=1,2,\cdots,N,j\neq i})\right| \tag{10-11}$$

下面以一组周期冲击信号来查看峭度贡献系数的表征度。冲击信号为

$$x = \mathrm{e}^{-akt} \times \sin(2\pi f_c kT) \tag{10-12}$$

式中，$a=1000$；k=2048；$f_c=5000$；$T=1/25000\mathrm{s}$；$f_m=50$；mod(·)为 MATLAB 中求余数运算；$t=\mathrm{mod}(k\times T,\ 1/f_m)$。按照上述参数得到冲击信号的时域波形如图 10-2 所示。按照式(10-11)求取每个冲击信号每个点的峭度贡献系数，如图 10-3 所示。

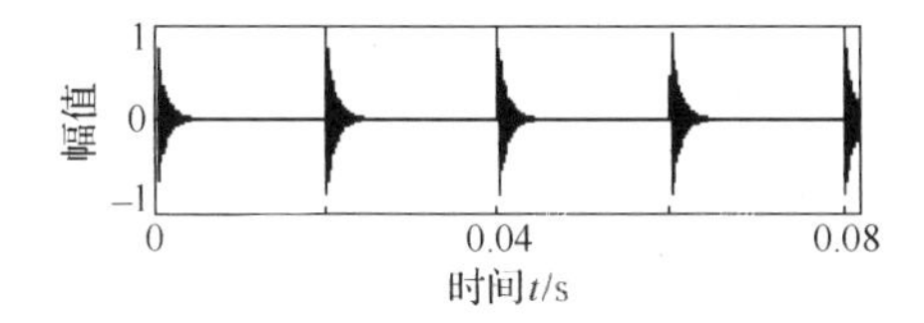

图 10-2　冲击信号时域波形图

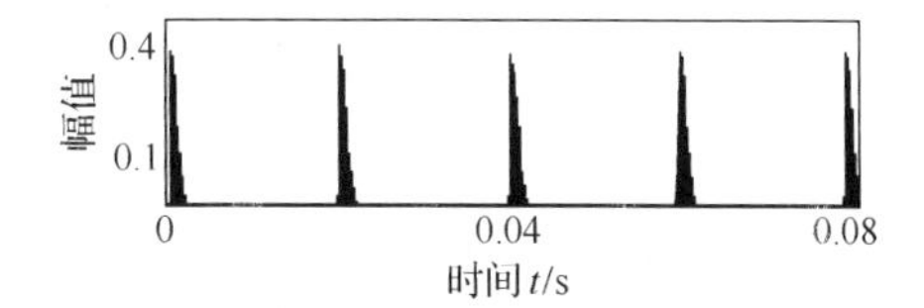

图 10-3　冲击信号各点的峭度贡献系数

从图 10-2 和图 10-3 可以看出，峭度贡献系数曲线能够很好地表征冲击信号的位置和

周期特性。对于单独的冲击信号而言，由于冲击明显，可以由冲击峰值来求取冲击周期，但是工程实际中常常遇到的是冲市信号混叠在其他信号当中，较难精确地找出其周期性。所以下面在冲击信号中加入噪声信号，验证峭度贡献系数表征冲击的能力。

定义信号与噪声的信噪比公式为

$$SNR = 10 \times \log_{10}\left(\sum_{i=1}^{N}\hat{x}_i^2 \Big/ \sum_{i=1}^{N}\tilde{x}_i^2\right) \tag{10-13}$$

式中，$\hat{x} = x_{impulse} + x_{noise}$；$\tilde{x} = x_{noise}$；$x_{impulse}$代表冲击信号，$x_{noise}$代表噪声信号。

图 10-4 为信噪比 $SNR = 2.663$ 时冲击信号的时域波形和其各点的峭度贡献系数，由图可以看出，峭度贡献系数对于噪声具有一定的免疫能力，能清楚的表征冲击信号的位置和周期。图 10-5 为信噪比 $SNR = 1.105$ 时冲击信号时域波形及其各点的峭度贡献系数波形，由图可知，峭度贡献系数在冲击信号几乎被噪声湮没的情况下，依然可以找到冲击的位置和周期，具有一定的工程实用价值。实测信号中对识别冲击信号造成干扰的包括其他振源的信号，本章把非冲击信号看成广义的噪声信号。

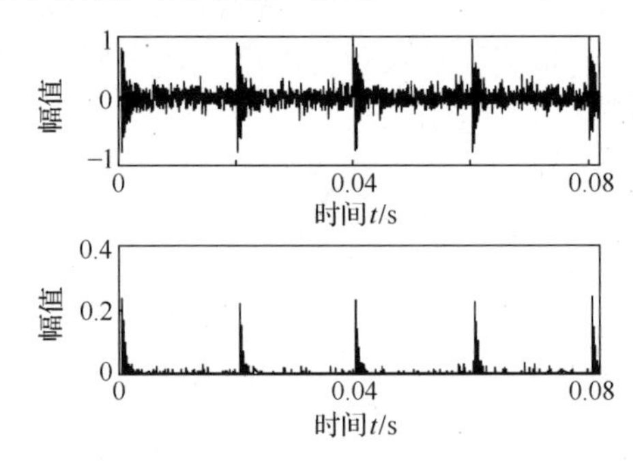

图 10-4　$SNR = 2.663$ 时冲击信号的峭度贡献系数

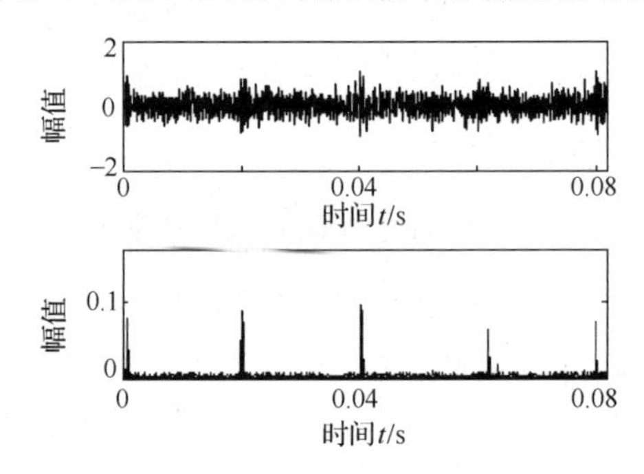

图 10-5　$SNR = 1.105$ 时冲击信号的峭度贡献系数

10.3　应 用 实 例

经过对某石化厂低压混炼机组齿轮箱轴承信号的跟踪监测，用加速度传感器采集了轴承的双通道早期故障信号，这里对其中单个通道信号进行分析。所测轴承故障部位为轴承内环，其特征频率为 68.75Hz，变速箱的齿轮啮合频率为 387.5Hz。

早期轴承故障时域波形与频域波形如图 10-6 所示。从时域图上无法看出其冲击成分，在频域图形上出现了比较明显的几个频率成分，50Hz 是工频干扰，387.5Hz、1163Hz、1944Hz 是啮合频率的倍频成分，但是没有出现内环的故障频率，在高频带也看不到共振频带。

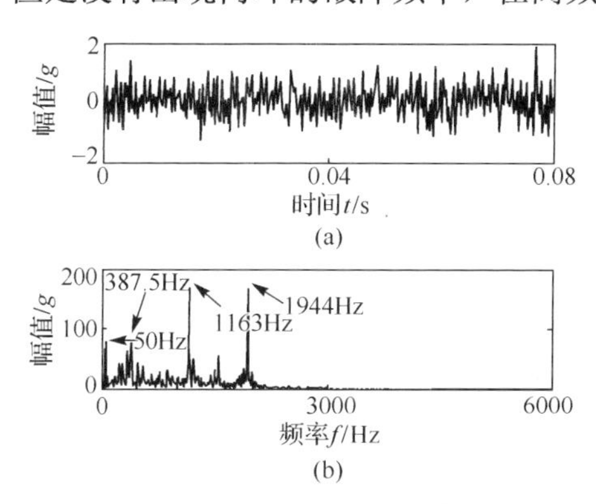

图 10-6　轴承早期故障时域和频域波形

10.3.1　传统信号处理方法提取早期故障的能力

目前小波分解和 EMD 分解是故障信号特征信息提取中应用较为普遍的方法，小波分解可以把故障信号分解于固定的频带范围内进行分析，EMD 分解可以利用故障信号在各个模式分量中的表现进行分析。对于轴承早期故障信号来说，本章分别利用小波分解、EMD 分解、相空间 ICA 方法提取轴承内环早期故障造成的冲击成分信息，查看这三种方法在轴承内环早期故障检测中的能力。本节先分析小波分解和 EMD 分解在早期故障信号中的表现。

首先对轴承早期故障信号进行小波分析。在小波分解中使用 db10 为小波基函数，对早期故障信号进行 5 层小波分解。由于冲击成分出现在高频带中，所以取小波分解前三层高频信号的时域、频域波形，如图 10-7 所示。由图 10-7 可知，第一层高频信号中出现了微弱的冲击成分，但是冲击幅值仅有 0.2，并且在高频区上出现了能量很大的 4456Hz 的频率成分；第二层和第三层分别出现了 1944Hz、1163Hz 的啮合频率成分。所以仅仅利用小波分解无法确定微弱冲击信号的详细特征信息，无法确定冲击信号的位置及周期。

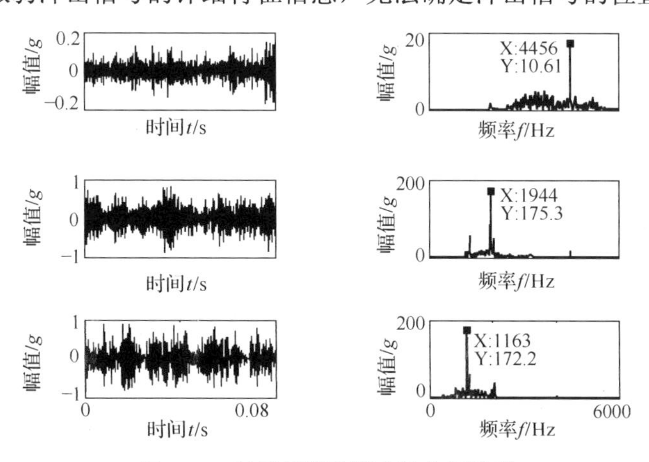

图 10-7　轴承早期故障小波分解波形

其次，对轴承早期故障信号进行 EMD 分析。利用 EMD 分解获取了九个模式分量，得到前三个模式分量的时域频域波形，如图 10-8 所示。由图 10-8 可知，在第一个模式分量中出现了 1944Hz 的啮合频率成分，基本没有冲击频率成分；第二个模式分量中出现了 1163Hz 的啮合频率成分；第三个分量中出现了 387.5Hz 的啮合频率成分。因此，利用 EMD 分解也无法得到冲击成分的信息，无法判断轴承是否发生了故障。

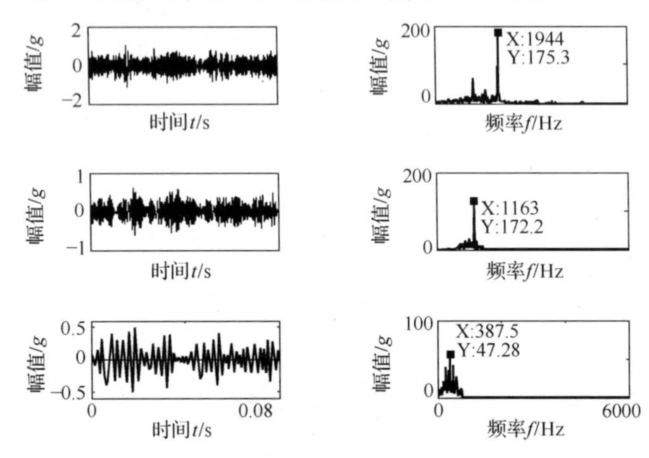

图 10-8　轴承早期故障 EMD 分解波形

10.3.2　相空间 ICA 提取早期故障特征信息

下面利用本文提出的相空间重构 ICA 方法对轴承早期故障信号进行分析。首先根据已知的轴承早期故障信号确定其相空间重构的时间延迟和嵌入维数。这里根据 10.2.2 中所介绍的交互信息求取延时时间 τ，根据 Cao 方法求取嵌入维数。首先根据公式(10-3)获得延迟时间与交互信息值的曲线，如图 10-9 所示。

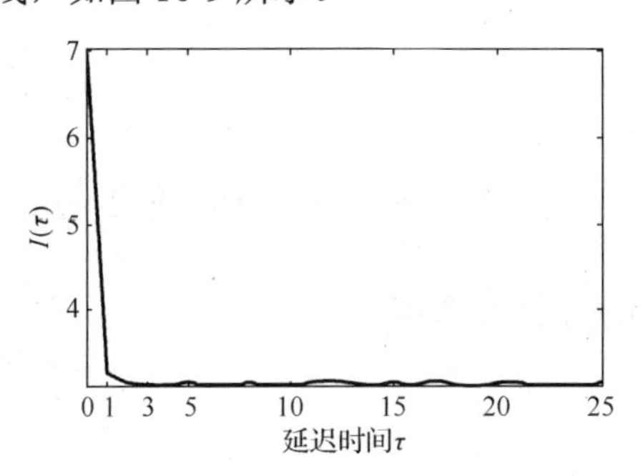

图 10-9　轴承早期故障信号时间延迟的选择

由图 10-9 可知，当延迟时间 $\tau=1$ 时，$I(\tau)$ 已经接近于 0，并且其走势基本趋于平稳，所以选取延迟时间 $\tau=1$。

参照 Cao 方法及公式(10-7)对嵌入维数进行求解，得到其嵌入维数曲线，如图 10-10 所示，由图可知，嵌入维数选取为 10。

对轴承早期故障信号进行延迟时间为 1、嵌入位数为 10 的相空间重构，把获取相空间内 10 维的数据作为 ICA 的输入数据；对这 10 维数据进行信息冗余消除，获取具有较好独立性的估计信号的时域、频域谱，如图 10-11 所示。在 ICA 方法中使用成熟的 FastICA 算法，其非线性函数为 Pow3。

由图 10-11 的时域谱中可以看出，分离所得的很多信号中出现了较为明显的冲击成分，在频域谱可以看到多个比较明显的冲击频谱。这里的冲击频谱与小波分解第一层的冲击频谱有一个关键的不同——相空间 ICA 分离出的频谱中没有 4456Hz 的未知频率，使其冲击信号在时域中表现得相对明显和清晰，大致能够看出冲击发生的位置。

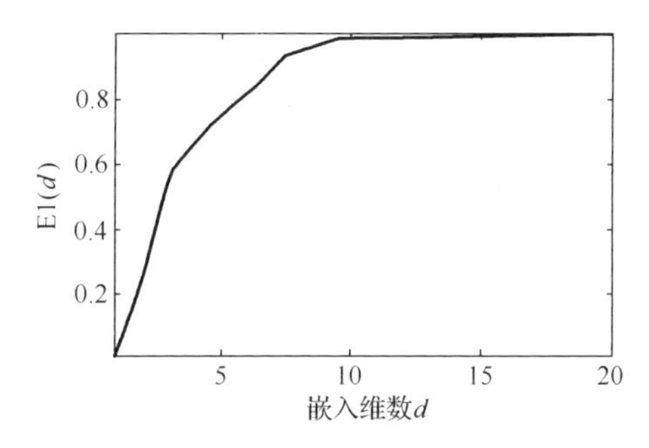

图 10-10　轴承早期故障信号嵌入维数的选择

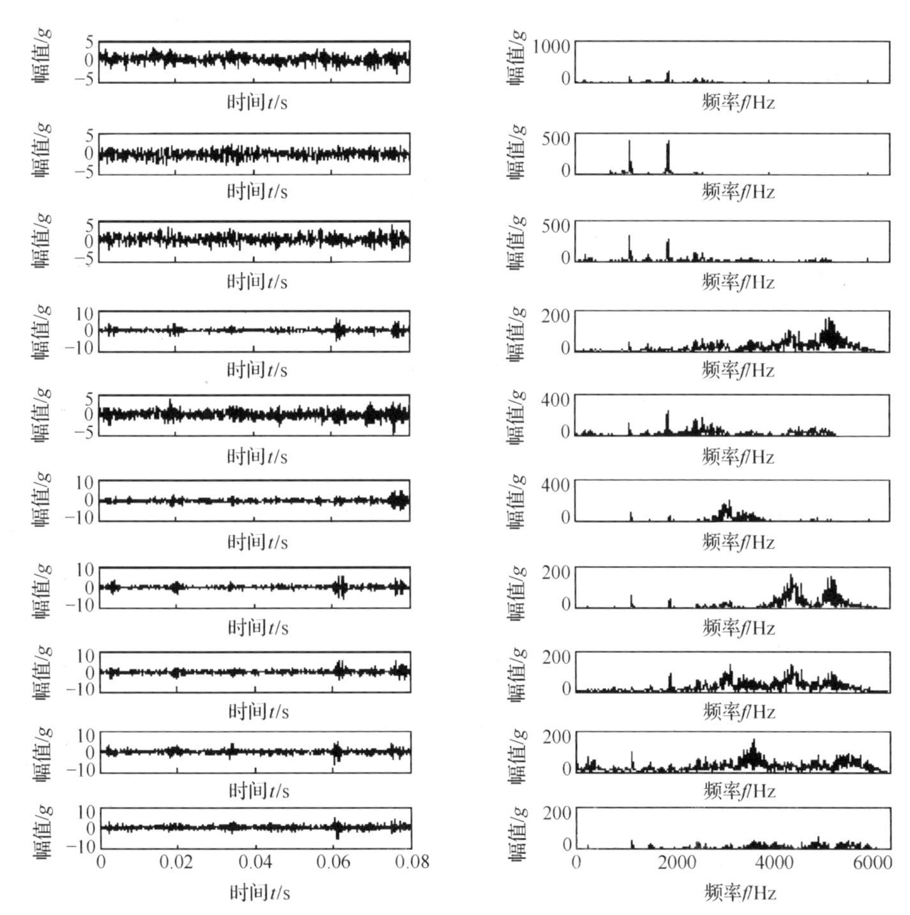

图 10-11　ICA 分离所得的估计信号

为了更加准确地提取轴承内环早期故障产生的冲击信息，对 ICA 分离的信号进一步进行简单的聚类分析。计算相空间 ICA 分离出的 10 维信号 IC_i $(i=1,2,\cdots,10)$ 的峭度值，如表 10-1 所示。

表 10-1 相空间 ICA 分离信号的峭度

信号	IC_1	IC_2	IC_3	IC_4	IC_5	IC_6	IC_7	IC_8	IC_9	IC_{10}
峭度	2.59	3.45	3.13	9.24	6.43	7.16	9.68	9.38	9.01	8.62

由表 10-1 可以看出，第 4 个、第 7 个、第 8 个、第 9 个、第 10 个估计信号的峭度值很大，其时域谱内冲击信号较为明显。所以利用估计信号的峭度值把冲击信号较为明显的看作一类，其他冲击不明显的成分分为另一类。把冲击成分明显的 *IC* 分量进行相加，组合为一个冲击较为明显的信号，如图 10-12 所示。但是必须注意，相位重构空间是通过信号时移获得的，经相位空间 ICA 方法分离的独立分量间仍然保持着时移特性，因此在相加之前需要对第 4 个、第 7 个、第 8 个、第 9 个、第 10 个独立分量进行时移互相关分析，求取两个独立 *IC* 分量间的最大互相关系数时的时间差 τ。通过时移互相关分析使每个分量的冲击群峰在同一时段内，弥补时移对冲击群峰带来的扩散影响。由图 10-12 可以看出几个比较明显的冲击，但是一般来说，早期故障信号中冲击成分幅值较小，并且每个冲击信号的幅值具有很大的差异，因此根据图 10-12 的时域波形无法精确地判断出冲击信号的周期。

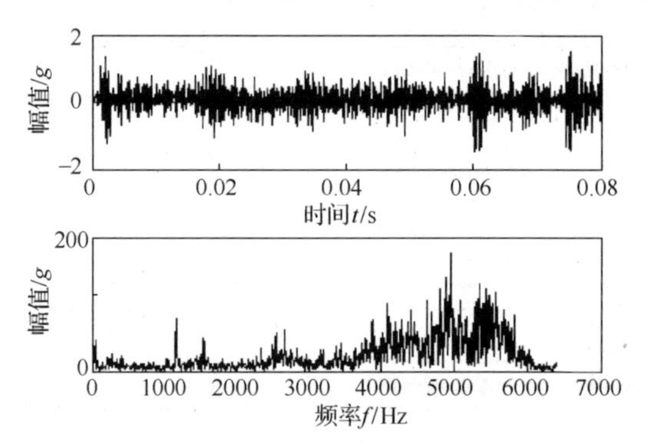

图 10-12 冲击成分重构信号的时域频域波形

为了准确地判断出冲击信号的周期，从而求取特征频率，确定轴承的哪个部件发生故障，须利用 10.2.2 中峭度贡献系数对重构的冲击信号进行分析。利用式(10-11)求由冲击成分重构的信号中每个信号单点的峭度贡献系数，如图 10-13 所示。由图 10-13 可知，早期工程实际信号中各冲击的幅值大小和群峰数量存在很大的差异，第 5 次冲击能量很大，其他冲击能量较小。为了更好地利用峭度贡献系数进行标定冲击信号的周期，使用设置伸缩函数的方法对峭度贡献系数进行进一步的处理。设定一个最大阈值，对超出此阈值的峭度贡献系数进行幅值缩小；设定一个最小阈值，对小于此阈值的峭度贡献系数也进行减幅调整，这样就可以使峭度贡献系数更加简单明了。

根据图 10-13 的峭度贡献系数曲线，确定最大阈值为 0.04，最小阈值为 0.018，按照式(10-14)对其进行伸缩调整 $C_1=0.2, C_2=0.3$。伸缩调整的目的是消除冲击幅值大小对峭度贡献系数的影响。根据阈值调整后的峭度贡献系数如图 10-14 所示。

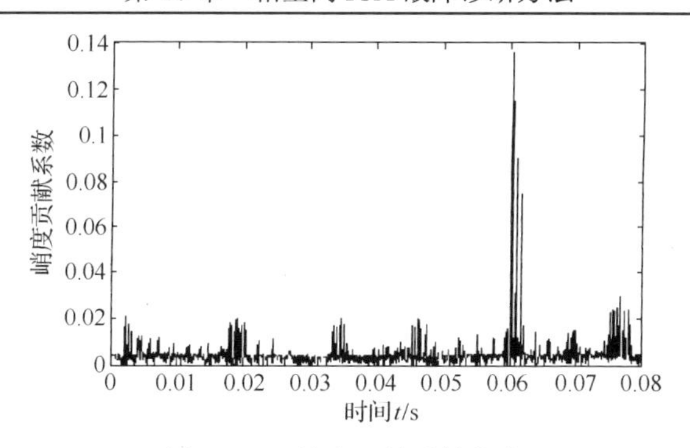

图 10-13　峭度贡献系数曲线

$$kurt_i = \begin{cases} C_1 \times kurt_i & kurt_i > 0.04 \\ kurt_i & 0.018 < kurt_i \leqslant 0.04 \\ C_2 \times kurt_i & kurt_i < 0.018 \end{cases} \tag{10-14}$$

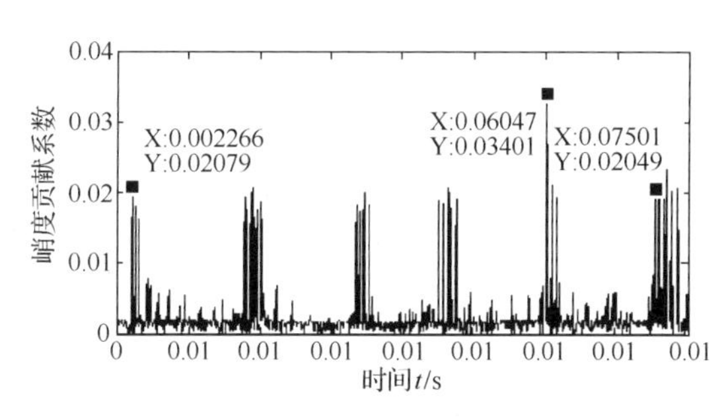

图 10-14　调整后的峭度贡献系数曲线

根据图 10-14 所示，调整后的峭度贡献系数具有明显的周期性，并且起始点也比较明确；第 1 个冲击成分开始的时间为 0.002266s，第 5 个冲击成分开始的时间为 0.06047s，由这两个数据得到的冲击周期为 0.014551s，冲击特征频率为 68.72Hz；第 6 个冲击成分开始的时间为 0.07501s，由第 1 个冲击和第 6 个冲击得到的冲击周期为 0.0145488s,冲击特征频率为 68.734Hz。上述得出的特征频率十分接近轴承内环的 68.75Hz 的频率，所以可以确定图 10-12 中的冲击成分是由轴承内环早期故障所引起的。

由上述轴承内环早期故障信号分析结果得知，相空间 ICA 可以很好地提取轴承内环所引起的冲击成分，并可以用峭度贡献系数精确确定冲击周期，从而获得冲击的特征频率。而上节小波分解所得到的第一层信号中包含其他频率成分，无法得到冲击的位置和周期。EMD 分解基本无法得到冲击所在的高频频段，所以相空间 ICA 在轴承早期故障中提取冲击特征信息比小波分解和 EMD 分解具有很大的优势。

参 考 文 献

[1]　陈建国，张志新，郭正刚，王奉涛，李宏坤. 独立分量分析方法在经验模式分解中的应用[J]. 振动与冲击，2009，[10]28(1)：109-111.

[2]　胥永刚. 机电设备监测诊断时域新方法的应用研究[D]. 西安：西安交通大学, 2004.

[3] 陈建国，王奉涛，郭正刚，张志新，李宏坤. 信号源相关的独立分量分析研究及应用[C]. 仪器仪表学报，2010, 31(4): 32-35.

[4] TAKENS F. Dynamical Systems and Turbulence[M]. Berlin: Springer-Verlag Press, 1981: 366-381.

[5] 黄文虎, 武新华, 焦映厚, 等. 非线性转子动力学研究综述[J]. 振动工程学报, 2000, 13(4):497-509.

[6] 陈建国，王奉涛，朱泓，张志新，李宏坤. 基于子带 ICA 的时频图像处理方法研究及其在故障诊断中的应用[J]. 振动与冲击，2010，29(2)：189-192.

[7] BUZUG T, PFISTER G. Optimal delay time and embedding dimension for delay-time coordinates by analysis of the global static and local dynamical behavior of strange attractors[J].Physical Review A, 1992, 45(10):7073-7084.

[8] FRASER A M, SWINNEY H L. Independent coordinates for strange attractors from mutual information[J]. Physical Review A, 1992, 33(2):1134.

[9] CAO L Y.Practical method for determining the minimum embedding dimension of a scalar time series[J].Physica D: Nonlinear Phenomena, 1997, 110(1-2):43-50.

[10] 张利群 朱利民 钟秉林. 几个机械状态监测特征量的特性研究[J]. 振动与冲击, 2001, 20(1):20-23.

第 11 章　深度学习故障诊断方法

随着人工智能领域的快速发展，机器学习方法在轴承故障诊断中得到了广泛的应用。智能诊断方法可以从历史数据中捕捉到轴承的故障信息，并给出准确判断，如人工神经网络(artificial neural network，ANN)[1]与支持向量机(support vector machine，SVM)[2]。但是传统的神经网络方法需要人工选择特征，需要大量的理论与实际经验[3]；而得到广泛应用的 ANN 与 SVM 属于浅层结构的监督学习模型，对故障特征缺少足够的表示能力，在应用中需要大量的标签数据进行训练[4]。

在模式识别领域，深度学习作为一种兴起的新方法，自 2006 年由 Lecun 等提出后，近年来不仅在图像识别、语音识别等方面取得了突破进展，在轴承故障诊断领域也得到了较大的关注与应用。由于深度学习[5]的多层次结构，不仅可以从大量数据中提取得到表征信号与健康状况的深层次关系，还可以从无标签数据中直接进行学习。Jia 等[6]采用降噪自动编码器构建深度学习模型，选取原始信号的傅里叶系数作为输入，对滚动轴承和齿轮故障进行诊断并且获得了良好的效果。Shao 等[7]将压缩自动编码器与降噪自动编码器进行结合，并采用局部保持投影算法进行特征融合，取得了很好的效果。Chen 等[8]采用稀疏自动编码器对多个传感器数据进行特征融合，并将融合后的特征输入到深度信念网络中，进一步对滚动轴承进行故障诊断。自动编码器是深度学习中一种广泛应用的模型，通过多层编码过程可以从无标签数据中提取得到深度特征。但是自动编码器在应用过程中，其模型训练难度大，性能受隐藏层的结构、循环迭代次数等影响较大。并且，在轴承故障诊断中对于振动数据多需要进行人工选取特征或预处理，降低了深度学习的适用性。为了进一步提升深度学习网络的诊断性能，并且提高模型适用性，核函数方法被应用到自动编码器中进行改进。

针对深度学习方法从轴承原始时域信号中提取故障特征能力较弱的现状，提出了一种基于高斯径向基核函数与自动编码器(auto-encoder，AE)的深度神经网络方法。首先采用高斯径向基核函数将输入数据映射到高维空间，使数据具有更好的可分性；其次采用多层自动编码器对高维空间特征进行层层提取；最后采用误差反向传播算法对整个模型参数进行微调，得到故障诊断模型。通过航空发动机中介轴承典型故障试验数据，验证了：提出方法比传统自动编码网络能够获得更好的故障特征，需要更少的迭代次数，具有更高的准确率。

11.1　理 论 基 础

11.1.1　卷积神经网络

卷积神经网络主要由卷积层与采样层构成，属于多层神经网络。

在卷积层中，前一层的特征图与卷积核进行卷积运算，之后对卷积结果进行激活，计算得到当前层的特征。卷积层可以由公式表示为

$$x_j^l = s_f\left(\sum_{i \in M_j} x_i^{l-1} * \boldsymbol{k}_{ij}^l + b_j\right) \tag{11-1}$$

式中，l 为当前层数；$\boldsymbol{k}$ 为卷积核的权值矩阵；M_j 为输入特征图的集合；b 为偏置。

在采样层中，对前一卷积层得到的特征进行池化处理，降低数据的维度大小，以降低计算的复杂度。一般池化操作之前，将特征划分为 $n \times n$ 大小的矩阵，对每个矩阵区域内的特征取其最大值，代表区域所有特征，称为最大池化；对每个矩阵区域内的所有特征取平均值，称为平均池化。池化后的特征图大小降低为 $(1/n) \times (1/n)$，而总体的数目不变。

卷积神经网络一般由多个卷积层与采样层依次间隔连接，将最后一层采样层的所有特征图像素依次展开为一维向量，与输出层全连接，构成全连接层。全连接层后一般接有一个分类器进行分类，得到最终的模型。

11.1.2　受限玻尔兹曼机

受限玻尔兹曼机(RBM)是一种特殊玻尔兹曼机，属于两层能量模型。每层的网络中包含多个神经元，且相互独立，用 0 与 1 表示激活与未激活状态。给定可视层 $v = \{v_1, v_2, \cdots, v_n\}$，隐藏层 $h = \{h_1, h_2, \cdots, h_m\}$，则定义 RBM 的能量函数为

$$E(v,h;\theta) = -\sum_{i=1}^{n} b_i v_i - \sum_{j=1}^{m} a_j h_j - \sum_{i=1}^{n}\sum_{j=1}^{m} v_i w_{ij} h_j \tag{11-2}$$

其中 $\theta = \{w, b, a\}$；a_i 为可视单元 i 的偏置；b_j 为隐藏单元 j 的偏置；w_{ij} 为连接可视单元与隐藏单元的权重。

定义可视节点与隐藏节点的联合概率为

$$P(v,h;\theta) = \frac{1}{\sum_{v,h} \exp(-E(v,h;\theta))} \exp[-E(v,h;\theta)] \tag{11-3}$$

由此可以得到，隐藏层与可视层的条件概率为

$$P(h|v;\theta) = \frac{P(v,h;\theta)}{P(v;\theta)} = \prod_j P(h_j|v;\theta) \tag{11-4}$$

$$P(v|h;\theta) = \frac{P(v,h;\theta)}{P(h;\theta)} = \prod_i P(v_i|h;\theta) \tag{11-5}$$

由于可视层与隐藏层内神经元均独立，可以进一步推导得到激活函数：

$$P(h_j = 1|v;\theta) = 1\Big/\left[1 + \exp(-a_j - \sum_i v_i w_{ij})\right] \tag{11-6}$$

$$P(v_i = 1|h;\theta) = 1\Big/\left[1 + \exp(-b_i - \sum_j w_{ij} h_j)\right] \tag{11-7}$$

则 RBM 的惩罚函数为

$$L(\theta;v)=\prod_{v}L(\theta|v)=\prod_{v}P(v) \tag{11-8}$$

11.1.3　自动编码器模型

1. 自动编码器

典型的自动编码器由编码网络与解码网络构成，包含三个神经元层：输入层、隐层层与输出层。输入层和隐藏层通过编码网络连接，可以从原始数据中得到反映数据内在特征的规律。隐藏层和输出层通过解码网络连接，可以从低维的编码数据重构得到原始输入数据，具体算法如下。

(1)编码过程。给定包含 D 个数据的训练样本集 $\boldsymbol{x}=\{\boldsymbol{x}_1,\boldsymbol{x}_2,\cdots,\boldsymbol{x}_D\}$，其中每个样本包含 n 个数据点 $\boldsymbol{x}_i=[x_1,x_2,\cdots,x_n]^{\mathrm{T}}$。将输入向量表示为隐藏层向量集 $\boldsymbol{h}=\{\boldsymbol{h}_1,\boldsymbol{h}_2,\cdots,\boldsymbol{h}_D\}$，其中每个隐藏层向量包含 m 个神经元 $\boldsymbol{h}_i=[h_1,h_2,\cdots,h_m]$，编码过程可用公式表示为

$$\boldsymbol{h}=s_f(\boldsymbol{W}^{(1)}\boldsymbol{x}+\boldsymbol{b}^{1}) \tag{11-9}$$

$$s_f(t)=1/(1+\mathrm{e}^{-t}) \tag{11-10}$$

式中，s_f 为编码网络的激活函数；$\boldsymbol{W}^{(1)}$ 为 $m\times n$ 维的权值矩阵；$\boldsymbol{b}^{(1)}$ 为 m 维的偏置向量。

(2)解码过程。将隐藏层向量集 $\boldsymbol{h}$ 反向变换为与输入数据维数相同的重构数据集 $\boldsymbol{z}=\{\boldsymbol{z}_1,\boldsymbol{z}_2,\cdots,\boldsymbol{z}_D\}$，其中每个样本 $\boldsymbol{z}_i=[z_1,z_2,\cdots,z_n]^{\mathrm{T}}$，解码过程可用公式表示如下：

$$\boldsymbol{z}=s_g(\boldsymbol{W}^{(2)}\boldsymbol{h}+\boldsymbol{b}^{(2)}) \tag{11-11}$$

式中，s_g 为解码网络的激活函数；$\boldsymbol{W}^{(2)}$ 为 $n\times m$ 维的权值矩阵；$\boldsymbol{b}^{(2)}$ 为 n 维的偏置向量。

(3)迭代优化。自动编码器通过优化参数集 $\boldsymbol{\theta}=\{\boldsymbol{W}^{(1)},\boldsymbol{b}^{(1)},\boldsymbol{W}^{(2)},\boldsymbol{b}^{(2)}\}$ 来最小化重构误差，均方误差一般用作自动编码器的损失函数。

$$J_{MSE}(\boldsymbol{\theta})=\frac{1}{m}\sum_{i=1}^{m}L_{MSE}(x_i,z_i) \tag{11-12}$$

当损失函数足够小时，则可认定编码矢量 $\boldsymbol{h}$ 可以很好的重构原始输入向量 $\boldsymbol{x}$，即编码矢量中包含原始数据中的大部分信息。

为减少求解参数，一般设定 $\boldsymbol{W}^{(1)}=(\boldsymbol{W}^{(2)})^{\mathrm{T}}=\boldsymbol{W}$，因此，当给定输入 x 的情况下，按照链式法与梯度下降法可以得到参数更新规则。

$$\begin{cases}w=w-\eta\dfrac{\partial e(x,\hat{x})}{\partial w}\\ b_z=b_z-\eta\dfrac{\partial e(x,\hat{x})}{\partial b_z}\\ b_{\hat{x}}=b_{\hat{x}}-\eta\dfrac{\partial e(x,\hat{x})}{\partial b_{\hat{x}}}\end{cases} \tag{11-13}$$

2. 稀疏自动编码器

典型的自动编码器在训练中容易出现过拟合的问题。稀疏自动编码器在损失函数的基础上添加稀疏惩罚项，可以更好地表达输入数据结构，避免网络过拟合。稀疏惩罚项定义为

$$J_{\text{sparse}}(\boldsymbol{\theta}) = \beta \sum_{j=1}^{S_2} KL(\rho \| \hat{\rho}_j) \tag{11-14}$$

$$\hat{\rho}_j = \frac{1}{n} \sum_{i=1}^{n} \left[a_j(x_i) \right] \tag{11-15}$$

$$KL(\rho \| \hat{\rho}_j) = \rho \log \frac{\rho}{\hat{\rho}_j} + (1-\rho) \log \frac{1-\rho}{1-\hat{\rho}_j} \tag{11-16}$$

式中，β 表示权值的激活参数；s_2 表示隐藏层神经元个数；$\hat{\rho}_j$ 表示隐层第 j 个单元的平均激活量；ρ 为稀疏参数；$a_j(x)$ 表示隐层第 j 个激活单元。

则添加稀疏惩罚项的自动编码器的惩罚函数为

$$J(\boldsymbol{\theta}) = J_{\text{sparse}}(\boldsymbol{\theta}) + J_{\text{MSE}}(\boldsymbol{\theta}) \tag{11-17}$$

当稀疏自动编码器的隐藏层节点数少于输入节点数时，稀疏自动编码器是一种非线性的降维方法。

3. 去噪自动编码器

去噪自动编码器是另一种典型自动编码器的衍生形式，通过损坏的数据集 $\tilde{\boldsymbol{x}}$ 重构原始数据 $\boldsymbol{x}$，使得自动编码器可以学习到更加具有鲁棒性的表示，减少数据缺失对重构结果的影响。目前在去噪过程中，一般有两种方式添加噪声干扰：第一种方法为在原始数据中加入高斯噪声，即 $\tilde{\boldsymbol{x}} = \boldsymbol{x} + \varepsilon,\ \varepsilon \sim N(0, \sigma^2 I)$；第二种方法为一定概率分布擦除原始的输入数据，即随机将数据中的部分点置 0，以达到部分特征缺失的目的，即 $\tilde{\boldsymbol{x}} \sim p(\tilde{\boldsymbol{x}} | \boldsymbol{x})$。添加噪声后的编码过程变为

$$\tilde{\boldsymbol{h}} = s_f(\boldsymbol{W}\tilde{\boldsymbol{x}} + \boldsymbol{b}) \tag{11-18}$$

式中，$\tilde{\boldsymbol{x}}$ 是原始输入 $\boldsymbol{x}$ 加噪后的样本。

解码网络根据损坏数据得到的隐层重构出未受损坏的原始数据形式：

$$\tilde{\boldsymbol{z}} = s_f(\boldsymbol{W}'\tilde{\boldsymbol{h}} + \boldsymbol{b}') \tag{11-19}$$

损失函数为

$$J_{DAE}(\boldsymbol{\theta}) = \frac{1}{m} \sum_{i=1}^{m} L_{MSE}(x_i, \tilde{z}_i) = \frac{1}{m} \sum_{i=1}^{m} \left(\frac{1}{2} \| \tilde{z}_i - \boldsymbol{x}_i \| \right) \tag{11-20}$$

DAE 通过从损坏的信号中编码，重构出原始信息的方式，可有效减小数据缺失、干扰等随机因素对提取的健康状况信息的影响，提高特征表达的鲁棒性。

4. 收缩自动编码器

收缩自动编码器(contractive autoencoder, CAE)是 Bengio 于 2011 年提出的一种改进的自动编码器模型，其在惩罚函数中添加正则化约束项，使得 CAE 可以获得更好的鲁棒性表达。CAE 选择的正则化项为权值的雅克比矩阵的 F 范数的平方。

$$J_{CAE}(\boldsymbol{\theta}) = J_{MSE} + \lambda \left\| J_{\boldsymbol{h}}(\boldsymbol{x}) \right\|_{\mathrm{F}}^{2} \tag{11-21}$$

$$\left\| J_{\boldsymbol{h}}(\boldsymbol{x}) \right\|_{\mathrm{F}}^{2} = \left\| \frac{\partial \boldsymbol{h}}{\partial \boldsymbol{x}} \right\|^{2} = \sum_{j=1}^{M}\sum_{i=1}^{N}\left(\frac{\partial h_j}{\partial x_i} \right)^{2} \tag{11-22}$$

$$J_{\boldsymbol{h}}(\boldsymbol{x}) = \begin{bmatrix} \dfrac{\partial h_1}{\partial x_1} & \cdots & \dfrac{\partial h_1}{\partial x_N} \\ \vdots & & \vdots \\ \dfrac{\partial h_M}{\partial x_1} & \cdots & \dfrac{\partial h_M}{\partial x_N} \end{bmatrix} \tag{11-23}$$

其中 $J_{\boldsymbol{h}}(\boldsymbol{x})$ 为训练数据隐藏层的雅克比矩阵；$\left\| J_{\boldsymbol{h}}(\boldsymbol{x}) \right\|_{\mathrm{F}}^{2}$ 为收缩惩罚项，λ 为正则化参数。

11.1.4　深度自动编码网络

自动编码器是一种非监督的三层学习结构，但是其信息提取能力有限，缺乏足够的结构表征信号的深层特征。堆叠自动编码网络(stacked auto-encoder，SAE)将多个 AE 层层堆叠形成多隐层结构，采用无监督算法“从底至顶”层层提取的特征提取方式，并采用有监督算法“从顶至底”的方法调优。即整个深度自动编码网络包含两个过程：从底至顶的特征提取过程与从顶至底的调优过程。

(1) 无监督预训练过程。首先使用样本向量训练第一个 AE 并将输入向量 $\boldsymbol{x}$ 编码为第一隐层向量 $\boldsymbol{h}_1$。然后使用 $\boldsymbol{h}_1$ 作为输入，训练第二个 AE，得到第二隐层向量 $\boldsymbol{h}_2$。重复这个过程，直到训练结束。通过将多个 AE 互相连接起来，组成深度自动编码器模型，实现故障信息的层层提取。

(2) 有监督微调过程。在深度自动编码器最后添加分类层，采用有标签数据从上至下对网络参数进行微调。具体方式为：采用误差反向传播算法从分类层开始逐层向下微调预训练的权值与偏重。

11.2　结合核函数与自动编码器的深度学习

11.2.1　基于核函数的自动编码器

自动编码器的编码过程是一种非线性计算方式，但是在低维空间数据不可分的情况下，寻找合适的划分需要更多的迭代次数与更长的计算时间，并且更容易出现误分类情况。为了解决这一问题，在自动编码器中结合核函数方法。

核函数定义为存在从输入空间为 R 到特征空间 H 的一个非线性映射 φ，使得对所有 $x,y\in R$，函数 $K(x,y)$ 满足：$K(x,y)=K(\varphi(x),\varphi(y))$，$K(x,y)$ 为核函数。由于特征空间中的内积计算由核函数给出，从而不需要定义具体的映射关系式，极大地降低了问题的计算复杂度。

基于以上理论，提出一种结合核函数与自动编码器的改进方法——核自动编码器(kernel auto-encoder，KAE)。首先计算核函数的 Gram 矩阵，并将其作为新的自动编码器输入，则编码过程变化为

$$\boldsymbol{h}=s_f\left[\boldsymbol{W}^{(1)}\boldsymbol{K}(\boldsymbol{x}_i,\boldsymbol{y}_j)+\boldsymbol{b}^{(1)}\right] \tag{11-24}$$

其中，$\boldsymbol{x}_i$、$\boldsymbol{y}_j$ 为训练数据的任意两个样本。

相对应的，解码函数对应变化为

$$\boldsymbol{K}(z_i,z_j)=s_g(\boldsymbol{W}^{(2)}\boldsymbol{h}+\boldsymbol{b}^{(2)}) \tag{11-25}$$

改进后的自动编码网络首先将数据映射到高维空间，再对高维数据进行编码计算，得到非线性低维特征。通过添加核函数过程，将原始信号中不可分量转化到高维空间，可以使得编码过程更快、更有效地提取到信号中的特征量，并进行类别划分。算法结构如图 11-1 所示。

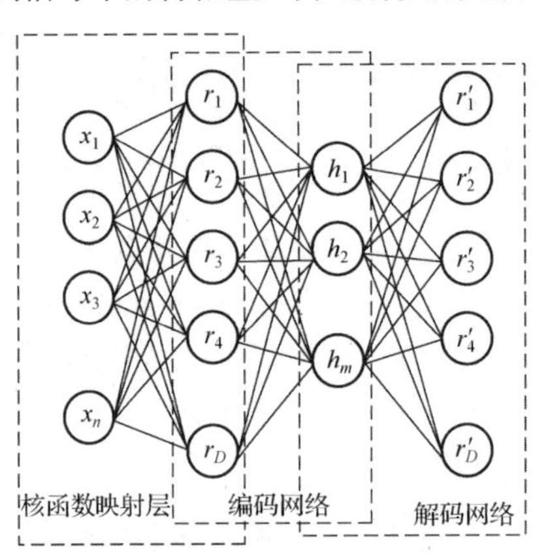

图 11-1 改进自动编码器

本文所提方法可以表示为：选用 KAE 作为深度网络的第一层，将其隐藏层输出作为下一层 AE 的输入，并将多个 AE 连接起来构成深度网络，最后采用 BP 算法进行微调参数，得到诊断模型。

11.2.2 核函数选择

1. 核函数类型选择

由 Mercer 定理可知，任何半正定的函数都可以作为核函数。常用的核函数包括：线性核函数、多项式核函数、径向基核函数等。径向基函数是指取值仅仅依赖于 x,y 距离的实值函数，任意满足以上关系的均称为径向基函数。高斯径向基核函数采用欧式距离作为距离函数，变换矩阵正定性好，而且只有一个待定参数。模型的复杂程度也较低，其数学表达式为

$$K(\boldsymbol{x},\boldsymbol{y})=\exp[-\|\boldsymbol{x}-\boldsymbol{y}\|^2/2\sigma^2] \tag{11-26}$$

其中 σ 是自变量，表示核的宽度。因此本文选择高斯径向基核函数。

2. *核参数优化选择*

高斯核函数虽然只有一个待定参数，但是其性能表现直接依赖于核参数的选择。这是由于核函数及其参数直接决定非线性映射所对应的特征空间。当选用不合适的核函数或核参数时，可能得到一个比在原始空间更差的识别结果[9]。因此，选择合适的核参数是高斯核函数应用的核心问题。本文借鉴支持向量机网格搜索与交叉验证方法，对寻优空间内参数进行搜索寻优，最终确定核函数参数。

11.2.3　方法流程

结合高斯核函数与自动编码器的深度神经网络对轴承进行故障诊断，方法流程图如图 11-2 所示。

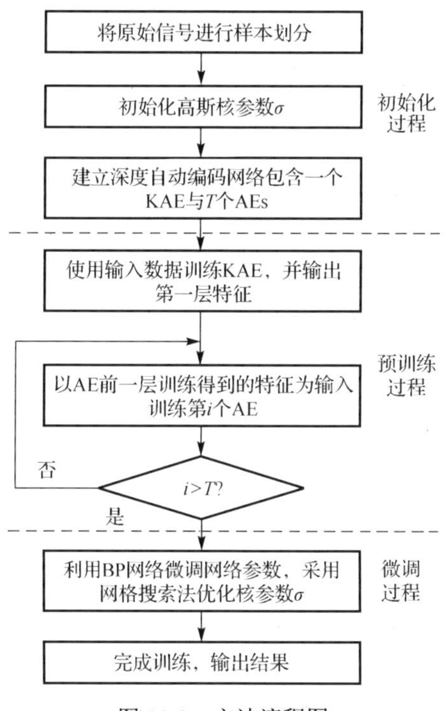

图 11-2　方法流程图

(1) 获取轴承的原始振动信号，并对信号进行样本划分。

(2) 初始化高斯核参数 σ，并确定 AE 的层数 T。

(3) 采用输入数据训练 KAE，并将其输出作为下一层 AE 的输入。

(4) 以无监督的方式层层训练 T 个 AE，即将每个 AE 的隐藏层作为下一个 AE 的输入，直至完成训练。

(5) 添加分类器输出层，采用误差反向传播算法微调网络参数。

(6) 采用网格搜索与交叉验证的方法优化核参数 σ，完成网络训练。

11.3　航空发动机中介轴承诊断实例

11.3.1　试验台

为了验证基于高斯核函数与深度自动编码网络对航空发动机中介轴承故障的诊断效果，利用双转子中介轴承试验台模拟中介轴承的不同故障类型，并采集振动信号进行分析。试验台结构如图 11-3 所示。

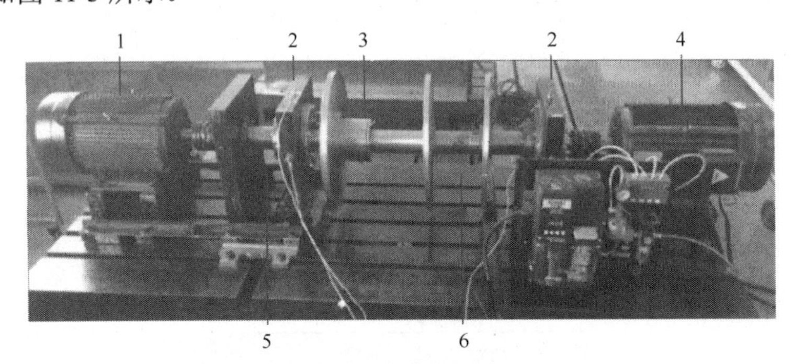

图 11-3　试验台的装置示意图

1-高压端电机；2-加速度传感器；3-中介轴承；4-低压端电机；5-高压轴；6-低压轴

中介轴承安装在高压轴与低压轴连接处，用于连接高压端电机与低压端电机，其中中介轴承外环与高压端轴相连，内环与低压端轴相连。选用四个加速度传感器分别安装在高、低压轴支撑轴承座上，采集中介轴承的振动信号。硬件采集系统选用 NI9234 采集卡对数据进行采集，采样频率为 25.6kHz。在实验过程中，分别模拟高、低压电机相对转动，高压电机单转，低压电机单转三种不同的工况，高、低压电机在转动过程中转速均为 20Hz。选用正常轴承、内环故障、外环故障、滚动体故障四种不同的状态模拟中介轴承运行中可能出现的故障。故障切槽均采用电火花在轴承上进行加工，如图 11-4 所示。其中，由于中介轴承外环与保持架不可拆卸，所以外环故障通过取下一个滚动体来展示。

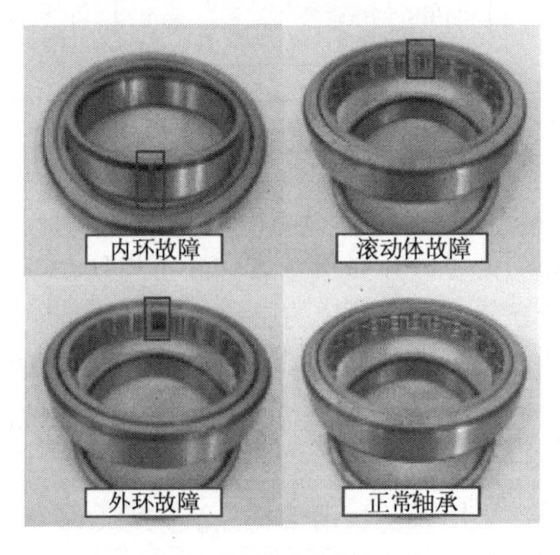

图 11-4　故障轴承示意图

除正常轴承状态只在内、外环同时相向转动的工况下，其他三种状态分别在内环转动、外环转动、内外环同时相向转动工况下进行实验，共 10 种不同状态。实验在相同的条件下进行四次，每次采集 10s 的数据，将每次采集数据分为 200 组，每组 1200 点，随机选择其中的 3/4 作为训练集，剩下的 1/4 作为测试集，对应的时域波形如图 11-5 所示，数据的详细介绍如表 11-1 所示。

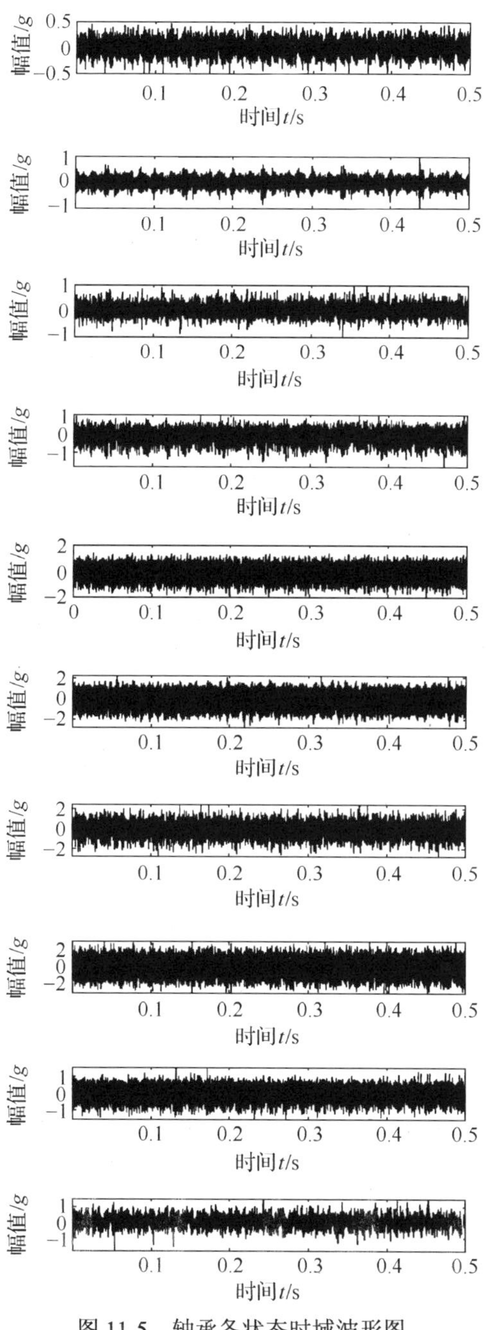

图 11-5　轴承各状态时域波形图

表 11-1　中介轴承状态描述

中介轴承状态	训练样本/测试样本	标签
内环故障(内环转动)	150/50	1
内环故障(外环转动)	150/50	2
内环故障(内外环相向转动)	150/50	3
外环故障(内环转动)	150/50	4
外环故障(外环转动)	150/50	5
外环故障(内外环相向转动)	150/50	6
滚动体故障(内环转动)	150/50	7
滚动体故障(外环转动)	150/50	8
滚动体故障(内外环相向转动)	150/50	9
正常状态(内外环相向转动)	150/50	10

由于传感器安装位置距离中介轴承较远，中介轴承信号在传递过程中会衰减并且会包含较多的噪声信息，因此，文中选用距离中介轴承最近的高压轴支撑座竖直方向上的加速度传感器的振动数据作为试验处理信号。

11.3.2　试验结果分析

试验选取原始振动信号作为输入，选用相同结构的传统 SAE 与所提方法作为对比，同时选用深度置信网络(deep belief network，DBN)进行平行比较，共进行四组对比试验。试验中，网络结构参数为 1200-800-100-20-10，学习率为 0.3，动量项为 0.5，训练迭代次数为 10，微调迭代次数为 50，高斯核参数 σ 为 26.4。

除此之外，选用多项式核函数、幂指数核函数作为改进方法进行比较，其中多项式核参数 $b=0$，$d=1.2$，幂指核参数 $\sigma_1=30$。其准确率如图 11-6 所示，4 次试验的平均准确率与标准差如表 11-2 所示。其中网络参数以及设定的参数均经过多次试验确定。

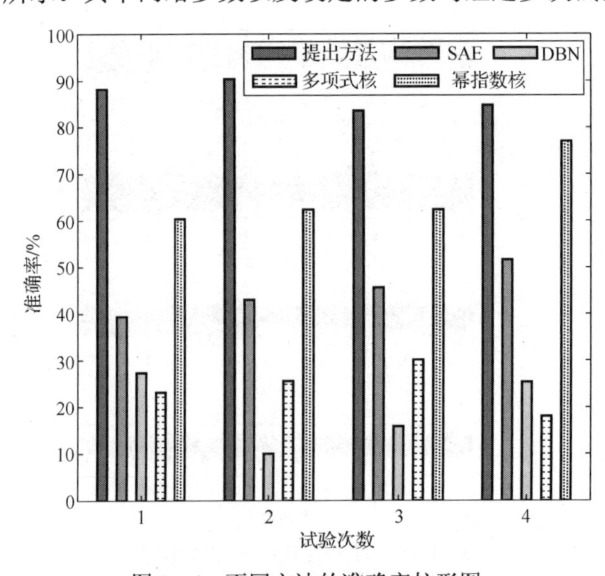

图 11-6　不同方法的准确率柱形图

由图 11-6 可以看出，提出方法在 4 次试验的诊断准确率为 83.6%～90.4%，说明提出的方法可以从原始信号中准确识别中介轴承在三种不同的工况下、四种不同的故障位置下的 10 种健康状态。而传统 SAE 的分类准确率平均在 50%以下，诊断准确率整体偏低。相同结构参数的 DBN 网络 4 次试验的准确率为 10%～27.4%，具有较差的分类准确度。结合表 11-2 的数据，提出的方法在 4 次试验中的标准差为 2.70%，而传统 SAE 的标准差为 4.45%，传统 DBN 为 7.09%，说明提出方法相较于以上两种方法具有更好的稳定性。以上结果可以表明，当以原始信号作为输入时，所提方法相对于传统深度学习方法可以获得更好的诊断准确率，并且稳定性更好。

当改进方法选用多项式核函数时，其分类准确率为 18%～30.2%，低于传统 SAE 方法。而选用幂指数核函数时，前 3 次试验准确率为 60%左右，而第 4 次试验准确率为 77%，高于传统 SAE，低于采用高斯核函数方法，且具有较大的波动性。以上结果说明，核函数的选择会很大地影响诊断结果。选择合适的核函数可以提高诊断准确率，选择不合适的核函数反而会降低诊断结果。综上，本文选用高斯核函数可以得到最好的效果。

表 11-2　试验诊断结果的平均值与标准差

中介轴承状态	准确率平均值/%	准确率标准差/%
提出方法	86.75	2.70
传统 SAE	44.90	4.45
传统 DBN	19.65	7.09
多项式核	24.25	4.40
幂指数核	65.55	6.66

为了验证所提方法的特征提取能力，利用主成分分析方法提取最后一层特征的前两个主成分，如图 11-7 所示。由图 11-7(a)可以看出，中介轴承同种类别状态很好地聚集在一起，聚类中心明显，不同类别状态则可以有效地分离开，因此可以获得接近 90%的准确率。而由图 11-7(b)可以看出，传统方法相同类别的特征分布范围较大，没有出现规律地聚集模式，并且不同类别的特征混叠在一起，无法进行有效识别，说明传统方法无法对原始信号提取出合适的特征。以上结果说明，当以原始信号作为输入时，由于原始信号中包含过多的杂乱信号与干扰信息，在有限次数迭代的条件下，传统 SAE 的特征提取能力较差。而由于核函数可以视为特征空间中相似性的一种度量，使得原始数据中不可分的信息获得了更好的表征方式，进而可以提取得到优良的状态特征，即所提方法的特征提取能力比传统深度学习方法更有优势。

进一步研究提出方法可以获得较高准确率的原因，分析传统 SAE、DBN 与提出方法的训练误差与迭代次数的关系，结果如图 11-8 所示。由图 11-8 可以看出，提出方法的训练误差在迭代 41 次时，训练误差已经低于 0.02，虽然随着迭代次数增加，训练误差有一定波动，但是最终收敛于 0。而传统 SAE 方法在 100 次迭代过程中，误差一直在降低却没有达到稳定状态；但是在迭代 30～100 次过程中，误差却只降低了 0.0726，说明传统 SAE 对原始信号特征不敏感，需要较大的迭代次数来降低训练误差。DBN 方法在迭代过程中基本保持稳定的误差，说明其过早地陷入局部最优状态，无法对原始信号进行分类诊断。

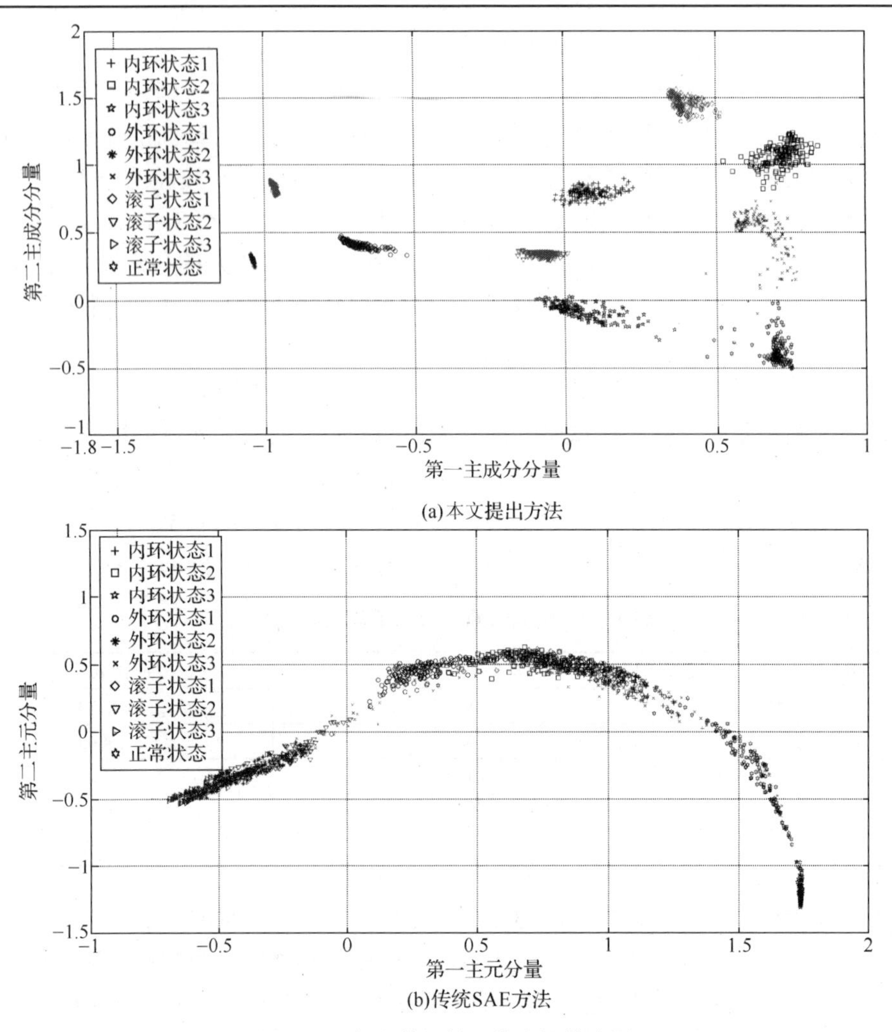

(a)本文提出方法

(b)传统SAE方法

图 11-7　提取特征的二维空间散点图

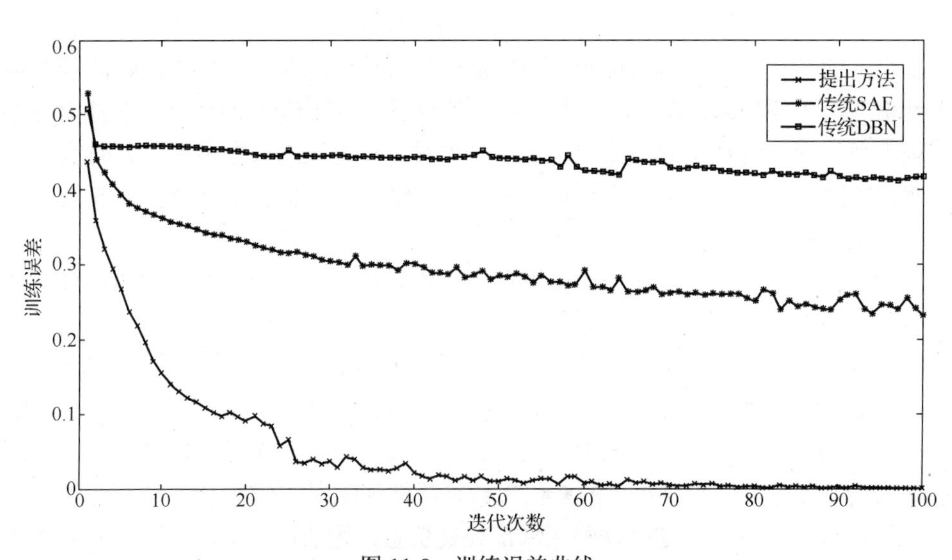

图 11-8　训练误差曲线

由以上结果可以得知，采用提出的方法可以在更少的迭代次数后获得更低的训练误差，并且结果稳定，相比传统 SAE 具有更好的性能。

综上所述，采用高斯核函数与深度自动编码网络的方法，可以提高传统 SAE 的适用范围，并且可以获得更高的准确率；提取特征的效果更好，聚类中心更加明显，具有良好的效果，并且需要更少的迭代次数。

参考文献

[1] WANG F T, LIU X F., LIU C F, LI H K, HAN Q K. Remaining Useful Life Prediction Method of Rolling Bearings Based on Pchip-EEMD-GM (1, 1) Model[J]. Shock & Vibration, 2018, 2018 (3) :1-10.

[2] KONAR P, CHATTOPADHYAY P. Bearing fault detection of induction motor using wavelet and Support Vector Machines (SVMs) [J]. Applied Soft Computing, 2011, 11 (6) :4203-4211.

[3] 王奉涛, 陈旭涛, 闫达文, 等. 流形模糊 C 均值方法及其在滚动轴承性能退化评估中的应用[J]. 机械工程学报, 2016, 52 (15) :59-64.

[4] SUN W, SHAO S, ZHAO R, et al. A sparse auto-encoder-based deep neural network approach for induction motor faults classification[J]. Measurement, 2016 (89) :171-178.

[5] 敦泊森, 柳晨曦, 王奉涛. 基于稀疏自动编码器与 FA-KELM 的滚动轴承故障诊断[J]. 噪声与振动控制, 2018.

[6] JIA F, LEI Y, LIN J, et al. Deep neural networks: A promising tool for fault characteristic mining and intelligent diagnosis of rotating machinery with massive data[J]. Mechanical Systems & Signal Processing, 2016 (72-73) :303-315.

[7] SHAO H, JIANG H, ZHAO H. An enhancement deep feature fusion method for rotating machinery fault diagnosis[J]. Knowledge-Based Systems, 2016, 119(1): 200-220.

[8] CHEN Z, LI W. Multisensor Feature Fusion for Bearing Fault Diagnosis Using Sparse Autoencoder and Deep Belief Network[J]. IEEE Transactions on Instrumentation & Measurement, 2017, 66 (7) :1693-1702.

[9] WANG F T, LIU X F., LIU C F, LI H K, HAN Q K. An Enhancement Deep Feature Extraction Method for Bearing Fault Diagnosis Based on Kernel Function and Autoencoder[J]. Shock and Vibration, 2018:1-12.

第四部分　寿命预测

第 12 章　流形和模糊聚类轴承性能退化监测

滚动轴承全寿命性能退化监测是设备主动维修技术的重要组成部分，对轴承性能进行有效地监测和评估可以避免突发事故，最大程度地降低损失。但基于单特征或线性多特征的性能监测方法难以体现滚动轴承性能退化的本质规律。为此，本章提出一种基于流形和模糊聚类的性能退化监测方法。该方法利用小波包时域、频域、时频域高维故障特征的低维流形特征结合模糊聚类方法，建立滚动轴承性能退化评估模型，对轴承全寿命周期的性能进行监测。经仿真和实践证明，本文方法能克服单特征及线性多特征监测模型的不合理性，有效体现滚动轴承性能退化过程的四个阶段，揭示轴承全寿命性能退化过程的本质规律。

对滚动轴承进行主动维修可以有效避免突发故障的发生，最大程度地减少生命财产损失。滚动轴承的主动维修是以故障预知为前提的，而故障预知的关键是对轴承性能进行有效的监测[1]。轴承性能退化监测面临两个问题：信号特征分析、特征模式识别。信号特征主要分为三类：时域、频域、时频域特征。时域特征对早期故障较敏感，但随着故障程度不断提高，会出现饱和现象，变化趋势不再明显。频域特征能反映信号中高频瞬变周期性成分，但其以快速傅里叶变换为基础，将瞬变的非平稳信号整体平均，无法表现非平稳信号的特点。时频域特征能有效描述非平稳信号的时变特性，但其也不同程度存在冗余成分。有研究表明，每种特征只对特定阶段的特定故障敏感，因而时域、频域、时频域特征不能单独刻画轴承性能，应综合时域、频域、时频域特征描述轴承性能。但如何从众多特征中选取敏感特征作为模式识别系统的输入是一个困难的问题。流形学习[2]是一种非线性降维方法，能克服线性降维方法的不足，有效实现多特征信息间的非线性融合及降维，可应用流形学习提取多特征的敏感特征作为模式识别的对象。

轴承性能退化是一个高度随机过程，如何通过敏感特征评价滚动轴承性能是另一个重要问题。为了解决这个问题，一些性能退化评估方法相继被提出。如基于小脑模型神经网络、自组织特征图神经网络[3]、隐马尔可夫模型[4]、支持向量数据描述(SVDD)[5]的评估方法。但小脑模型神经网络的评估结果受多个人为设定参数的影响较大，自组织特征图神经网络和隐马尔可夫模型的评估结果不能直观反映轴承性能的具体退化程度，而 SVDD 模型不能很好处理不同工况下的多状态特征。为此，本章提出一种基于流形的模糊聚类滚动轴承性能退化监测方法[6]。利用小波包流形特征的模糊聚类模型对滚动轴承性能进行监测，有效反映滚动轴承全寿命周期性能退化规律。与基于线性多特征的监测结果相比，本方法结果能有效预知滚动轴承早期故障，准确体现滚动轴承各部件性能退化的本质规律。实际轴承状态监测数据验证了本文方法的有效性和可靠性。

12.1 理论基础

12.1.1 模糊C均值聚类

在众多模糊聚类分析建模方法中，模糊C均值聚类(FCM)是一种具有很强代表性及灵敏性的方法，被应用在各个领域。本文采用模糊C均值聚类模型对本征流形特征进行建模评估，这里首先对模糊C均值聚类建模的过程作以下介绍。

设高维样本特征集 $\boldsymbol{X}=\{\boldsymbol{x}_1,\boldsymbol{x}_2,\boldsymbol{x}_3,\cdots,\boldsymbol{x}_n\}$ ，$\boldsymbol{x}_i\in\mathbf{R}^s$ 是 S 维特征空间 $\mathbf{R}^s$ 的一个有限子集。假设该子空间 $\boldsymbol{X}$ 需要被分为 k 类，则FCM建模的目的就是获得每类数据样本的聚类中心 $\{\boldsymbol{c}_1,\boldsymbol{c}_2,\cdots,\boldsymbol{c}_k\}$ ，$\boldsymbol{c}_i\in\mathbf{R}^s$ ，$2\leqslant k\leqslant n$ 。聚类中心可以通过最小化误差平方和目标函数获得。

$$\begin{cases} J_m(U,V)=\sum_{r=1}^{n}\sum_{i=1}^{k}u_{ir}^m\left\|\boldsymbol{x}_r-\boldsymbol{c}_i\right\|^2 & m\in[1,\infty) \\ \sum_{i=1}^{k}u_{ir}=1, & 1\leqslant r\leqslant n \\ 0<\sum_{r=1}^{n}u_{ir}<n, & 1\leqslant i\leqslant k \\ 0\leqslant u_{ir}\leqslant 1, & 1\leqslant i\leqslant k,1\leqslant r\leqslant n \end{cases} \tag{12-1}$$

式中，m 表示模糊加权控制指数，也叫平滑参数，是用来控制分类矩阵的模糊程度的，其经验取值范围为 $[1,1.5]$ ，其取值越大，分类矩阵的模糊程度越高；u_{ir} 是样本 x_i 相对于第 r 类的隶属度；$d_{ir}=\|\boldsymbol{x}_r-\boldsymbol{c}_r\|^2$ 代表样本 $\boldsymbol{x}_r$ 与聚类中心 $\boldsymbol{c}_r$ 之间的距离。假设 $d_{ir}=0$ 成立，对于 $\forall n$ ，可以定义一类样本集合 I_n 和其补集 $\overline{I_n}$ 为

$$I_n=\{i\,|\,1\leqslant i\leqslant k,d_{ir}=0\} \tag{12-2}$$

$$\overline{I_n}=\{1,2,\cdots,k\}-I_n \tag{12-3}$$

通过迭代优化，可以得到分离矩阵 $\boldsymbol{U}$ 和聚类中心矩阵 $\boldsymbol{V}$ 。对于任意测试样本 z ，其对于类别 $1\leqslant i\leqslant k$ 的隶属度值为

$$u_{iz}=\begin{cases} \dfrac{1}{\sum_{r=1}^{k}(d_{\mathrm{iz}}/d_{rz})^{2/(m-1)}} & I_z=\varPhi \\ 0 & \forall i\in\overline{I_z} \\ 1 & \forall i\in\overline{I_z}\neq\varPhi \end{cases} \tag{12-4}$$

12.1.2 LLE流形算法

局部线性嵌入算法(locally linear embedding,LLE)在数据整体非线性的前提下假定局

部意义下的数据结构是线性的，它是一种依靠局部线性来逼近整体非线性的流形算法。算法在保持局部几何特性不变的条件下，将局部邻域相互重叠以提供高维数据降维后的整体特性信息。

LLE 算法是把高维数据集合 $\boldsymbol{A}=\{\boldsymbol{a}_1,\boldsymbol{a}_2,\cdots,\boldsymbol{a}_n\}$， $\boldsymbol{a}_i\in\mathbf{R}^D$ 映射到低维数据集合 $\boldsymbol{B}=\{\boldsymbol{b}_1,\boldsymbol{b}_2,\cdots,\boldsymbol{b}_n\}$， $\boldsymbol{b}_i\in\mathbf{R}^D(D>d)$。其算法步骤主要分为 3 步。

(1) 计算高维数据空间中每个样本点 $\boldsymbol{a}_i(i=1,2,\cdots,n)$ 与其他 $n-1$ 个样本点之间的距离。依据样本点相互之间距离的大小，选取前 K 个和 $\boldsymbol{a}_i(i=1,2,\cdots,n)$ 距离最近的点作为其邻域。其中两点之间距离的度量标准采用欧式距离，即 $d_{ij}=\|\boldsymbol{a}_i-\boldsymbol{a}_j\|$。

(2) 分别计算高维数据空间中每个样本点 $\boldsymbol{a}_i(i=1,2,\cdots,3)$ 与其 K 个邻近点之间的权值 $w_j^{(i)}$，即最小化：

$$G(\boldsymbol{w})=\min\sum_{i=1}^{n}\left\|\boldsymbol{a}_i-\sum_{j=1}^{K}w_j^{(i)}\boldsymbol{a}_j\right\|^2 \tag{12-5}$$

式中，$\sum_{j=1}^{k}w_j^{(i)}=1$；若 $\boldsymbol{a}_j(i=1,2,\cdots,3)$ 不是 $\boldsymbol{a}_i(i=1,2,\cdots,3)$ 的近邻，则 $w_j^{(i)}=0$。

(3) 利用高维样本点 $\boldsymbol{a}_i(i=1,2,\cdots,3)$ 与邻域样本点 $\boldsymbol{a}_j(i=1,2,\cdots,3)$ 之间的权值 $w_j^{(i)}$ 来计算低维嵌入空间样本点 $\boldsymbol{b}_i$ 和 $\boldsymbol{b}_j$。为了能够使权值 $w_j^{(i)}$ 所代表的高维空间局部线性特性能够在低维空间中最大程度地得以保留，所以将权值 $w_j^{(i)}$ 加以固定。在低维空间中使损失函数取值最小化，即

$$L(\boldsymbol{B})=\min\sum_{i=1}^{n}\left\|\boldsymbol{b}_i-\sum_{j=1}^{K}w_j^{(i)}\boldsymbol{b}_j\right\|^2=\mathrm{tr}(\boldsymbol{B}^{\mathrm{T}}\boldsymbol{M}\boldsymbol{B}) \tag{12-6}$$

式中，$\boldsymbol{M}=(\boldsymbol{I}-\boldsymbol{W})^{\mathrm{T}}(\boldsymbol{I}-\boldsymbol{W})$，$\boldsymbol{I}$ 为单位矩阵。

为了使 $L(\boldsymbol{B})$ 能够对平移、旋转和伸缩变化都保持不变，式(12-6)应满足两个约束条件，即

$$\sum_{i=1}^{n}\boldsymbol{b}_i=0，\quad \frac{1}{n}\sum_{i=1}^{n}\boldsymbol{b}_i\boldsymbol{b}_i^{\mathrm{T}}=1$$

矩阵 $\boldsymbol{M}$ 的前 $d+1$ 个最小非零特征值所对应的特征向量即为 $L(\boldsymbol{B})$ 取得最小值的解。将其中对应最小特征值的特征向量去除，剩余的 d 个特征向量所组成的矩阵 $\boldsymbol{B}$ 就是低维空间中的特征向量。

12.2　流形和模糊聚类轴承性能退化监测

12.2.1　监测方法的流程及步骤

由于滚动轴承的性能特征存在冗余和干扰，因此利用多特征对滚动轴承性能进行监测时，需要从高维性能特征中提取反应轴承性能的低维本质特征。但低维本质特征是一种多

维特征量，无法直接评估轴承的性能。为了解决上述问题，本文提出一种基于流形和模糊聚类的性能监测方法。本方法的具体流程如图 12-1 所示。

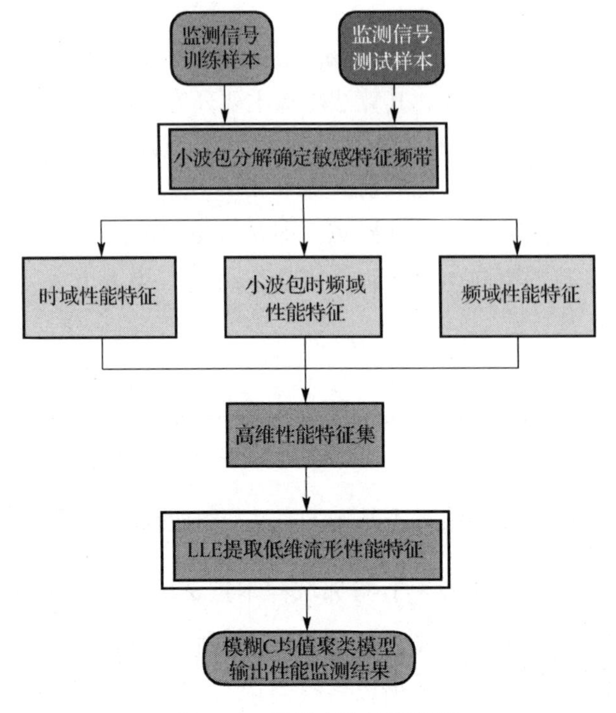

图 12-1　监测方法的流程图

该方法的具体具体步骤如下：

(1) 小波包性能特征提取：对训练样本(正常状态信号和最后损毁阶段的故障信号)进行 3 层小波包分解以确定信号的敏感频带，分别提取各自敏感频带的时域、频域及小波包时频域故障特征，组成一个高维故障特征集。

(2) 在本征流形特征提取：确定高维故障特征集的本征维数，应用 LLE 算法提取高维特征集的低维本征流形特征。

(3) 建立滚动轴承性能评估模型：利用模糊 C 均值聚类方法得到正常状态信号和最后损毁状态信号的聚类中心 ，各样本相对正常状态样本的隶属度值 *DI* 可按式(12-4)计算。

(4) 滚动轴承性能退化监测：对于须评估性能的监测样本，经小波包分解确定敏感频带后提取故障特征，与(1)中训练样本特征组成高维特征集，通过步骤(2)～(3)可得样本 t 相对正常状态的隶属度值 *DI* 。*DI* 的大小直接反映样本 t 性能退化的程度。

12.2.2　监测方法的关键问题分析

1．轴承性能特征提取

小波包优良的频带划分特性在故障诊断领域中也发挥着重要的作用。当滚动轴承发生故障时，由故障缺陷所引起的冲击信号中含有大量隐含故障特征的高频成分。应用小波包方法可以将轴承故障信号精细划分为更多包含故障信息的子带信号，进而能够有效衡量滚动轴承故障的严重程度。

1) 时域特征

对于滚动轴承故障信号而言，时域故障特征的生成就是在时域中提取对冲击敏感的统计参数。对冲击敏感的时域统计参数主要有均方根值(root mean square，RMS)、峭度(kurtosis)、偏斜度(skewness)、波峰因子(crest factor)、峰峰值(peak-peak，P-P)、脉冲因子(impulse factor)、边缘因子(margin factor)、波形因子(waveform factor)、时域信息熵 H_t。

2) 频域特征

主要频域特征参数有总功率谱和 G_t、莱斯频率 f_x、频率重心 f_c (也就是将频率看成时序，求重心)、频率方差 V_f、谐波指标 H、均方频率 MSF、频域信息熵 H_f。

3) 小波包时频幅度谱特征

小波包分解的结果一般是小波包系数，时频信息相对较弱。为了增强小波包变换的时频信息，有效提取不同状态下轴承性能特征，将小波包与短时傅里叶变换相结合得到小波包时频谱。在此基础之上，以小波包时频谱为特征提取研究对象，提取轴承时频性能特征。

设信号 $s(t)$ 在尺度 j 上对应于小波包函数 $u_n(t)$ 的小波包重构信号分量为 $s_n^{(j)}(t)$，则 $s(t)$ 在尺度 j 上的小波包时频分量定义为

$$\begin{aligned} WPS_n^{(j)}(\tau,f) &= \int_R u_n^{[j,0]}(t-\tau)s_n^{(j)}(t)\mathrm{e}^{-j2\pi ft}\mathrm{d}t \\ &= 2^{-j/2}\int_R u_n[2^{-j}(t-\tau)]s_n^{(j)}(t)\mathrm{e}^{-j2\pi ft}\mathrm{d}t \end{aligned} \tag{12-7}$$

其中

$$u_n^{[j,r]}(t) = 2^{-j/2}u_n(2^{-j}t-r) \qquad (j,r \in Z)$$

为 $u_n(t)$ 在尺度 j、平移位置 r 上的小波包基函数，而

$$s_n^{(j)}(t) = \sum_r W_n^s(j,r)u_n^{[j,r]}(t) = 2^{-j/2}\sum_r W_n^s u_n\left(2^{-j}t-r\right) \tag{12-8}$$

$$W_n^s(j,r) = \left\langle s(t), u_n^{[j,r]}(t)\right\rangle = 2^{-j/2}\int_R s(t)\overline{u_n(2^{-j}t-r)}\,\mathrm{d}t \tag{12-9}$$

则称 $\left|WPS_n^{(j)}(\tau,f)\right|$ 为信号对应尺度 j 的小波包时频分量幅度谱。

若信号 $s(t)$ 在尺度 j (对应于小波包分解树结构的第 k 层)上的小波包时频分量幅度谱分别为 $WPS_0^{(j)}(\tau,f), WPS_1^{(j)}(\tau,f), \cdots, WPS_{2^{k-1}}^{(j)}(\tau,f)$，并定义信号在尺度 j 上的小波包时频谱为

$$WPS^{(j)}(\tau,f) = \sum_{n=0}^{2^{k-1}} WPS_n^{(j)}(\tau,f) \tag{12-10}$$

称 $\left|WPS^{(j)}(\tau,f)\right|$ 为尺度 j 上信号的小波包时频幅度谱。

2. 特征标准化

在实际问题中，不同的变量往往具有不同的量纲，由于不同的量纲会引起各变量取值的分散程度差异较大，这时变量的总方差则主要受方差较大的变量控制。若由原变量出发进行流形分析，则可能会照顾方差较大的变量，这不但会给流形特征的解释带来困难，有时还会造成不合理的结果。为了消除原特征变量彼此方差差异过大的影响，通常将原特征变量进行标准化再提取本征流形特征。

对于 $\boldsymbol{X}=(\boldsymbol{X}_1,\boldsymbol{X}_2,\cdots,\boldsymbol{X}_p)^{\mathrm{T}}$，设 $\boldsymbol{u}_k=E(\boldsymbol{X}_k)$，$\sigma_{kk}=\mathrm{Var}(\boldsymbol{X}_k)$，$k=1,2,\cdots,p$，则其标准化变量为

$$\boldsymbol{X}_k^*=\frac{\boldsymbol{X}_k-\boldsymbol{u}_k}{\sqrt{\sigma_{kk}}},\quad k=1,2,\cdots,p \tag{12-11}$$

这时，对于一切 $1\leqslant k\leqslant p$，均有 $\mathrm{Var}(\boldsymbol{X}_k^*)=1$。则标准化后的高维特征集为

$$\boldsymbol{X}^*=(\boldsymbol{X}_1^*,\boldsymbol{X}_2^*,\cdots,\boldsymbol{X}_p^*)^{\mathrm{T}} \tag{12-12}$$

3. 流形本征维数估计的算法原理

流形学习的目的是从高维数据中发现其内部存在的反应其本质特征的低维流形。低维流形嵌入可以通过对高维数据空间中的样本点进行流形学习而获得。学习过程中一个很重要的问题就是确定高维数据局部低维流形嵌入的维数即流形本征维数，不同的数据分布会带来不同的流形本征维数。流形本征维数是流形学习过程中的重要参数，其直接决定低维流形特征的维数。

设 M 为 $\mathbf{R}^d$ 一个给定的光滑低维流形，$\boldsymbol{\chi}_n=\{\boldsymbol{x}_1,\cdots,\boldsymbol{x}_n\}$ 是流形 M 上独立的向量组，则流形 M 上任一点 $\boldsymbol{x}_i$ 在 $\boldsymbol{\chi}_n$ 中的 k 个最邻近点定义为

$$\arg\min_{x\in\boldsymbol{\chi}_n\backslash\{x_i\}} d(x,x_i) \tag{12-13}$$

式中，$d(\boldsymbol{x},\boldsymbol{x}_i)=\|\boldsymbol{x}-\boldsymbol{x}_i\|_2$。令 $N_{k,i}=N_{k,i}(\boldsymbol{\chi}_n)$ 为 $\boldsymbol{\chi}_n$ 中所有采样点 $\boldsymbol{x}_i$ 的 k 个最邻近点的集合。则 $\boldsymbol{\chi}_n$ 中所有点的 k-邻近图(k-nearest neighbors,K-NN)的总边长长度 $L_{\gamma,k}(\boldsymbol{\chi}_n)$ 为

$$L_{\gamma,k}(\boldsymbol{\chi}_n)=\sum_{i=1}^{n}\sum_{y\in N_{k,i}} d(\boldsymbol{x},\boldsymbol{x}_i)^{\gamma} \tag{12-14}$$

可知，$L_{\gamma,k}(\boldsymbol{\chi}_n)$ 满足下列极限关系：

$$\lim_{n\to\infty}\frac{L_{\gamma,k}(\boldsymbol{\chi}_n)}{n^{(d'-\gamma)/d}}=\begin{cases}\infty & d'<m\\ \beta_{m,\gamma,k}\int_M f^{\alpha}(\boldsymbol{x})\mu_g\mathrm{d}\boldsymbol{x} & d'=m\\ 0 & d'>m\end{cases} \tag{12-15}$$

式中，$\beta_{m,\gamma,k}$ 是常数，常数 $\beta_{\hat{m},\gamma,k}$ 可以通过蒙特卡罗方法对随机采样样本的单位立方体 K-NN 长度模拟确定。衡量式(12-15)极限值大小的物理量为流形 M 的本征熵，即

$$H_{\alpha}^{(M,g)}(f)=\frac{1}{\alpha}\log\int_{M}f^{\alpha}(\boldsymbol{x})\mu_{g}\mathrm{d}\boldsymbol{x} \tag{12-16}$$

式(12-16)中所采用的积分为勒贝格积分(Lebesgue ntegral)，其中 μ_g 为流形 M 的勒贝格测度。由文献[7]可知，$\boldsymbol{\chi}_n$ 的 K-NN 图总长度 $L_{\gamma,k}(\boldsymbol{\chi}_n)$ 流形的固有维数 m 满足以下关系式：

$$\log L_{\gamma,k}=a\log n+b+\varepsilon_{n} \tag{12-17}$$

其中

$$a=(m-\gamma)/m \tag{12-18}$$

$$b=\log\beta_{m,\gamma,k}+\gamma/mH_{\alpha}^{(M,g)}(f) \tag{12-19}$$

使用 Bootstrap 模拟取样法从数据集 $\boldsymbol{\chi}_n$ 中随机抽取 N 个 $\boldsymbol{x}_p^j$，$j=1,\cdots,N$。用这些采样点可以计算出 K-NN 长度函数 $L_{\gamma,k}(\boldsymbol{\chi}_n)$ 的经验平均值 $\overline{L_p}=N^{-1}\sum_{j=1}^{N}L_{\gamma,k}(\boldsymbol{x}_p^j)$。定义 $\bar{\boldsymbol{l}}=\left[\log\overline{L_{p1}},\cdots,\log\overline{L_{pQ}}\right]^{\mathrm{T}}$，写成向量形式为

$$\bar{\boldsymbol{l}}=\boldsymbol{A}^{\mathrm{T}}\begin{bmatrix}a\\b\end{bmatrix}+\boldsymbol{\varepsilon} \tag{12-20}$$

式中 $\boldsymbol{A}=\begin{bmatrix}\log p_1 & \cdots & \log p_Q\\ 1 & \cdots & 1\end{bmatrix}$。对式(12-18)、式(12-19)采用矩阵方法求出 a、b 的最小线性二乘估计值 $\hat{a}$、$\hat{b}$，将 $\hat{a}$、$\hat{b}$ 代入式(12-18)、式(12-19)便可得到流形本征维数估计 $\hat{m}$。

$$\hat{m}=\mathrm{round}\{\gamma/(1-\hat{a})\} \tag{12-21}$$

12.3 仿 真 验 证

12.3.1 滚动轴承性能特征提取

1. 特征敏感频带的确定

为了验证本文方法的有效性，以滚动轴承内环为例，从美国 Case Western Reserve University 大学轴承故障信号库中选取具有 0.007in、0.014in、0.021in 单点故障的内环信号各 30 个，分别模拟内环性能退化的不同阶段(图 12-2)：轻度损伤、中度损伤和重度损伤。另取 30 个正常信号一起组成含 120 个样本的数据集，利用本文提出的方法监测数据集样本的性能状态。滚动轴承为 SKF5205-2RSJEM 深沟球轴承，负荷为 0hp，振动信号采样长度为 4K，采样频率为 12000Hz。由于原轴承故障信号库中信号数量所限，无法直接获得 30 组相同故障状态的信号，因此应用 Bootstrap 重采样原理对已知故障状态的信号特征进行重采样以解决故障样本较少的问题。

使用3层小波包分解，将4个处于不同性能退化阶段的内环信号分解为8个小波包子带。按能量最大原则分别选取正常信号的子带2，轻度、中度、重度损伤信号的子带7作为特征频带。将特征频带小波包系数重构可得对应的特征频带信号，提取这些特征频带信号的时域、频域特征及小波包时频域特征。

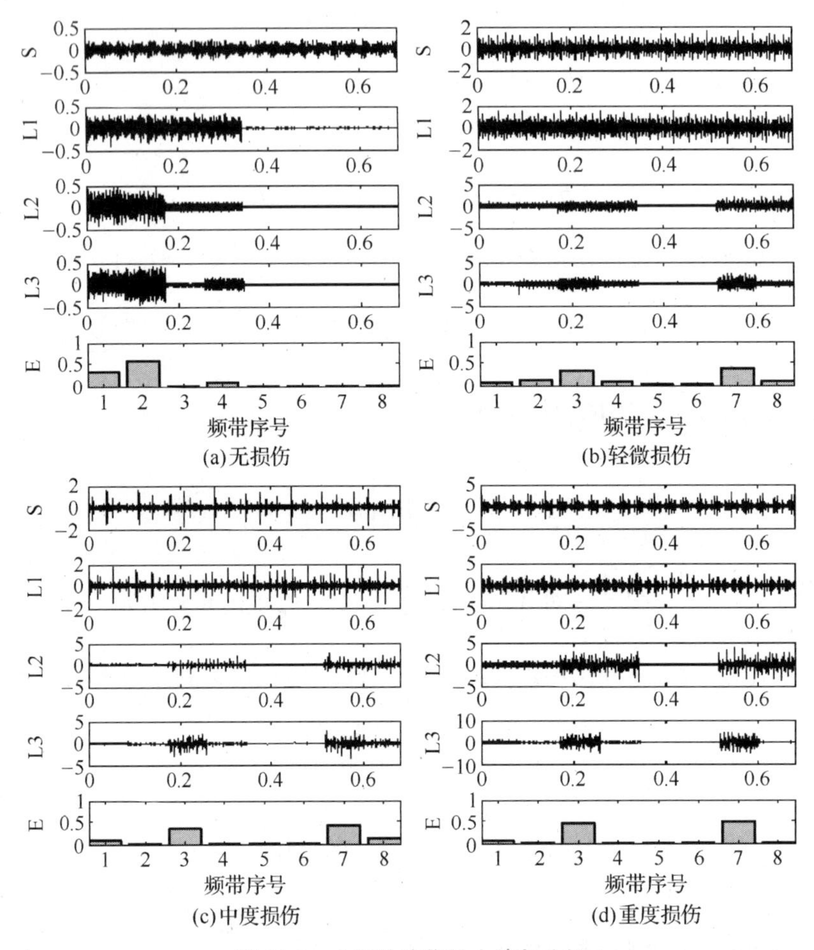

图 12-2　内环故障信号小波包分解

2. 时域、频域性能特征

正常、轻度、中度、重度损伤阶段，内环特征频带信号的时域波形及包络谱如图12-3所示。分别提取时域特征：均方根值、峭度、偏斜度(skewness)、波峰因子(crest factor)、峰峰值(peak-peak，P-P)、脉冲因子、边缘因子(margin factor)、波形因子(waveform factor)、时域信息熵H_t。提取频域特征：总功率谱和G_t、莱斯频率f_x、频率重心f_c、频率方差V_f、谐波指标H、均方频率MSF、频域信息熵H_f。将它们作为性能特征，每个信号可提取16个时、频域特征。上述特征的具体定义见表12-1。

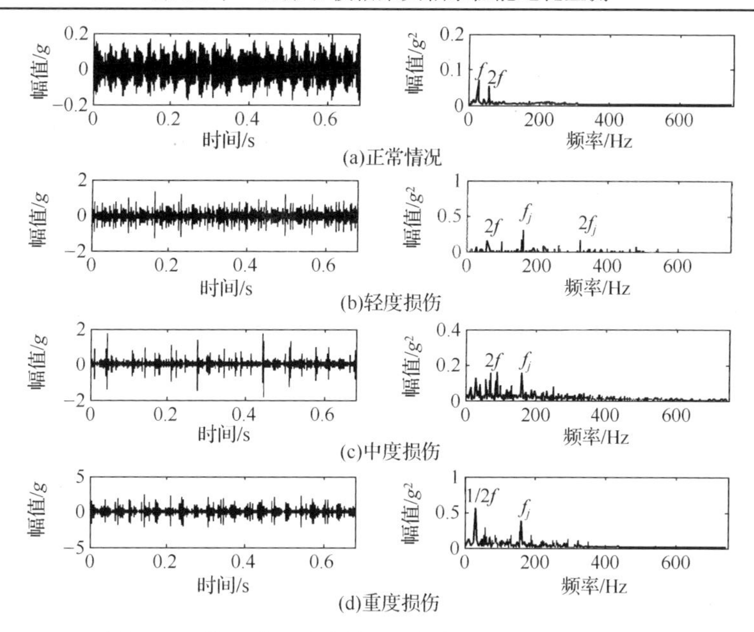

图 12-3　轴承外环故障特征频带信号的时域、包络谱

表 12-1　时、频域特征的具体定义

特征序号	特征计算公式	特征序号	特征计算公式
1	$\mathrm{RMS}=\left[\frac{1}{N}\sum_{i=0}^{N-1}(x_i-\bar{x})\right]^{1/2}$	9	$H_t=-\sum_{i=1}^{M}p_i\log p_i$
2	$\mathrm{Kurtosis}=\frac{1}{N}\sum_{i=0}^{N-1}(x_i-\bar{x})^4\Big/\sigma$	10	$G_t=\int_f s(f)\,\mathrm{d}f$
3	$\mathrm{Skewness}=\frac{1}{N}\sum_{i=0}^{N-1}(x_i-\bar{x})^3\Big/\sigma^3$	11	$f_x=\frac{1}{2\pi}\sqrt{\frac{\int_t s^2(f)\mathrm{d}f}{G_t}}=\frac{1}{2\pi}\sqrt{\frac{\frac{1}{N}\sum G_i^2}{G_t}}$
4	$\text{Crest factor}=\frac{\max\lvert x_i\rvert}{RMS}$	12	$F_c=\int_0^\infty fs^2(f)\mathrm{d}f\Big/G_t=\frac{1}{N}\sum(G_i-F_c)^2$
5	$P-P=x_{\max}-x_{\min}$	13	$V_f=\int_0^\infty(f-F_c)^2s(f)\mathrm{d}f\Big/G_t=\frac{1}{N-1}\sum(G_i-F_c)^2$
6	$\text{Impluse factor}=\frac{\max\lvert x_i\rvert}{\frac{1}{n}\sum_{i=0}^{N-1}\lvert x_i\rvert}$	14	$H=f_x\Big/f\int_x$
7	$\text{Margin factor}=\frac{\max\lvert x_i\rvert}{\left(\frac{1}{n}\sum_{i=0}^{N-1}\lvert x_i\rvert^{1/2}\right)^2}$	15	$\mathrm{MSF}=\int_0^\infty f^2s(f)\mathrm{d}f\Big/G_t$
8	$\text{Waveform factor}=\frac{RMS}{\bar{x}}$	16	$H_f=-\sum_{i=0}^{N}q_i\log q_i$

3. 小波包时频特征

正常、轻度、中度、重度阶段内环信号的小波包时频幅度谱如图 12-4 所示。由图 12-4 可知，在小波包时频幅度谱中，内环正常信号的能量都集中在 0～2400Hz 低频区域。在内环轻度损伤阶段，信号能量开始向 2400～4800Hz 中间频率区域转移；能量在 2400Hz 以下

的低频区域也有少量的分布。随着损伤程度的加深，信号的能量逐渐集中于2400～4800Hz的中高频区域，在2400Hz以下的低频段也有极少量的分布，此时在时频面上，信号的冲击成分比较明显。在重度损伤时，信号能量主要分布在2400～3500Hz的中间频段，相对于中度损伤阶段强度有所增加，在2400Hz以下的低频区域也有少量分布。小波包时频能量分布规律可以从图12-2(a)～(d)中的频带能量分布中得到印证，不过其中有所不同的是，小波包时频分布在考虑能量随时间t变化情况的同时体现了能量的频率分布规律。因此，小波包时频幅度谱体现的轴承性能特征要优于小波包频带能量谱。

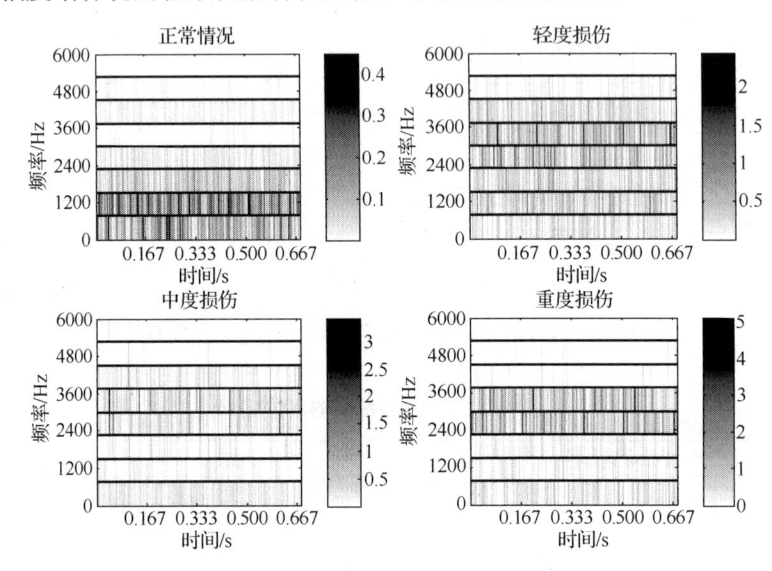

图12-4　不同损伤程度内环故障信号的小波包时频幅度谱

分别提取120个样本的小波包时频幅度谱特征作为轴承的性能特征，每个信号共可提取6个小波包时频域特征。特征的具体定义见表12-2。

表12-2　小波包时频幅度谱特征的具体定义

特征序号	小波包时频域特征名称	小波包时频域特征计算公式
1	小波包时频幅度谱时域重心 $\overline{\text{Time}}$	$\overline{\text{Time}} = M_T / E$
2	小波包时频幅度谱频域重心 $\overline{\text{Fre}}$	$\overline{\text{Fre}} = M_F / A$
3	小波包时频幅度谱能量重心 $\overline{E}$	$\overline{E} = E / M \times N$
4	时频图的信息熵 HSE	$\text{HSE}(m,n) = -\sum_{m=1}^{M}\sum_{n=1}^{N}\text{HSE}(m,n)\ln\text{HSG}(m,n)$
5	小波包时频边缘信息熵 HSE_m	$\text{HSE}_m = -\sum_{n=1}^{N} PG_{Tm}(m)\ln PG_{Tm}(m)$
6	小波包时频边缘信息熵 HSE_m	$\text{HSE}_m = -\sum_{n=1}^{N} PG_{Fn}(n)\ln PG_{Fn}(n)$

注：$\text{PG}_{Tm}(m) = \sum_{n=1}^{N}\text{HSG}(m,n)$，$\text{PG}_{Fn}(m) = \sum_{m=1}^{M}\text{HSG}(m,n)$。

12.3.2　流形特征的本征维数

对由 120 个信号样本的时域、频域、时频域性能特征组成的 22×120 高维性能特征集进行 30 次本征维数估计，结果如图 12-5(a)所示。由图 12-5(a)可知高维故障特征集的本征维数估计值主要以 12 为中心，在区间[11.5,12.5]之间摆动，少部分值在区间[12.5,13.5]间浮动。本征维数在两个区间内出现次数的估计直方图如图 12-5(b)所示，由图可知本征维数在以 12 为中心，以 1 为半径的区间内出现的次数占绝对优势，因此有理由可以认为高维性能特征集的流形本征维数为 12。

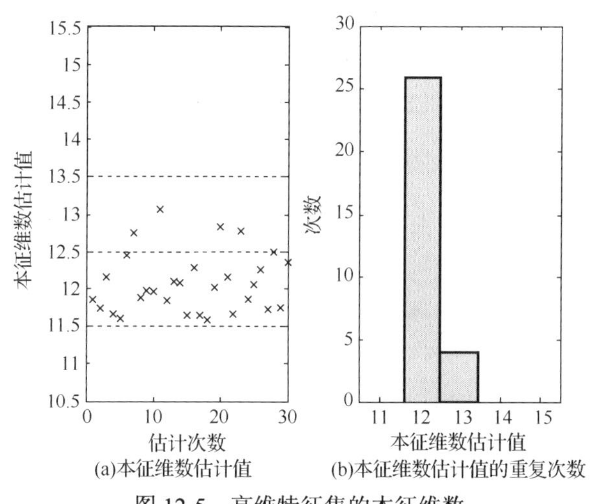

(a)本征维数估计值　　(b)本征维数估计值的重复次数

图 12-5　高维特征集的本征维数

12.3.3　流形特征的性能讨论

在确定了内环性能特征的本征维数后，应用 LLE 流形算法提取反映高维性能特征集本质的低维流形特征。取内环正常、轻度损伤、中度损伤、重度损伤信号流形特征的前两个元素 LLE1、LLE2 分别作为横坐标、纵坐标，四类信号样本在二维平面的分布如图 12-6(a)所示。为了比较，应用主分量(PCA)方法提取每个信号高维特征的主分量特征，取主分量特征的前两个元素 PCA1 和 PCA2 作为横、纵坐标，这时四类信号在二维平面的分布如图 12-6(b)所示。其中圆圈代表内环正常信号、三角代表内环轻度损伤信号、十字代表内环中度损伤信号、米字代表内环重度损伤信号。

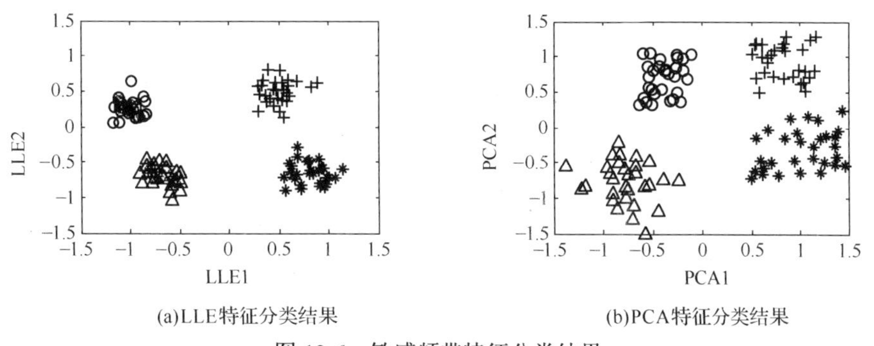

(a)LLE特征分类结果　　(b)PCA特征分类结果

图 12-6　敏感频带特征分类结果

由图 12-6(a)可知，LLE1、LLE2 能有效区分四种损伤程度的内环信号样本。同种损伤程度信号样本都在聚类中心周围，不同损伤程度信号样本无交叉重叠。在图 12-6(b)中，PCA1 和 PCA2 虽然也能区分不同损伤程度的内环信号样本，但是同类损伤程度样本的类内聚集性较差。PCA 是一种以方差最小化为目标，忽略高维性能特征集局部特性的线性特征提取方法。PCA1 和 PCA2 不能有效体现不同损伤程度内环信号的差异。LLE 流形算法在提取高维特征的低维流形特征时，去除冗余的同时还保留了高维特征的局部特性，因此 LLE1、LLE2 能有效体现出不同损伤程度内环信号的差异。

直接计算 120 个样本信号的时域、频域以及小波包时频域故障特征而不进行敏感频带划分。应用 LLE 流形算法及 PCA 方法提取其低维特征，则四类内环信号的结果如图 12-7 所示。由图 12-7 可知，流形特征的分类能力同样要优于 PCA 特征。由于没有进行敏感频带提取，与图 12-6 结果相比，图 12-7 的分类结果要差一些。

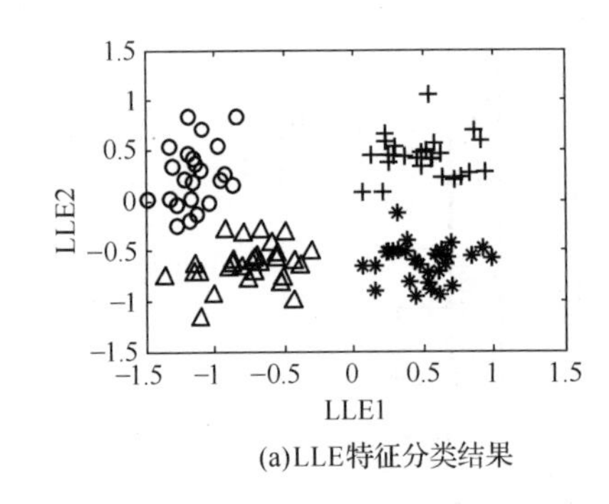

(a)LLE特征分类结果

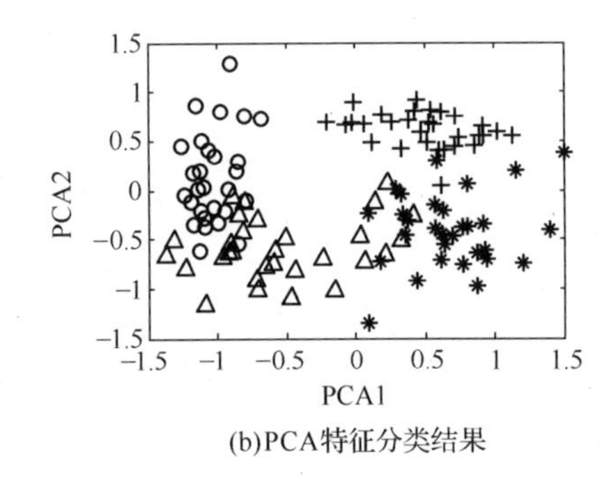

(b)PCA特征分类结果

图 12-7　信号特征分类结果

在比较了流形和 PCA 特征两个重要元素差异的基础上，可用不同类信号特征间的欧式距离来评估该特征全部元素的性能。设两特征 $\boldsymbol{x}=\{x_1,x_2,\cdots,x_3\}^{\mathrm{T}}$，$\boldsymbol{z}=\{z_1,z_2,\cdots,z_3\}^{\mathrm{T}}$，则 $\boldsymbol{x}$ 与 $\boldsymbol{z}$ 之间的欧式距离定义为

$$D=\|\boldsymbol{x}-\boldsymbol{z}\|=\sqrt{(x_1-z_1)^2+\cdots+(x_n-z_n)^2} \tag{12-22}$$

为了消除模式特征分量的量纲对 D 的影响，须对特征数据进行规一化处理。

在图 12-8 中，序号 1～30 是内环正常样本，31～60 是内环轻度损伤样本，61～90 是内环中度损伤样本，91～120 是内环重度损伤样本。图 12-9(a)、(b)是四类信号基于小波包敏感频带的 LLE、PCA 特征与正常信号对应特征的间距。而图 12-8(c)、(d)是未确定敏感频带，直接提取的四类内环信号 LLE、PCA 特征与正常信号对应特征的距离。在图 12-9(a)中，每类信号特征与正常信号特征间的距离都是不同的，表明该特征能有效区分四类内环信号。同类信号特征与正常信号特征间的距离基本相等，证明该特征具有良好的类内聚集性。在图 12-8(b)、(c)、(d)中，不同类信号特征与正常信号特征间的距离不能有效区分四类信号，表明这些特征的区分能力差。同类信号特征与正常信号特征间距离波动较大，即这些特征的内积聚性弱。由上述分析可知，利用小波包确定敏感频带后，应用 LLE 提取的流形特征能最有效反映滚动轴承内环性能特征。

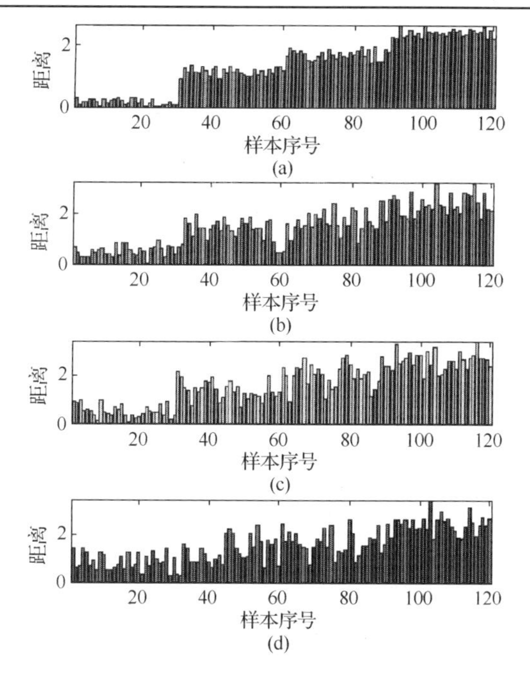

图 12-8　性能特征向量的距离

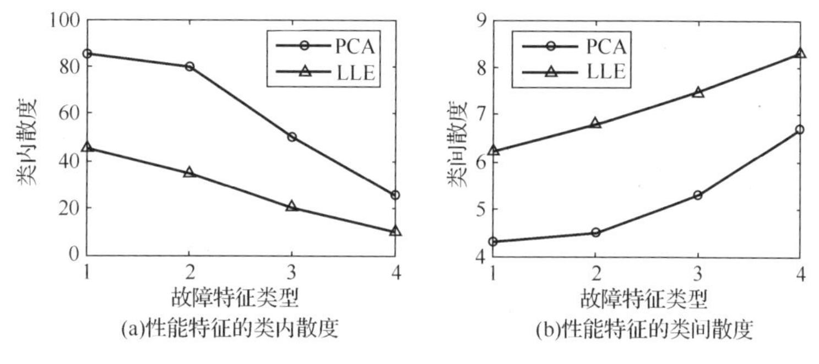

图 12-9　性能特征的类内与类间散度

在定性讨论了各种内环性能特征的特性后，采用总类内散度和总类间散度对性能特征进一步定量评价。对于 C 类问题，总类内和总类间散度两个参数，定义如下：

$$\boldsymbol{S}_w = \sum_{i=1}^{c} \boldsymbol{S}_i = \sum_{i=1}^{c} \sum_{x \in D_i} (\boldsymbol{x} - \boldsymbol{m}_i)(\boldsymbol{x} - \boldsymbol{m}_i)^{\mathrm{T}}, \quad 其中\ \boldsymbol{m}_i = \frac{1}{n} \sum_{x \in D_i} \boldsymbol{x} \tag{12-23}$$

$$\boldsymbol{S}_b = \sum_{i=1}^{c} n_i (\boldsymbol{m}_i - \boldsymbol{m})(\boldsymbol{m}_i - \boldsymbol{m})^{\mathrm{T}}, \quad 其中\ \boldsymbol{m} = \frac{1}{n} \sum_{x} \boldsymbol{x} = \frac{1}{n} \sum_{i=1}^{c} n_i \boldsymbol{m}_i \tag{12-24}$$

其中，$\boldsymbol{m}_i$ 代表类 $D_i (i = 1, 2, \cdots, c)$ 的平均值；$\boldsymbol{m}$ 代表有样本特征的平均值；$\boldsymbol{x}$ 代表所提取的特征。对于不同的内环性能特征来说，若某种特征的总类间离散度与总类内离散度比值较大，则该特征具有优良的类别区分特性，能作为性能特征来区分不同种类的样本。图 12-9(a)、(b)分别是基于小波包敏感频带的 LLE 流形特征和 PCA 特征的总类内散度、总类间散度。横坐标中数字 1、2、3、4 分别代表内环正常、轻度损伤、中度损伤、重度损伤四种状态，纵坐标代表其对应的总类内散度或总类间散度。由图 12-9 可知，LLE 流形特征的总类内散度小于 PCA 特征的总类内散度，而 LLE 流形特征的总类间散度却大于 PCA 特征的总类间散度。这从定量的角度说明，相对于线形 PCA 特征，非线性 LLE 流形特性能够更好地体现滚动轴承内环性能状态。

12.3.4 内环性能退化评估

由于本征流形特征具有良好的聚类特性，所以可以利用模糊聚类理论对流形特征建模，评估滚动轴承内环损伤程度。对上节中由正常、轻度损伤、中度损伤、重度损伤内环信号组成的 120 个样本提取本征流形特征。设有四个聚类中心，然后利用模糊 C 均值模型建模，按 12.2.1 中基于流形和模糊聚类的监测方法步骤，得到每个样本的隶属度 u_{iz}，最后利用 u_{iz} 值评估样本损伤程度的变化，其结果如图 12-10 所示。

图 12-10(a)、(b)是基于小波包敏感频带的 LLE 流形特征和 PCA 特征得到的评估结果。由图 12-10(a)可知，不同损伤程度的内环信号对应不同的 *DI* 值，利用敏感频带流形特征的聚类模型能有效评估内环性能状态。在图 12-10(b)中，敏感频带 PCA 特征的聚类模型虽然区分四类内环样本，但各类样本对应的 *DI* 值有所波动，不同损伤程度的内环样本的 *DI* 值存在重叠现象。图 12-10(c)、(d)是未确定敏感频带，直接提取信号的 LLE、PCA 特征得到的评估结果。信号 LLE、PCA 特征的聚类模型评估效果较差，不同类内环样本的 *DI* 重叠较严重，同类样本的 *DI* 值波动幅度也很大。*DI* 波动及重叠对故障监测是不利的。在四种模型中，基于敏感频带流形特征的聚类模型对滚动轴承内环损伤程度的评估效果最好，可以作为滚动轴承性能监测的手段。

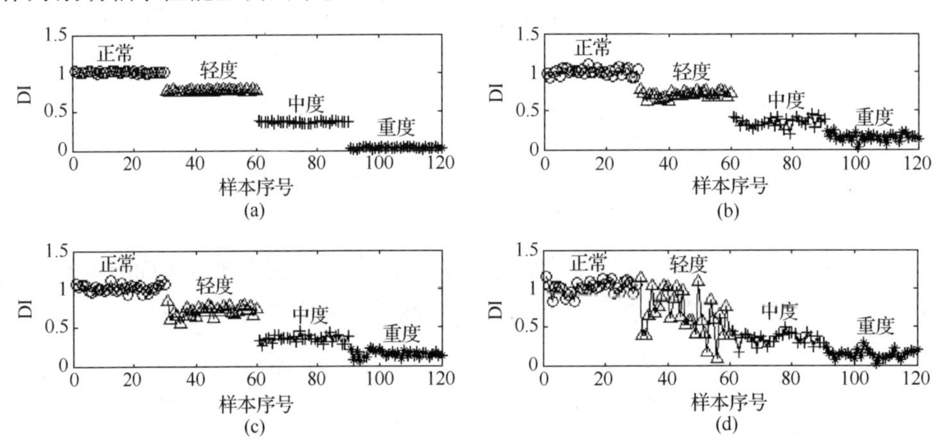

图 12-10 不同性能特征的评估结果

12.4 应用实例

上节中利用不同特征的模糊聚类模型对内环仿真损伤样本进行了评估。本节将推广轴承性能退化评估的应用范围，利用敏感频带流形特征聚类模型对内环、外环、滚动体的性能进行评估监测。首先对滚动轴承性能退化实验台及采集的信号进行简要的介绍。

12.4.1　滚动轴承性能退化实验台介绍

滚动轴承全寿命周期实验由美国辛辛那提大学智能系统维护中心(IMS)中心提供，其具体数据可以从美国国家宇航局(NASA)的官方数据下载网站获得。图 12-11 是实验台的装置示意图，在同一根轴上安装有 4 个 Rexnord ZA-2115 滚动轴承，即轴承 1、轴承 2、轴承 3、轴承 4。轴由直流电机通过皮带联接驱动，轴的旋转速度始终保持在 2000rpm，轴和轴承共同承受来自弹簧机构施加的 5000lb 径向荷载。实验台润滑油的流量与温度由系统自身配备的油循环系统调节。油反馈管道安装有磁性螺塞，螺塞收集润滑油的碎屑用以验证轴承的性能退化。系统电器开关的关闭由磁性螺塞所吸附的金属碎屑量决定，随着轴承性能不断退化，当吸附的碎屑量达到预先设定的阈值，数据采集工作便会停止。在每个轴承的水平方向和竖直方向各装有一个 PCB 353B33 高灵敏度石英加速度传感器，4 个轴承共装有 8 个传感器。振动信号通过美国国家仪器(NI)公司的 DAQCard™-5052E 数据采集卡每 20min 采集一次，采集的数据通过 NI 的 LabVIEW 软件处理。信号的采样频率为 20kHz，采样长度为 20480 个点。

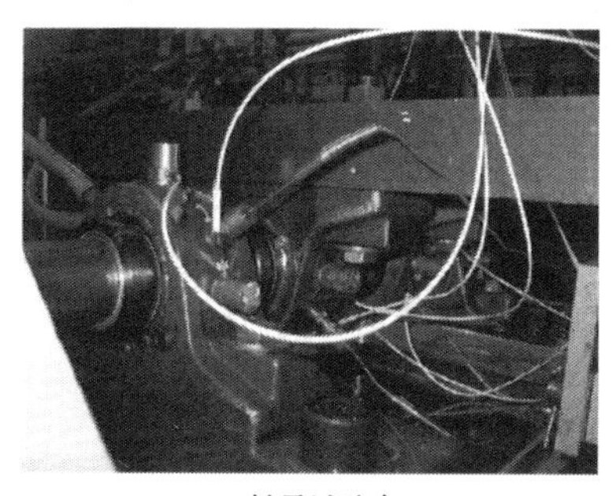
(a) 轴承试验台

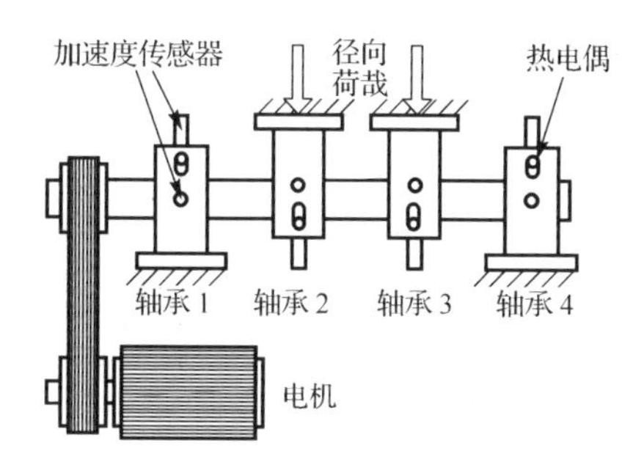

(b) 传感器放置示图

图 12-11　轴承试验台装置图

IMS 在此轴承性能退化实验台上共进行了 3 组滚动轴承性能退化实验，即实验 1、实验 2、实验 3。实验 1 中，轴承 3 出现内环故障，轴承 4 出现滚动体故障。实验 2 和实验 3 分别以轴承 1 和轴承 3 出现外环故障为结束。为了对不同部件的性能退化进行评估监测，取实验 1 为轴承 3 研究滚动轴承的内环性能退化规律；另取实验 1 为轴承 4 研究滚动体性能退化规律；选实验 2 为轴承 1 研究外环性能退化规律。在实验 1 中，实验从 10/22/2003 12:05:24～11/25/2003 23:39:55 进行了 35 天，共采集到 2155 组数据。

在实验 1 的后期阶段，最后两天采集的轴承 3 实验数据出现了异常变化，预示轴承 3 可能出现了故障，经检验发现轴承 3 发生了如图 12-12(a)所示的内环损伤。同时实验 1 的另一个实验对象轴承 4 在实验的最后两天也发生了损坏，其振动信号同样出现了较大的波动，经检验发现轴承 4 出现了如图 12-12(b)所示的滚动体故障。实验 2 在 12/02/2004 10:32:39～19/02/2004 05:22:39 的 7 天时间内对轴承 1 共采集了 984 组振动数据，实验最后两天数据波动较大，表明轴承 1 性能出现退化。经过拆解验证发现轴承 1 发生了如图 12-12(c)所示的外环损伤。

(a)

(b)

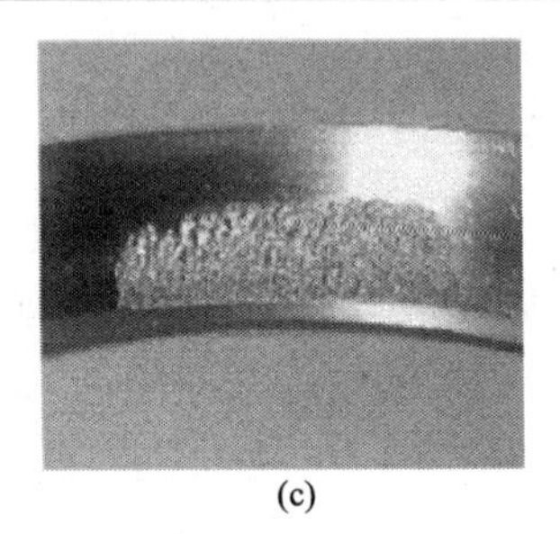
(c)

图 12-12　滚动轴承损伤形式示意图

12.4.2　滚动轴承全寿命周期时域特征监测结果

图 12-13(a)揭示了轴承 1、轴承 3、轴承 4 的均方根值(RMS)在整个全寿命试验中的变化情况。实验全过程中，上述轴承的峭度值变化情况如图 12-13(b)所示。由图 12-13(a)可知，对于发生内环损伤的轴承 3 来说，其 RMS 值的变化情况可以分为两个阶段。在第一阶段，即实验的前 30 天，RMS 值变化不大，观察不到潜在的故障趋势。从第 30 天开始(即轴承运行了约 0.854 亿次循环)，RMS 的监测值有所增大，但变化率较小。当实验进行到第 35 天时，轴承 3 出现如图 12-12(a)所示的内环故障，RMS 值显著增加。

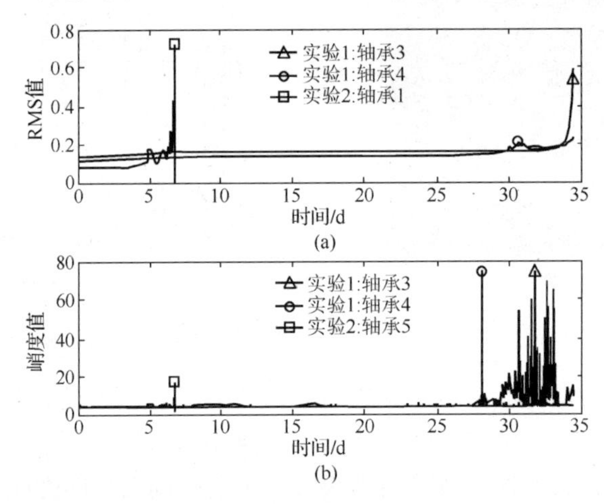

图 12-13　不同时域特征参数监测结果

发生滚动体故障的轴承 4，其 RMS 值变化趋势与轴承 3 类同。Test2 中的轴承 1 发生了外环损伤，其 RMS 值也具有类似的变化趋势，只不过故障发生在运行的第 7 天。在图 12-13(b)中，轴承全寿命周期的峭度值变化有着与 RMS 值变化相类似的规律。图 12-13 所揭示的另一个重要信息是：在轴承性能退化过程中，峭度、RMS 值表现出不一致的退化模式。尽管试验是同型号轴承在同种工况下进行的，但不同的故障特征仍展现出不同退化模式。因此很难建立一种以单一故障特征为基础的性能退化模型来准确评估轴承性能的退化状态。由以上分析可知，滚动轴承疲劳阶段可分为两个过程：材料损伤积累过程和裂缝损伤传播发展过程。前者消耗了疲劳阶段的大部分时间，而裂缝损伤传播过程只是一个相对较短的阶段。这就意味着，如果使用上述传统基于单特征的状态监测方法，从故障得到确认开始到发生故障为止，留给维修人员进行预知维修的时间非常短暂，无法做到提前预知维修降低损失。因此，利用有效方法进行滚动轴承性能监测，对故障进行早期预警是十分必要的。下面就利用敏感频带流形特征的模糊聚类模型对轴承性能进行监测。

12.4.3　基于流形和模糊聚类的滚动轴承性能退化监测

实验 1 中轴承 3 内环性能退化监测曲线如图 12-14 所示。其中图 12-14(a)是基于敏感频带流形特征聚类模型的监测曲线，图 12-14(b)是监测结果的局部放大图。与图 12-13 中基于 RMS 值、峭度的监测曲线相比，图 12-14(a)中的监测曲线更为有效直观，在整个轴承寿命周期内，对应内环性能退化的各个阶段，隶属度 *DI* 值都发生显著的变化。

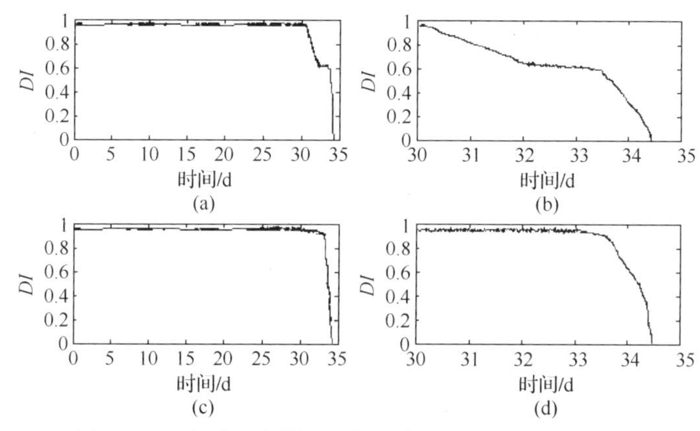

图 12-14　实验 1 中轴承 3 性能监测结果及局部放大图

由图 12-14(a)、(b)可知，轴承内环全寿命曲线可分为以下几个阶段：正常、轻微退化、严重退化、最后损毁。监测曲线中间隔点为空数据，表明数据在此时间内没有被采集。在实验 1 中，当实验进行到 30.2351d(第 1597 个采样点)的时候，*DI* 值开始降低，轴承性能开始退化。30.2351～32d(第 1935 个采样点)，滚动轴承都处于性能轻微退化阶段。32～33.3340d(第 2095 个采样点) *DI* 值变化幅度不大，这表明轴承正处于严重退化阶段。随着实验的进行，33.3340～34.4813d(对应第 2155 个采样点)，轴承内环性能急剧退化。第 34.4813d，由于磁性螺塞所吸附的金属碎屑量达到阈值，系统电器开关关闭停止信号采集，经检验，轴承发生了内环故障。

图 12-14(c)是基于敏感频带 PCA 特征聚类模型的监测结果，图 12-14(d)是它的局部放大图。由图 12-14(d)可知 *DI* 值在 33.3757d(对应 2102 个采样点)开始降低，轴承内环性能开始退化。随着 *DI* 值的不断降低，轴承内环性能迅速退化，在 34.4813d(对应第 2155 个采样点)轴承内环发生损坏。此监测曲线不能体现轴承内环性能退化的四个阶段，并且从内环性能开始退化到最终损毁，监测曲线中间所经历的时间较短，不利于提前预知故障和防止突发事故的发生。

实验 1 中轴承 4 的滚动体性能退化监测曲线如图 12-15 所示，其中图 12-15(a)、(b)是敏感频带流形特征模糊聚类模型的监测曲线及局部放大图。由图 12-16 可知，监测曲线按性能退化程度同样可以分为四个阶段。第 32.8299d(对应第 2037 个采样点) *DI* 值开始下降，轴承性能发生轻微退化；第 33.3132d(第 2093 个采样点)至 33.9451d(对应 2120 个采样点) *DI* 值变化幅度不大，轴承性能处于严重退化阶段；第 34.4813d 试验系统停止采集信号，滚动轴承发生了外环损伤。在此性能监测曲线中，从轴承性能开始退化到最终损毁，中间消耗时间较长，有利于维护人员提前做好维修工作。

图 12-15(c)、(d)是敏感频带 PCA 特征聚类模型的监测曲线及局部放大图，由图可知，33.9937d(对应第 2127 个采样点)*DI* 值开始下降，轴承性能开始退化。第 34.4813d(对应第 2155 个采样点)系统停止采集，经检验，滚动轴承发生了滚动体故障。该监测曲线没能体现出滚动体从性能退化开始到最终损坏的四个阶段，且曲线体现的从退化开始到损毁的过程非常短暂，不利于维修人员对轴承进行提前维护和防止突发故障的发生。

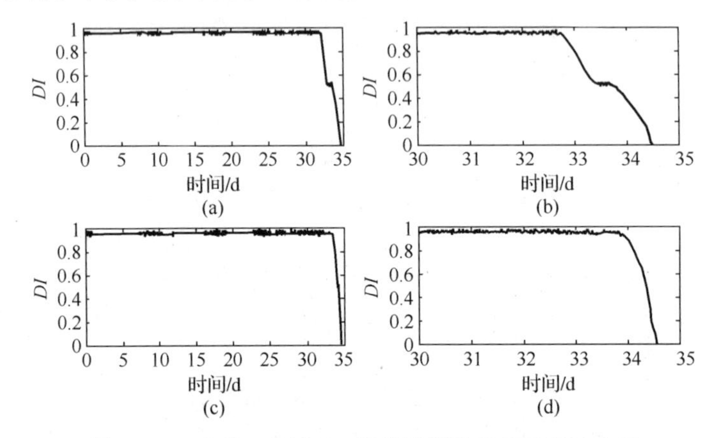

图 12-15　实验 1 中轴承 4 性能监测结果及局部放大图

图 12-16 为实验 2：轴承 1 外环性能退化监测曲线，其中图 12-16(a)、(b)为基于敏感频带流形特征聚类模型的监测曲线及其局部放大图。由图 12-6(a)、(b)可知，试验在进行了 6.8254d(第 984 个采样点)后，轴承 1 的外环便发生了故障试验停止。由监测曲线知，外环性能退化按程度不同同样可分为四个阶段。自轴承性能开始退化到最后发生故障为止，其间经历了一段较长的预警时间，这对于预知维修是十分重要的。在第 5.0059d(第 722 个采样点)*DI* 值开始降低，性能开始退化。第 6.0278d(第 859 个采样点)～第 6.3511d(第 917 个采样点)为止，*DI* 值变化幅度不大，轴承处于性能严重退化阶段。当试验进行到第 6.8254d 的时候，系统停止采集信号。经检验发现轴承 1 外环发生故障。

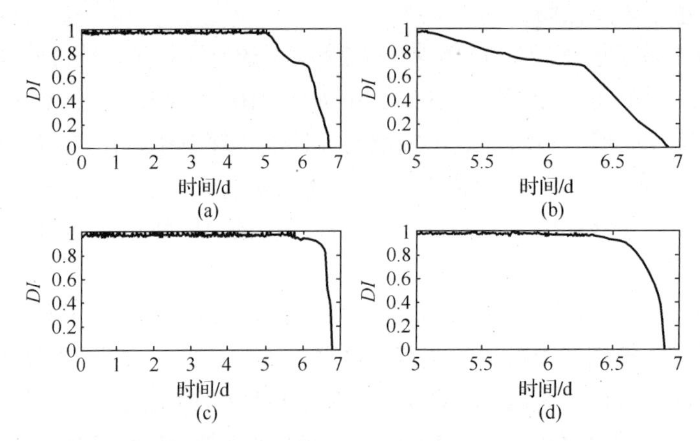

图 12-16　实验 2 中轴承 1 性能监测结果及局部放大图

图 12-16(c)、(d)是敏感频带 PCA 特征聚类模型的监测曲线及局部放大图。由监测曲线可知，轴承在第 6.4583d(第 931 个采样点)性能开始退化，并且在第 6.8254d 发生外环故障，试验停止。此监测曲线没有体现出轴承性能退化的四个阶段，并且从性能发生退化开始到最后的损毁发展迅速，中间消耗的时间较短，不利于提前制定预知维修计划。

通过上述分析可以对滚动轴承性能退化规律总结如下：

①尽管在不同实验中，轴承不同部件的运行及故障损伤机理有所不同，但它们具有一致的性能退化过程：正常、轻微退化(早期故障)、严重退化、损坏。这对于准确预测轴承剩余寿命是十分有意义的。②从轻微退化开始到严重退化阶段，中间经历了一段较长时间。如果在这段时间内采取必要的维护措施，则可以有效延长滚动轴承的寿命，从而避免突发故障带来的生命财产损失。③从轴承性能严重退化开始到最后的损坏，是一个相对短暂的过程。这表明应在早期故障阶段就对轴承故障做出预警，以便采取措施避免破坏性的后果。

参考文献

[1] 曾庆虎. 机械传动系统关键零部件故障预测技术研究[D]. 长沙：国防科学技术大学, 2010.

[2] GUO Z G, WANG F T, SUN W, ZHANG X. A Method of Shield Attitude Working Condition Classification[J]. Journal of Donghua University (English Edition), 2012, 29(3):259-262.

[3] HUANG R Q, XI L F, LI X L. Residual life predictions for ball bearings based on self-organizing map and back propagation neural network methods[J]. Mechanical Systems and Signal Processing, 2007(21): 193-207.

[4] OCAK H, LOPARE K A, DISCENZO F M. Online tracking of bearing wear using wavelet packet decomposition and probabilistic modeling: A method for bearing prognostics[J]. Journal of Sound and Vibration, 2007(302):951-961.

[5] PCHEN P J, GUO L. Robust bearing performance degradation assessment method based on improved wavelet packet-support vector data description[J]. Mechanical Systems and Signal Processing, 2009(23): 669-681.

[6] 王奉涛, 陈守海, 闫达文, 朱泓, 崔立明, 王雷. 基于流形-奇异值熵的滚动轴承故障特征提取[J]. 振动、测试与诊断, 2016, 36(2): 288-294.

[7] LEI W, WANG F T, ZHAO J L, MA X J. Fault Diagnosis of Reciprocating Compressors Valve Based on Cyclostationary Method[J]. Journal of Donghua University (English Edition), 2011, 28(4):349-352.

第 13 章　基于威布尔比例故障率模型的寿命预测

本章采用降维后的核主元作为威布尔比例故障率模型的协变量来进行可靠性评估与剩余寿命预测。首先阐述了威布尔比例故障率模型的基本理论，接着运用训练轴承的前三核主元作为协变量进行参数估计，然后计算试验轴承的可靠性曲线，验证可靠性评估的准确性。基于协变量和故障率数据点的特点，研究基于灰色模型的趋势预测方法，对故障率进行趋势预测。对试验轴承选择不同工作阶段的时间点，求取可靠度寿命，验证剩余寿命预测方法的准确性，并验证故障率趋势预测和协变量趋势预测的优劣。

13.1　威布尔比例故障率模型

13.1.1　威布尔比例故障率模型

比例故障率模型为

$$h(t, z_t) = h_0(t)\exp(\gamma \cdot z_t) \tag{13-1}$$

式中，$h(t, z_t)$ 为故障率函数；$h_0(t)$ 为仅与时间有关的基本故障率函数；z_t 是由协变量构成的列向量，为机械设备运行状态信号的特征参数，选取的协变量能否准确反映性能退化过程关乎模型的准确性；γ 对应协变量的回归参数构成的行向量。在本文中，如果降维后的核主元能充分表征轴承性能退化全周期过程，则其可作为模型的协变量来建立模型。

比例故障率模型(proportional hazards model，PHM)的基本故障率函数 $h_0(t)$ 有多种类型，包括正态分布、对数正态分布、指数分布和威布尔分布等。其中威布尔分布[1]由 Weibull 于 1951 年提出，其失效率函数能够描述早期失效、偶发失效和耗损性失效，适用于复杂设备故障分布类型多样的特点[2-3]。因此本文选用威布尔分布作为比例故障率模型的基本故障率函数。

两参数威布尔分布的故障率函数为

$$h_0(t) = \frac{\beta}{\eta}\left(\frac{t}{\eta}\right)^{\beta-1} \tag{13-2}$$

式中，$\beta > 0$ 为威布尔分布形状参数；$\eta > 0$ 为威布尔分布尺度参数。

采用基底函数为威布尔分布的 PHM 变为 WPHM，即

$$h(t, z_t) = \frac{\beta}{\eta}\left(\frac{t}{\eta}\right)^{\beta-1}\exp(\gamma \cdot z_t) \tag{13-3}$$

13.1.2　威布尔比例故障率模型的参数估计

依据可靠性分析准则，可靠度函数和概率密度函数分别为

$$R(t,z_t)=\exp\left[-\int_0^t h(s,z_s)\mathrm{d}s\right] \tag{13-4}$$

$$f(t,z_t)=h(t,z_t)R(t,z_t)=\frac{\beta}{\eta}\left(\frac{t}{\eta}\right)^{\beta-1}\exp\left[-\int_0^t h(s,z_t)\mathrm{d}s\right] \tag{13-5}$$

WPHM 估计设备运转状态的关键是通过特征数据和实时时间数据来估计未知参数[4]。在实际中，一个机械设备有时会运转直至失效，有时会在失效前进行维修。因此，全寿命数据常常包括失效时间和删失时间。极大似然估计具有能处理有截尾数据的优势，因此本文选用极大似然估计来估计 WPHM 的未知参数。为了同时处理失效数据和删失数据，似然函数定义为

$$L(\beta,\eta,\gamma)=\prod_{i=1}^{n}f(t_i,z_t)\prod_{s=1}^{m}R(t_j,z_t) \tag{13-6}$$

其中 i 为失效时间的索引；s 是删失时间的索引；n 是失效样本的个数；m 是删失样本的个数。将式(13-4)和式(13-5)代入到式(13-6)中，似然函数可化简为

$$L(\beta,\eta,\gamma)=\prod_{i=1}^{n}\frac{\beta}{\eta}\left(\frac{t_i}{\eta}\right)^{\beta-1}\exp(\gamma\cdot z_t)\prod_{j=1}^{n+m}\exp\left[-\int_0^{t_j}h(s,z_s)\mathrm{d}s\right] \tag{13-7}$$

其中 j 为失效时间和删失时间的索引。对数似然函数为

$$L(\beta,\eta,\gamma)=n\ln\left(\frac{\beta}{\eta}\right)+\sum_{i=1}^{n}\ln\left(\frac{t_i}{\eta}\right)^{\beta-1}+\sum_{i=1}^{n}\gamma\cdot z_{t_i}-\sum_{j=1}^{n+m}\int_0^{t_j}h(s,z_s)\mathrm{d}s \tag{13-8}$$

在式(13-4)～式(13-8)中，WPHM 的协变量都是时变的。当协变量仅与当前时间有关时(即非时变)，可靠性函数和概率密度函数可以分别化简为

$$R'(t,z_t)=\exp\left[-\int_0^t h(s,z_t)\mathrm{d}s\right]=\exp\left[-\left(\frac{t}{\eta}\right)^{\beta}\exp(\gamma\cdot z_t)\right] \tag{13-9}$$

$$f'(t,z_t)=h(t,z_t)R'(t,z_t)=\frac{\beta}{\eta}\left(\frac{t}{\eta}\right)^{\beta-1}\exp(\gamma\cdot z_t)\exp\left[-\left(\frac{t}{\eta}\right)^{\beta}\exp(\gamma\cdot z_t)\right] \tag{13-10}$$

因此，将式(13-9)和式(13-10)代入到式(13-8)中，对数似然函数可以化简为

$$\ln L'(\beta,\eta,\gamma)=n\ln\left(\frac{\beta}{\eta}\right)+\sum_{i=1}^{n}\ln\left(\frac{t_i}{\eta}\right)^{\beta-1}+\sum_{i=1}^{n}\gamma\cdot z_{t_i}-\sum_{j=1}^{n+m}\left(\frac{t_j}{\eta}\right)^{\beta}\exp(\gamma\cdot z_{t_j}) \tag{13-11}$$

对式(13-8)或式(13-11)求 β 、η 和 γ 的偏导，并令偏导等于 0，通过牛顿迭代法可以获得估计的 $\hat{\beta}$ 、$\hat{\eta}$ 和 $\hat{\gamma}$ 。然而，牛顿迭代法对初值要求比较严格，并且当协变量个数增加时，待估计参数随之增加，极大似然估计的复杂性增加。因此，本文采用 Nelder-Mead[5-6]迭代算法来近似地估计这些参数。

13.1.3　剩余寿命预测

对于一个工作中的轴承，假设在时间 T 的监测数据为 z_T ，通过式(13-4)或式(13-9)可

以得到可靠度函数。当可靠度值 $R(T,z_T)$ 或 $R'(T,z_T)$ 降低到设定的可靠度阈值时，认为轴承失效。失效时间分别定义为

$$T(R_0)=\inf\{T:R(T,z_T)\leqslant R_0,T>0\} \tag{13-12}$$

$$T'(R_0')=\inf\{T:R'(T,z_T)\leqslant R_0',T>0\} \tag{13-13}$$

其中 R_0 和 R_0' 为失效阈值。特别的，当 $R_0=0.5$ 时，称其为中位寿命，反应好坏各占一半时所对应的时间；当 $R_0=\mathrm{e}^{-1}$ 时，称其为特征寿命。随着轴承的持续运转，监测数据不断更新，失效时间随着更新。

剩余寿命误差定义为

$$E=\left|\frac{T_p-T_a}{T_a}\right|\times 100\% \tag{13-14}$$

其中 T_p 为预测的剩余寿命；T_a 为实际剩余寿命。

然而，在剩余寿命预测过程中，只有得到协变量的趋势预测，才能得到故障率的趋势，进而进行可靠度预测，得到可靠度寿命。协变量的趋势预测至关重要，将在下节进行详细的方法介绍。

13.2 趋势预测理论

13.2.1 灰色系统理论的原理及应用

尽管客观世界表现出非常繁杂的各种现象，但必然存在内在规律，只不过这些内在规律被复杂的表象所淹没，很难直观地从原始数据中找到内在规律。本文将原始数据序列按照某种特殊的要求进行处理数据，就是企图从杂乱无章的现象中发现内在规律[7]。

19 世纪 80 年代初，邓聚龙教授创立并发展了灰色系统理论。时至今日，灰色系统理论已经引起了国内外众多学者的强烈关注，它已成功应用到社会、经济、工业和农业等众多领域，有效地解决了大量实际问题。经过多年发展，灰色系统理论的研究内容细分为：灰色系统建模理论、灰色关联分析方法、灰色预测方法、灰色系统控制理论、灰色决策方法和灰色规划方法等。本文主要利用灰色模型对滚动轴承剩余寿命预测模型中的协变量进行趋势预测。

13.2.2 GM(1,1)预测模型的建模过程

灰色系统理论基于对数据少、信息贫乏的系统特征的分析，揭示数据少、信息贫乏条件下的事物变化规律，该方法是利用小样本、贫信息建立预测模型来进行预测的方法。GM(1,1)模型是灰色预测中最简单也是应用最广泛的预测模型，具有建模数据少、预测精度高和建模容易等诸多优点。

1. *原始数据的累加生成*

灰色理论认为，所有的随机量都是在其一定的时间和范围内进行变化的灰色量。灰

色理论的数据处理旨在对数据序列进行特殊处理后，使灰色过程由灰变白，然后建立数学模型。具体过程如下。

令 $X^{(0)}$ 为原始非负数据序列， $X^{(0)}=\left[x^{(0)}(1),x^{(0)}(2),\cdots,x^{(0)}(n)\right]$ ，记生成数为 $X^{(1)}$ ，$X^{(1)}=\left[x^{(1)}(1),x^{(1)}(2),\cdots,x^{(1)}(n)\right]$，如果 $X^{(1)}$ 与 $X^{(0)}$ 之间满足如下关系：

$$x^{(1)}(k)=\sum_{i=1}^{k}x^{(0)}(i);\qquad k=1,2,\cdots,n \tag{13-15}$$

则称为一次累加生成。若上标为 (r) ，表示 r 次累加生成。r 次累加的关系为

$$x^{(r)}(k)=\sum_{i=1}^{k}x^{(r-1)}(i) \tag{13-16}$$

展开得

$$x^{(r)}(k)=\sum_{i=1}^{k-1}x^{(r-1)}(i)+x^{(r-1)}(k)=x^{(r-1)}(k-1)+x^{(r-1)}(k) \tag{13-17}$$

$$x^{(r)}(k)=\sum_{i=1}^{k}x^{(r-1)}(i)=\sum_{i=1}^{k}\left(\sum_{j=1}^{i}x^{(r-2)}(j)\right) \tag{13-18}$$

累加数列有效消除了原始数列的波动性和随机性，进而转化为具有较强规律性的递增数列，为建立微分方程形式的预测模型奠定基础。

2. *灰色系统的* GM(1,1)*模型*

对原始数据数列 $X^{(0)}=\left[x^{(0)}(1),x^{(0)}(2),\cdots,x^{(0)}(n)\right]$，求其一阶累加生成序列为

$$X^{(1)}=\left[x^{(1)}(1),x^{(1)}(2),\cdots,x^{(1)}(n)\right] \tag{13-19}$$

其中， $x^{(1)}(k)=\sum_{i=1}^{k}x^{(0)}(i)$ ， $k=1,2,\cdots,n$ 。

新生成的一次累加数据序列 $x^{(1)}$ 近似于指数增长，则可建立微分方程：

$$\frac{\mathrm{d}x^{(1)}}{\mathrm{d}t}+\alpha x^{(1)}=u \tag{13-20}$$

式(13-20)记为 GM(1,1)模型的白化方程，也叫影子方程。其中 α ， u 为未知参数，记作 $\boldsymbol{\Phi}=[\alpha\quad u]^{\mathrm{T}}$ 。

将式(13-20)离散化为

$$\Delta^{(1)}[x^{(1)}(k+1)]+\alpha z^{(1)}(k+1)=u \tag{13-21}$$

其中 $\Delta^{(1)}[x^{(1)}(k+1)]$ 为 $x^{(1)}$ 时刻的累减生成序列； $z^{(1)}(k+1)$ 为 $\frac{\mathrm{d}x^{(1)}}{\mathrm{d}t}$ 在 $(k+1)$ 的背景值。

由于

$$\Delta^{(1)}[x^{(1)}(k+1)]=x^{(1)}(k+1)-x^{(1)}(k)=x^{(0)}(k+1) \tag{13-22}$$

$$z^{(1)}(k+1)=\frac{1}{2}[x^{(1)}(k+1)+x^{(1)}(k)] \tag{13-23}$$

则式(13-21)化简为

$$x^{(0)}(k+1)=\alpha\left\{-\frac{1}{2}[x^{(1)}(k)+x^{(1)}(k+1)]\right\}+u \tag{13-24}$$

展开得

$$\begin{bmatrix} x^{(0)}(2) \\ x^{(0)}(3) \\ \vdots \\ x^{(0)}(n) \end{bmatrix}=\begin{bmatrix} -\frac{1}{2}[x^{(1)}(1)+x^{(1)}(2)] & 1 \\ -\frac{1}{2}[x^{(1)}(2)+x^{(1)}(3)] & 1 \\ \vdots & \vdots \\ -\frac{1}{2}[x^{(1)}(n-1)+x^{(1)}(n)] & 1 \end{bmatrix}\begin{bmatrix} \alpha \\ u \end{bmatrix} \tag{13-25}$$

令

$$\boldsymbol{B}=\begin{bmatrix} -\frac{1}{2}(x^{(1)}(1)+x^{(1)}(2)) & 1 \\ -\frac{1}{2}(x^{(1)}(2)+x^{(1)}(3)) & 1 \\ \vdots & \vdots \\ -\frac{1}{2}(x^{(1)}(n-1)+x^{(1)}(n)) & 1 \end{bmatrix},\quad \boldsymbol{Y}_N=\left[x^{(0)}(2),x^{(0)}(3),\cdots,x^{(0)}(n)\right]^{\mathrm{T}}。$$

则式(13-25)可写成

$$\boldsymbol{Y}_N=\boldsymbol{B\Phi} \tag{13-26}$$

按照最小二乘法，求解参数向量$\boldsymbol{\Phi}$为

$$\hat{\boldsymbol{\Phi}}=(\boldsymbol{B}^{\mathrm{T}}\boldsymbol{B})^{-1}\boldsymbol{B}^{\mathrm{T}}\boldsymbol{Y}_N \tag{13-27}$$

将所求得的$\hat{\alpha}$和$\hat{u}$代入式(13-21)得其离散解：

$$\hat{x}^{(1)}(k+1)=\left[x^{(1)}(1)-\frac{\hat{u}}{\hat{\alpha}}\right]\mathrm{e}^{-\hat{\alpha}k}+\frac{\hat{u}}{\hat{\alpha}} \tag{13-28}$$

对式(13-28)累减处理，得到原始数列$x^{(0)}$的灰色预测序列为

$$\hat{x}^{(0)}(k+1)=\hat{x}^{(1)}(k+1)-\hat{x}^{(1)}(k) \tag{13-29}$$

13.2.3　GM(1,1)模型适用要求

GM(1,1)模型在预测前，需要验证其适用范围。如果超出适用范围，将不能保证预测结果的准确性。GM(1,1)模型的适用范围以发展系数a为依据，其具体适用范围如下：

(1) $-a\leqslant 0.3$时，适合于中长期预测。

(2) $0.3<-a\leqslant 0.5$时，适合于短期预测，中长期预测需要验证。

(3) $0.5<-a\leqslant 0.8$时，短期预测要慎用。

(4) $-a > 1$时，不宜采用此模型进行预测。

(5) $|a| > 2$，此模型预测已失去意义。

13.3　可靠性评估

将前三核主元取代 RMS 和峭度值作为 WPHM 的协变量来进行可靠性评估和剩余寿命预测。先把相对高维训练集的核主元中的各轴承的全寿命和删失数据代入极大对数似然函数公式(13-8)和式(13-11)中，可以得到$\widehat{\beta}$，$\widehat{\eta}$和$\widehat{\gamma}$的估计值，如表 13-1 所示。

表 13-1　参数估计

参数	$\widehat{\beta}$	$\widehat{\eta}$	$\widehat{\gamma_1}$	$\widehat{\gamma_2}$	$\widehat{\gamma_3}$
估计值(非时变)	1.8317	112.56	4.1250	−0.5168	−0.36280
估计值(时变)	1.0723	36.120	7.6269	−1.6325	−0.86430

将高维试验相对特征集的核主元代入式(13-4)中，得到协变量为非时变的 WPHM 的可靠度，如图 13-1 所示。

正常工作期的可靠度稳定在 0.90～0.99 之间；早期故障期的可靠度在 0.75～0.90 波动；恢复期的可靠度为 0.84～0.87 之间；稳定磨损期的可靠度逐渐从 0.75 降低到 0.50；急剧磨损期的可靠度从 0.50 降低到 0.45。可靠度曲线能够准确地反映轴承的各个阶段及其变化过程。当可靠度降低到 0.90 时，需要引起注意。当可靠度降低到 0.75 左右时，需要引起强烈的关注，并及时实施维修计划。当可靠度降低到 0.50 时，必须停机以防发生事故。

为了进行对比，将高维试验相对特征集的核主元代入式(13-9)中，得到协变量为时变的 WPHM 的可靠度(图 13-2)。

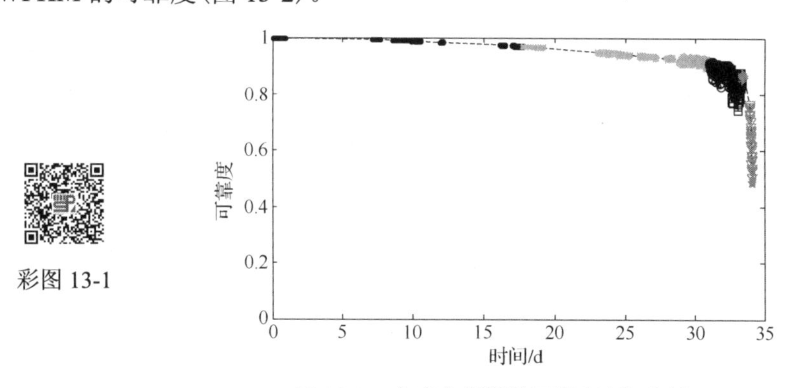

图 13-1　全寿命周期的可靠度(非时变)

从图 13-2 中可以看出，正常工作期的可靠度下降速度基本保持不变，早期故障期的可靠度下降速度开始增大，磨损中期和急剧磨损期的可靠度下降速度急剧增大。因此时变的 WPHM 的可靠度曲线不仅能反映滚动轴承的性能退化过程，并且从可靠度下降趋势变化也能准确区分轴承性能退化的状态。

由于模型中的协变量是时变性的，任一时刻的可靠度都由历史数据的累积计算得到，不会因为某时刻采集数据的突变而突变(如恢复期)，其可信度高于那些仅仅与当前时间有关的可靠度模型，因此更适合用于维护重要的设备。然而，非时变的 WPHM 仅与当前时刻有关，而不用考虑历史数据，极大地降低了计算的复杂性，因此更适合维护要求不高的设备。

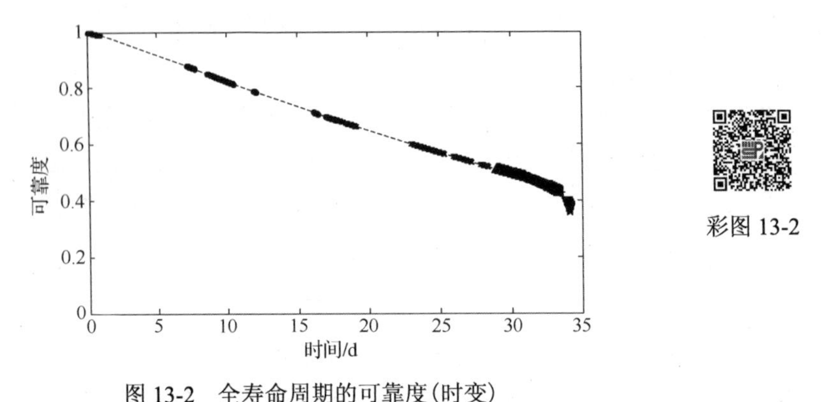

图 13-2　全寿命周期的可靠度(时变)

尽管协变量为非时变的 WPHM 的可靠度曲线更加灵敏，但由于它的可靠度值仅与当前时间有关而不考虑历史数据，因此它的可信度低于协变量为时变的 WPHM 的可靠度曲线。可以依据实际情况来选择时变的 WPHM 还是非时变的 WPHM。综上，图 13-1 和图 13-2 充分表明本文的方法可以准确地进行可靠性评估并及时提供有效的维修建议。

由于数据验证较多，为避免内容太庞杂，接下来选择时变的 WPHM 进行剩余寿命预测，验证方法的有效性。

13.4　寿命预测

13.4.1　趋势预测方法研究

在趋势预测时，正常情况下应选择协变量进行趋势预测，然后代入式(13-4)计算得到预测的故障率趋势，通过式(13-5)积分求解可靠度趋势，进而得到可靠度寿命。然而，对三个协变量和故障率数据进行分析，发现协变量的趋势不稳定，且振荡较大，而通过代入协变量计算得到的故障率相对稳定，振荡相对较小，具体如图 13-3 所示。为了选择合适的趋势预测方法，本节选择故障率数据进行分析，然后对故障率数据和前三核主元数据分别进行趋势预测，进而预测剩余寿命，验证故障率预测与协变量预测的优劣，以及趋势预测方法的准确性。

在用灰色模型进行趋势预测的过程中，为了更方便地使用数据，试验依据轴承不同的退化时期共取四个时间段，如图 13-4 所示。为了展示数据的特点，将四个时间段局部放大，其中图 13-4(a)为 30.2778～30.9444d，图 13-4(b)为 31.5139～31.9652d，图 13-4(c)为 32.1250～33.0354d，图 13-4(d)为 33.4938～33.9868d。

由于试验轴承振动数据为非等间隔采样得到的数据，因此得到的故障率数据点也是非等间隔的。而 GM(1,1)模型在进行趋势预测时要求数据序列为等间隔数据序列，因此需要先对原故障率数据点进行等间隔插值。

彩图 13-3

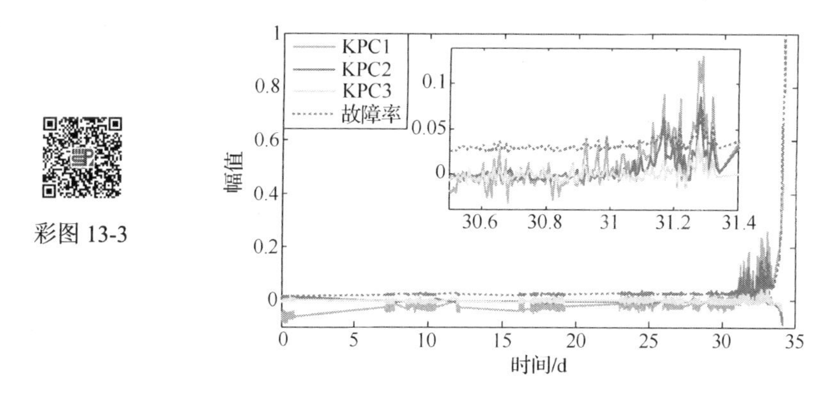

图 13-3　协变量与故障率对比

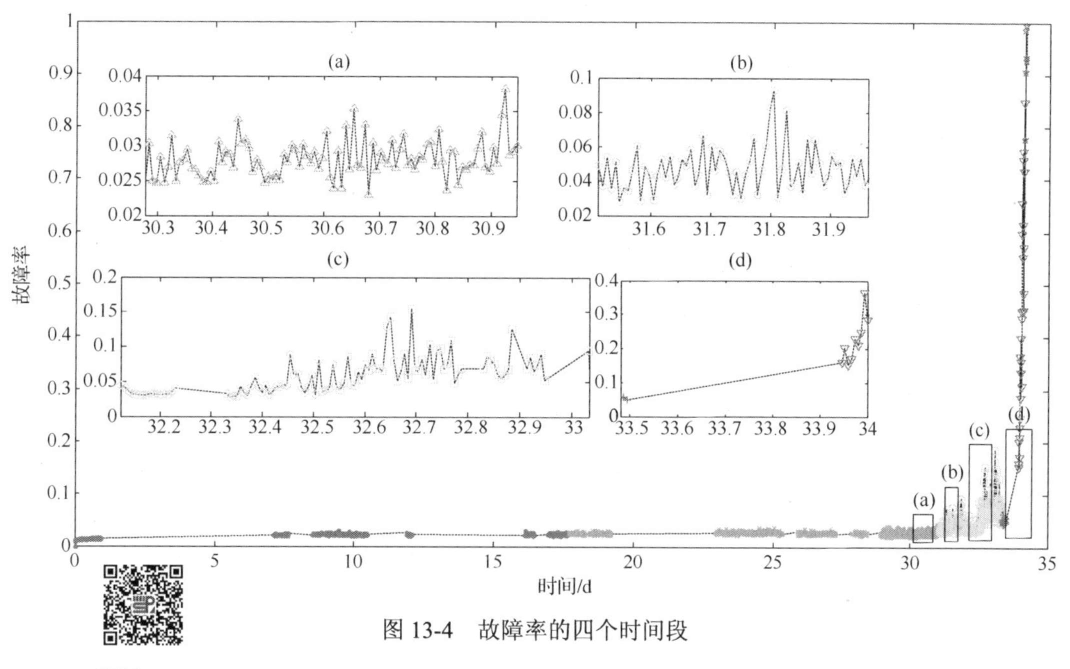

图 13-4　故障率的四个时间段

彩图 13-4

MATLAB 工具箱提供了多种插值方式，其中 Pchip 插值方式为保形分段三次 Hermite 插值的分段多项式形式。在每个插值子区间内，插值多项式 $p(x)$ 都是三阶 Hermite 插值多项式，插值多项式在插值端点处的值等于插值端点处的值。Pchip 插值的一阶导数连续，但二阶导数可能不连续，这种方法确保了插值多项式 $p(x)$ 是保形和区间单调的。

Spline 插值方式与 Pchip 插值方式的区别在于 Spline 插值多项式 $s(x)$ 在插值端点处的二阶导数连续，这导致 Spline 更加光滑。如果数据序列比较光滑，则 Spline 插值方式准确度更高。如果数据序列光滑度不高，则 Pchip 插值方式保形，且不会造成过冲，也不太振荡，而 Spline 插值方式不一定保形状。

对图 13-4(a)段数据进行 Pchip 插值和 Spline 插值，结果对比如图 13-5 所示。对图 13-4(c)段数据进行 Pchip 插值和 Spline 插值，结果对比如图 13-6 所示。从图 13-6 可以看出，故障率原数据点振荡很大，造成 Spline 插值多处产生过冲现象，如 31.2～31.3d，而保形分段三次 Hermite 插值不会造成过冲。因此基于故障率原数据点的特点，本文选择 Pchip 插值进行等间隔插值。

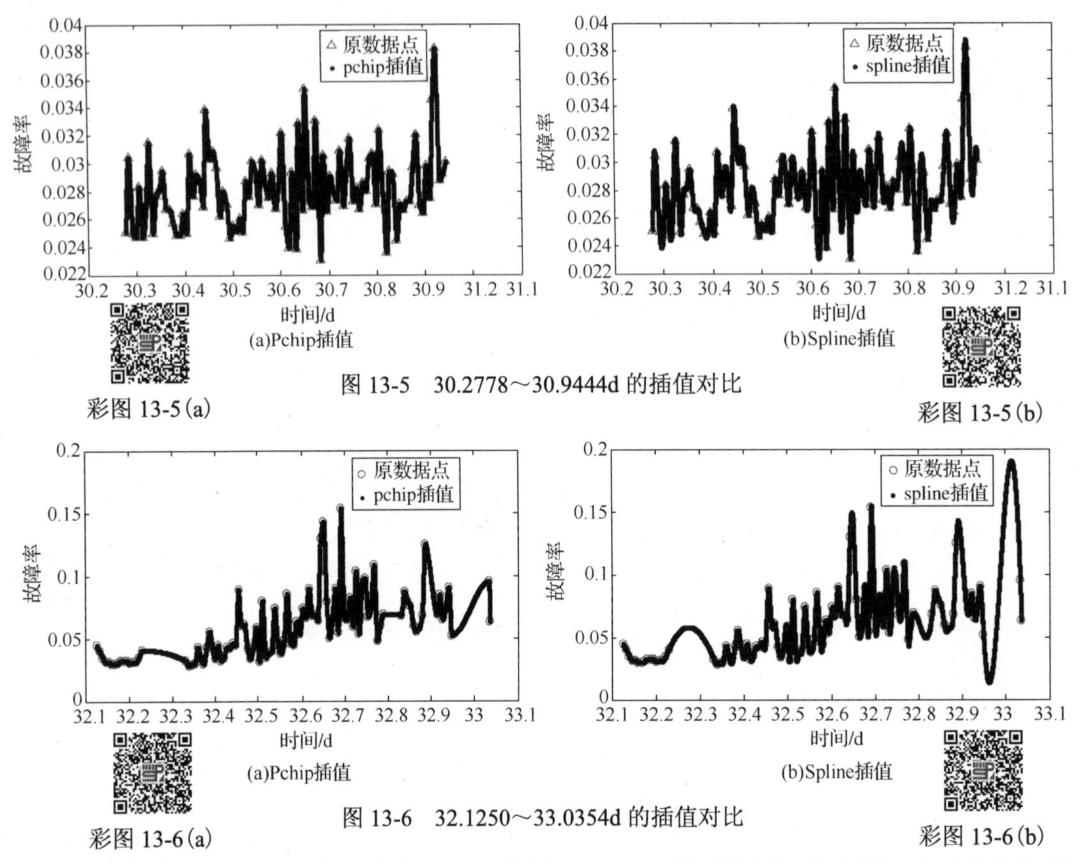

图 13-5　30.2778～30.9444d 的插值对比

彩图 13-5(a)　彩图 13-5(b)

图 13-6　32.1250～33.0354d 的插值对比

彩图 13-6(a)　彩图 13-6(b)

然而，本文如果对插值后的数据点直接用 GM(1,1)模型进行趋势预测，为了消除振荡带来的影响，需要先对数据去除振荡趋势，得到比较平滑的主趋势，并尽量降低选点带来的影响。在此，将 EEMD 先分为十多个信号，把前几个振荡大的高频去掉，剩下的求和，得到信号的主趋势。

对图 13-4(a)段数据分别进行插值与主趋势，对比结果如图 13-7 所示。插值预测与主趋势预测如图 13-8 所示。同样，对图 13-4(c)段数据，分别进行插值与主趋势，对比结果如图 13-9 所示。插值预测与主趋势预测如图 13-10 所示。

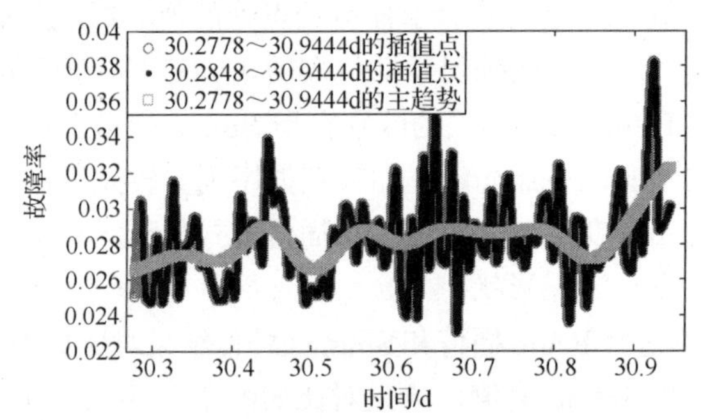

彩图 13-7

图 13-7　30.2778～30.9444d 插值与主趋势

彩图 13-8

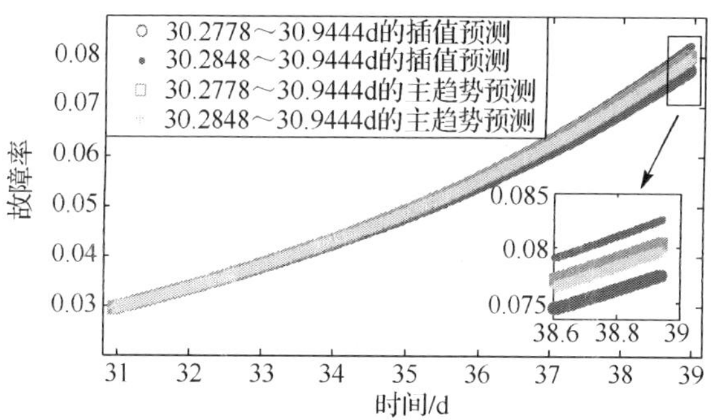

图 13-8　30.2778～30.9444d 插值与主趋势的趋势预测

彩图 13-9

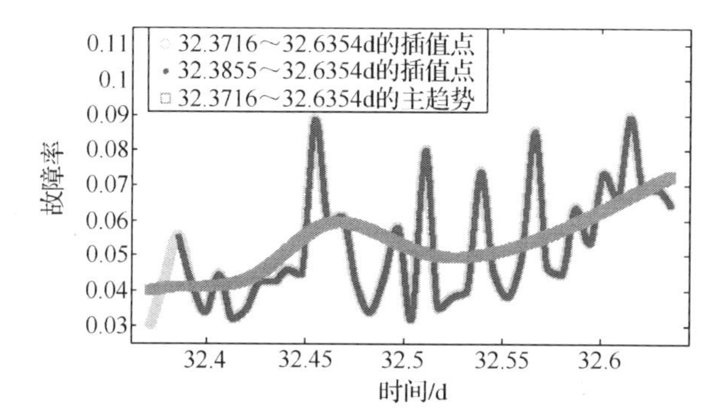

图 13-9　32.3716～32.6354d 插值与主趋势

彩图 13-10

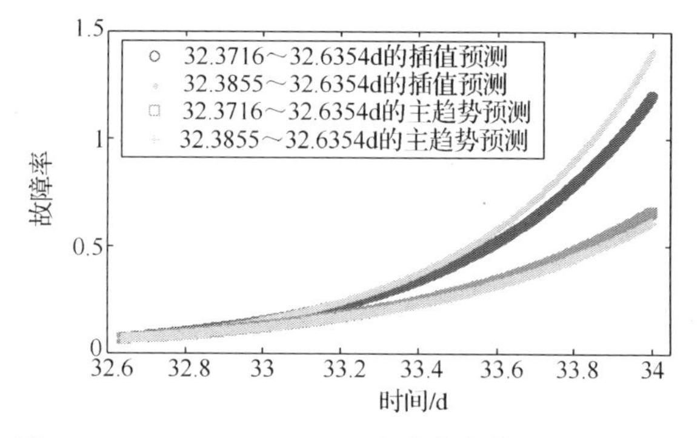

图 13-10　32.3716～32.6354d 插值与主趋势的趋势预测

从两段数据段的对比可以看出，选用基于 Pchip 插值-EEMD-GM(1,1)模型的趋势预测方法，能够有效消除振荡，极大降低选点带来的影响，得到的预测趋势更加稳定，可信度更高。

13.4.2　趋势预测

接下来分别提取图 13-4 中四个时间段的故障率数据和前三核主元数据分别进行趋势预测，得到的故障率趋势结果如图 13-11～图 13-14 所示。接下来进行剩余寿命预测，验证故障率预测与协变量预测的优劣，以及趋势预测方法的准确性。

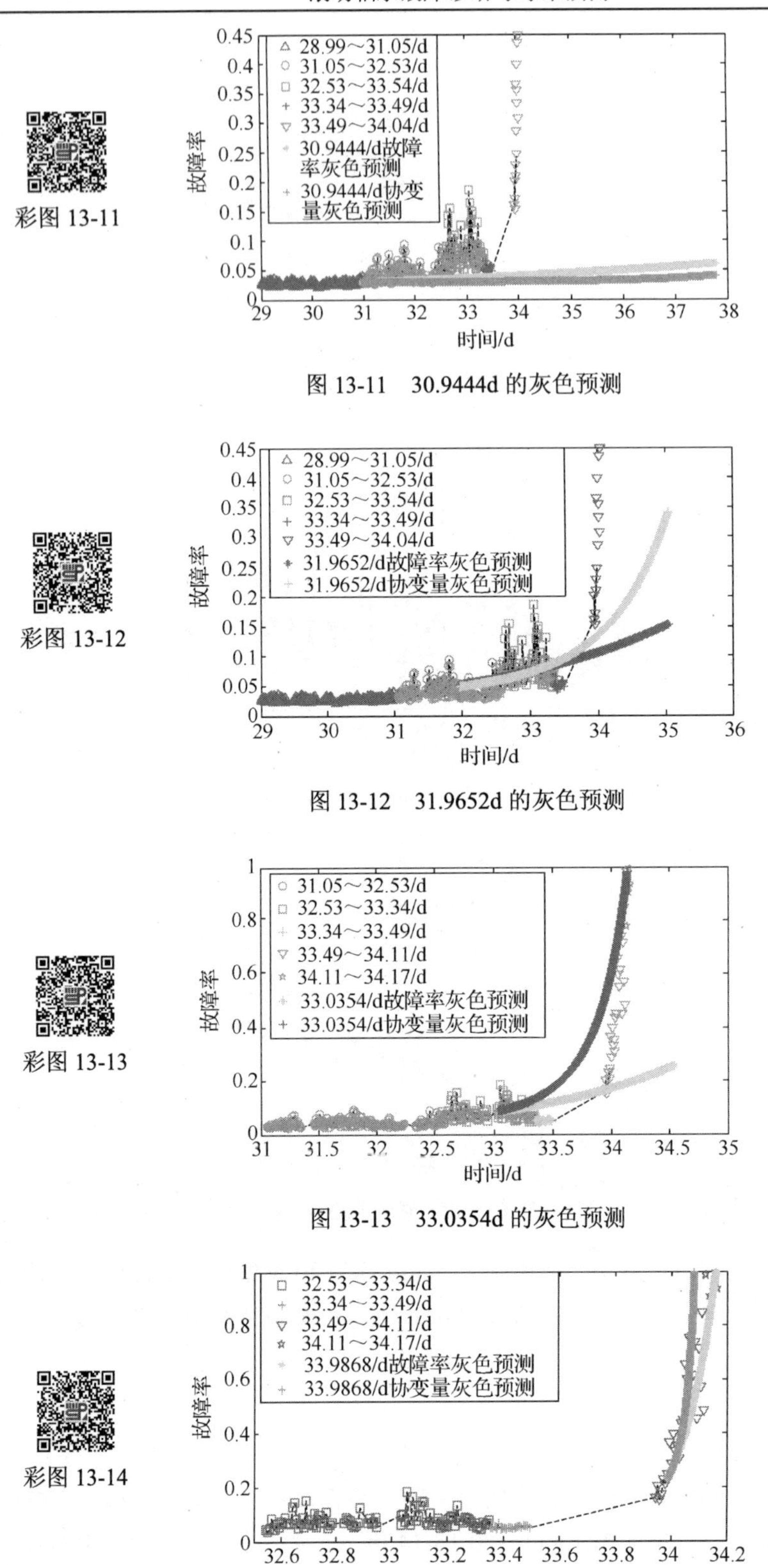

图 13-11　30.9444d 的灰色预测

图 13-12　31.9652d 的灰色预测

图 13-13　33.0354d 的灰色预测

图 13-14　33.9868d 的灰色预测

13.4.3　剩余寿命预测

为了验证剩余寿命预测方法的准确度，须设置可靠度阈值。它一般由统计学经验设定。由于方程(13-11)中协变量是时变性的，且 e^{-1} 为特征寿命，从图 13-2 中可以看出急剧后期的可靠度值在 e^{-1} 左右，因此可靠度阈值 R_0 设置为 e^{-1}。当然，定义的可靠度阈值并非恒定的，需要依据历史数据的可靠度和设备维修经验来适当地调整。

剩余寿命预测结果如表 13-2 所示。依据公式(13-14)得到对应的误差率，如图 13-15 所示。从图 13-15 中可以看出，故障率预测比协变量预测更加准确，且随着退化，预测误差越来越小。因此基于本文研究的协变量和故障率的数据特点，直接对故障率数据进行趋势预测，不仅降低计算工作量，且得到的结果更准确。

表 13-2　剩余寿命预测

轴承状态	正常工作期	早期故障期		磨损中期
时间/d	30.9444	31.9652	33.0354	33.9868
真实剩余寿命/d	3.2091	2.1883	1.1181	0.1667
RUL 故障率预测值/d	6.6262	2.7499	1.2736	0.1831
故障率预测误差值/d	3.4171	0.5616	0.1555	0.0164
RUL 协变量预测值/d	8.1662	1.5184	0.8871	0.1259
协变量预测误差值/d	4.9571	0.6699	0.2310	0.0408

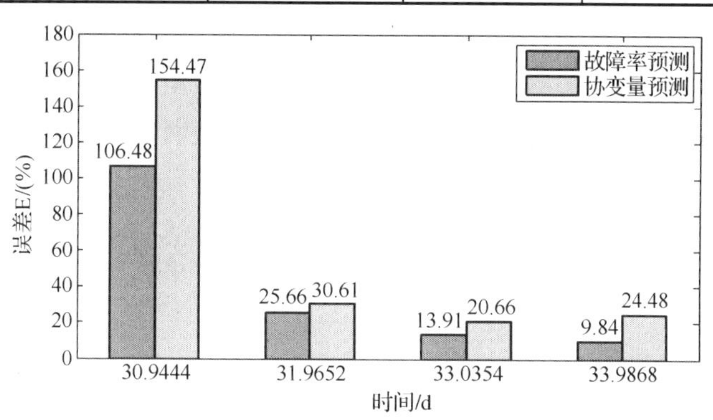

图 13-15　剩余寿命预测误差度

表 13-2 数据显示，正常工作期的剩余寿命预测值与真实剩余寿命差别很大，是因为轴承产生损伤是偶发性的，正常期各项特征处于正常范围内，协变量预测趋势呈线性变化，以至于正常期的预测误差较大，从图 13-2 正常期的可靠度走向也可以验证这一点。随着轴承步入早期故障、新退化特征的累积，协变量的预测曲线会越来越准确，剩余寿命预测值也越来越接近真实的剩余寿命，到磨损中期的 33.9868d 的误差率为 9.84%(即准确度为 1−9.84%= 90.16%)。结果表明，提出的寿命方法可以准确地预测轴承的剩余寿命，及时提供有效的维修决策。

总之，结果表明，本文提出的方法可以准确地预测轴承的剩余寿命，及时地提供有效的维修决策。

13.5 应用实例

13.5.1 滚动轴承试验台介绍

本文实验研究的滚动轴承全寿命周期试验数据由美国辛辛那提大学智能系统维护中心(IMS)中心提供[8]。全寿命周期试验台装置示意图如图 13-16 所示。

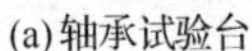

(a) 轴承试验台

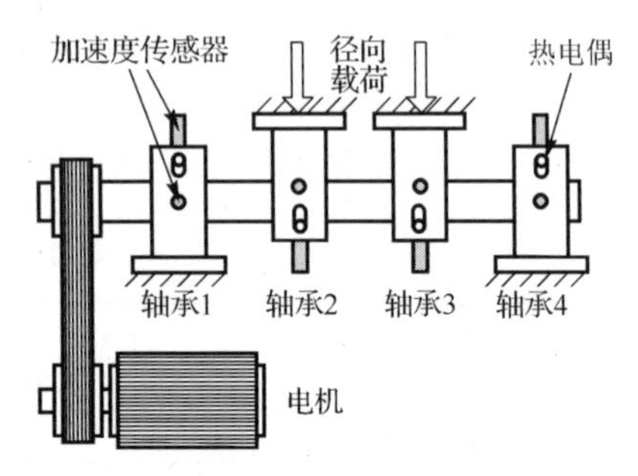

(b) 传感器放置示图

图 13-16　试验台的装置示意图

在同一轴上安装有 4 个 Rexnord ZA-2115 滚动轴承，由直流电机通过皮带连接驱动，轴转速始终保持在 2000 r/min，轴和轴承共同承受来自弹簧机构施加的 26.67kN 径向荷载。油反馈管道安装有磁性螺塞，磁性螺塞收集润滑油的碎屑用以验证轴承的性能退化。系统电器开关的关闭由磁性螺塞所吸附的金属碎屑量决定，随着轴承性能不断退化，当吸附的碎屑量达到预先设定的阈值，数据采集工作便停止。每个轴承的水平方向和竖直方向各装一个 PCB 353B33 加速度传感器。振动信号通过美国国家仪器(NI)公司的 DAQCardTM-5052E 数据采集卡每 20min 采集一次，采样率为 20kHz，采样点数为 20480 个点。试验结果如表 13-3 所示。

表 13-3　试验结果

试验顺序	失效轴承	失效类型	删失轴承
1	3 号、4 号	3 号 a、4 号 b 和 c	1 号、2 号
2	5 号	c	6 号、7 号、8 号

注：a 为内环故障，b 为滚动体故障，c 为外环故障

以 3 号轴承(试验 1)数据作为试验轴承，其他 7 个轴承(试验 1 和试验 2)数据作为训练轴承。

13.5.2 滚动轴承性能退化高维特征集构建

针对 7 个训练轴承的寿命周期数据，提取各自的时域、频域、时频域等 50 多个特征参数。如果直接对这 50 多个特征参数进行核主元分析，由于其包含大量冗余信息及无用信

息，降维后前三个核主元的累计贡献率很低，包含的有用信息较少。为使前几个核主元包含尽可能多的信息，须在进行核主元降维前，在保证各维度信息的有效性的前提下尽量减少维度。首先对每个特征绘制随时间变化的全寿命特征图，接着剔除不能反映退化过程的特征，例如均值、偏斜度等。然后针对功能或意义相似的特征，通过对比，剔除反映性能退化过程效果相对差的特征，例如小波包归一化能量谱与经验模态分解(empirical mode decomposition, EMD)归一化能量谱对比，剔除 EMD 归一化能量谱等。最后得到如下 11 个最能反映轴承性能退化过程的特征参数：

(1)时域：均方根值、峭度、峰峰值、峰值因子。

(2)频域：频谱均值、频谱方差、频谱均方根值。

(3)时频域：3 层小波包分解的第 3 频带归一化小波包能量谱(E3)和第 7 频带归一化小波包能量谱(E7)；第 3 频带样本熵(S3)和第 7 频带样本熵(S7)。

考虑到各个轴承制造、安装和实际工况的差异，即使是处于同一工作环境下的同型号轴承，特征参数存在一定的差异。以时域特征参数为例，对 1～8 号轴承提取正常工作期内一段趋势平稳的时域特征参数，然后求取平均值，如图 13-17 所示。

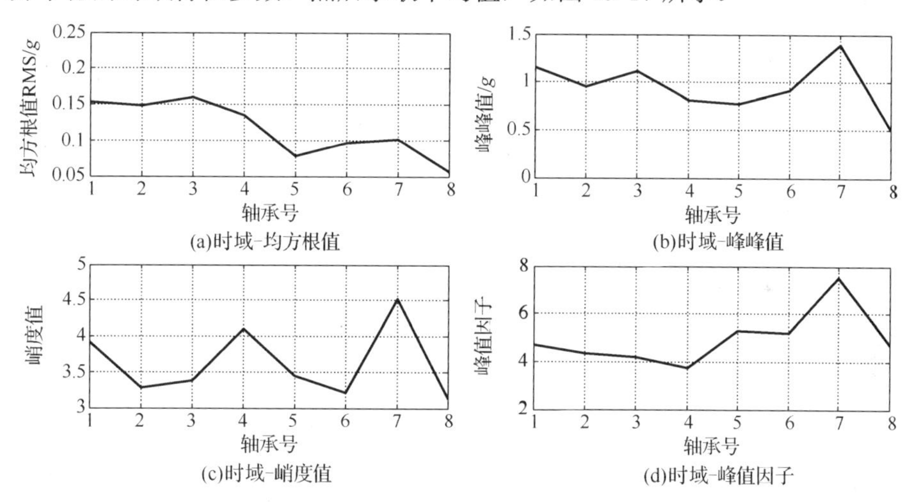

图 13-17　正常期平均时域特征参数

由图 13-17 可以看出，8 个轴承平稳期的时域参数有很大差异。例如图 13-17(a)中，1 号轴承正常工作期的平均均方根值为 0.154，而 5 号轴承正常工作期的平均均方根值为 0.077。为了降低轴承间特征参数的影响，需要对轴承特征参数进行标准化。首先选取正常期内一段趋势平稳的特征参数，将该段平均值定为标准值。随后计算原始特征参数与标准值之比，得到相对特征参数。

对 7 个训练轴承，每个轴承取 100 个样本点(每个轴承根据其全寿命过程，选取能反映寿命过程的 100 个点)，共计 700 个样本点，构成最终的 700×11(11 为特征参数个数)的高维训练相对特征集。

对于试验轴承，全寿命周期共有 2152 个采样点，构成 2152×11 的高维试验相对特征集，如图 13-18 所示。其中图 13-18(a)～(d)为时域特征；图 13-18(e)～(g)为频域特征；图 13-18(h)～(i)为小波包第 3、7 频带归一化能量谱；图 13-18(j)～(k)为小波包第 3、7

频带样本熵；图 13-18(l) 表示全寿命周期轴承数据采集连续情况，间断点为空数据，在此时间内未进行数据采集。

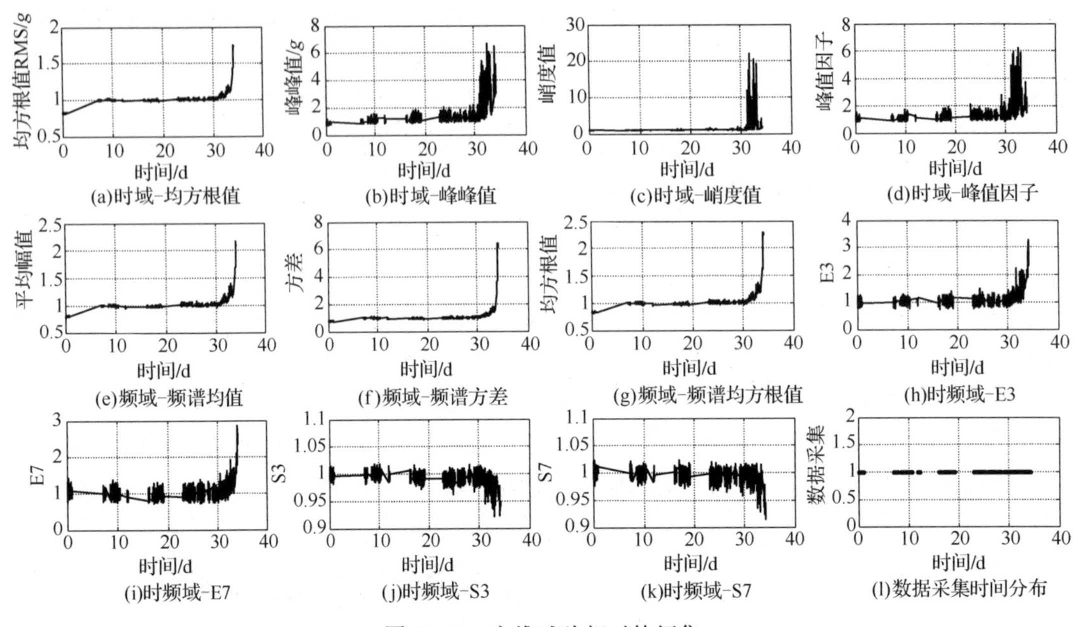

图 13-18　高维试验相对特征集

13.5.3　滚动轴承核主元的性能退化评估

分别对特征参数未相对化的高维训练绝对特征集和特征参数相对化的高维训练相对特征集进行核主元分析(σ=57)，前三个核主元的特征值和累计贡献率如表 13-4 所示。

表 13-4　核主元分析结果对比

特征值	高维训练绝对特征集	高维训练相对特征集
特征值 1 (累计贡献率/%)	0.0017 (49.44)	0.0021 (63.24)
特征值 2 (累计贡献率/%)	0.000639 (68.46)	0.000582 (80.71)
特征值 3 (累计贡献率/%)	0.000502 (83.40)	0.000283 (89.20)

由表 13-4 可见，直接对高维训练绝对特征集进行分析，由于轴承制造、安装和工况差异引起数据离散较大，造成前三个核主元的累计贡献率明显低于高维训练相对特征集累计贡献率，即前者降维效果低于后者，因此选择高维训练相对特征集进行核主元分析。

选取前三个核主元特征值对应的特征向量组成投影空间，对高维试验相对特征集进行中心化后投影，得到高维试验相对特征集的核主元。为验证核主元分析效果，将高维试验相对特征集第一～第三核主元投影到三维空间，第一和第二核主元投影到二维空间，分别如图 13-19(a)、(b) 所示，图中点的位置信息如表 13-5 所示。

表 13-5　点的位置信息

期　间	点	日期/d	特　点
正常工作期	·	0～17.69	各项特征参数比较平稳，处于正常范围
	×	17.69～28.99	
	△	28.99～31.05	
早期故障期	○	31.05～32.53	伴随着冲击，峭度值、峰峰值等特征参数有很大的波动，振动逐渐增大
	□	32.53～33.34	
恢复期	+	33.34～33.49	表面缺陷（小的裂纹）逐渐为持续的旋转接触而逐渐平滑[22]，振动下降到一定程度
磨损中期	▽	33.49～34.11	损伤扩展到一定区域后，振动开始回升并逐渐增大
急剧后期	☆	34.11～34.17	损伤区域继续增大，振动急剧增大

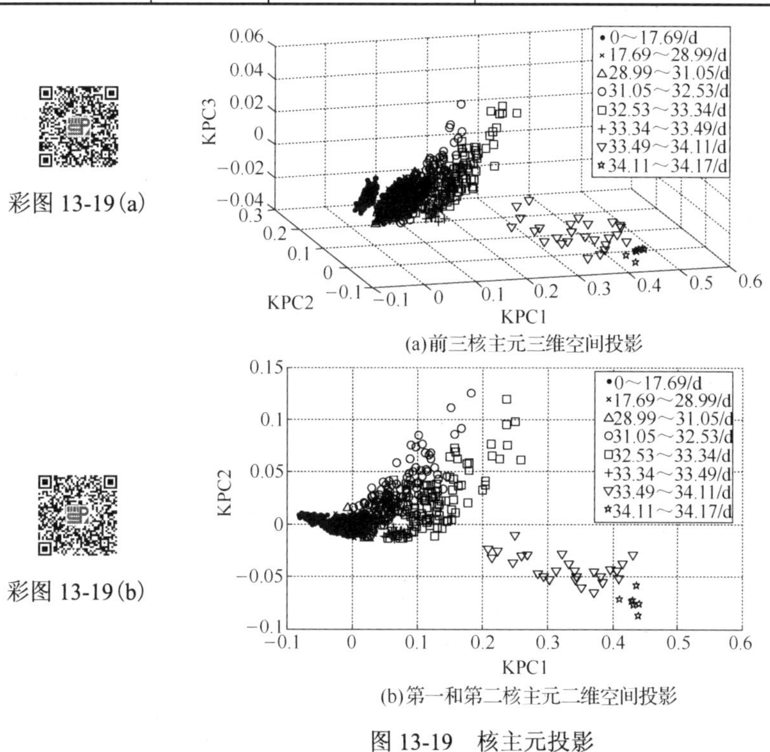

彩图 13-19(a)

(a)前三核主元三维空间投影

彩图 13-19(b)

(b)第一和第二核主元二维空间投影

图 13-19　核主元投影

试验轴承的第一核主元 KPC1 的贡献率为 63.24%，包含了高维试验相对特征集的大部分信息，因此在图 13-19 中可以区分轴承性能退化过程的各个阶段；第二核主元 KPC2 和第三核主元 KPC3 的贡献率分别为 17.47%和 8.49%，包含了高维试验相对特征集的少部分信息，因此能区分轴承性能退化的部分阶段。从图 13-19 中可以清晰区分出正常工作期、早期故障期、磨损中期和急剧后期，其中经常忽略的恢复期也能在图 13-19 中清晰地识别。此外，随着时间变化，数据点总体上有明显的趋势走向规律，且变化过程比较平滑。

为了与 WPHM 常规协变量进行对比，将试验轴承全寿命周期的均方根值和峭度投影到二维空间，如图 13-20 所示。从图 13-20 可以看出，均方根值虽然能够区分正常工作期、早期故障期、磨损中期和急剧后期，但其仅是时域中的一个特征参数，从包含的特征信息量上来看，远没有核主元包含的信息多，稳定性远低于核主元；峭度值仅对早期故障期区分比较明显，它无法区分轴承性能退化过程的其他阶段，且早期故障数据变化范围非常大，随时间不停振荡，而在磨损中期和急剧后期峭度值只是比正常工作期略微增大，更适合作为早期故障预警的重要指标，而不能反映性能退化的过程。

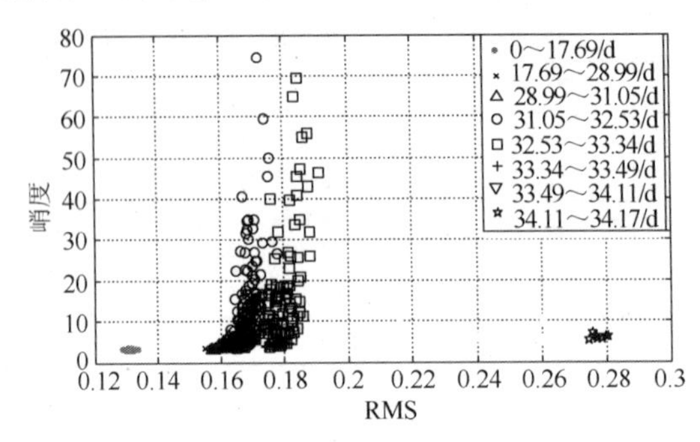

彩图 13-20

图 13-20　均方根值、峭度投影

前三个核主元包含了时域、频域、时频域的绝大部分信息，同时在变化趋势方面，图 13-19 的数据点变化比图 13-20 更加平滑，轴承性能退化过程总体趋势走向更加明显。比如 31.05～33.34d 的早期故障期，由于峰峰值、峭度值、峰值因子等变化范围非常大(图 13-18)，故早期故障数据点有相对明显的偏移(图 13-19)，但相对图 13-20 的变化趋势更平滑、偏移更小；又如 33.49～34.17d 的磨损中期和急剧后期，图 13-19 数据点的总体趋势走向比图 13-20 更加明显。整体上来说，随着时间的变化，图 13-19 的数据点过渡比图 13-20 更加平滑，偏移更小。

综上，由于前三个核主元包含时域、频域、时频域绝大部分信息，且兼顾非线性成分，样本点间偏离性相对较小，数据点有明显的趋势走向，因此选择能充分表征轴承性能退化过程的前三个核主元作为 WPHM 模型的协变量来建立模型更加稳定可靠。

13.5.4　剩余寿命预测

1. 可靠性评估

将高维训练相对特征集中核主元的各轴承全寿命数据和删失数据带入式(13-8)中，求解模型未知参数的估计值，如表 13-6 所示。

表 13-6　WPHM 参数

参数	$\hat{\beta}$	$\hat{\eta}$	$\hat{\gamma}_1$	$\hat{\gamma}_2$	$\hat{\gamma}_3$
估计值	1.0723	36.24	7.526	−1.6423	−0.8847

将高维试验相对特征集的核主元带入式(13-9)计算可靠度，如图 13-21 所示。

从图 13-21 可以看出，正常工作期可靠度的下降速度基本保持不变。早期故障期可靠度的下降速度开始增大，磨损中期和急剧磨损期可靠度的下降速度急剧增大。由于模型中的协变量是时变性的，任一时刻的可靠度都由历史数据的累积计算得到，不会因为某时刻采集数据突变而突变(如恢复期)，其可信度高于那些仅仅与当前时间有关计算得到的可靠度模型。从可靠度下降趋势变化就能准确区分轴承性能退化的状态。

彩图 13-21

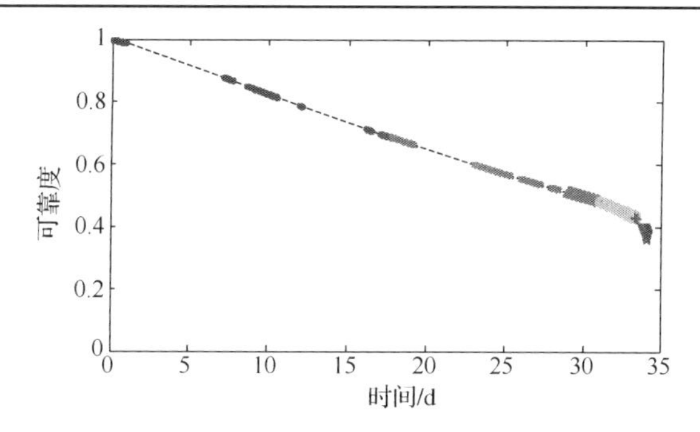

图 13-21　全寿命周期可靠度

2. 剩余寿命预测

为了验证剩余寿命预测方法的准确度，须设置可靠度阈值。它一般由统计学经验设定。由于式(13-9)中协变量是时变性的，且 e^{-1} 为特征寿命，从图 13-21 中可以看出，急剧后期的可靠度值在 e^{-1} 左右，因此可靠度阈值 R_0 设置为 e^{-1}。当然，定义的可靠度阈值并非恒定的，需要依据历史数据的可靠度和设备维修经验来适当的调整。

针对试验轴承不同的退化时期共取四个时间点，预测其剩余寿命，结果如表 13-7 所示。依据式(13-14)得到对应的误差率，如图 13-22 所示。从图 13-22 可以看出，正常工作期的剩余寿命预测值与真实剩余寿命差别很大，是因为轴承产生损伤是偶发性的，正常期各项特征处于正常范围内，协变量预测趋势呈线性，以至于正常期的预测误差较大，从图 13-21 正常期的可靠度走向也大致可以看出。随着步入早期故障，新退化特征的累积，协变量的预测曲线会越来越准确，剩余寿命预测值也越来越接近真实的剩余寿命，到磨损中期的 33.9868d 的误差率为 9.84%(即准确度为 1–9.84%= 90.16%)。结果表明，提出的寿命方法可以准确地预测轴承的剩余寿命，及时提供有效的维修决议。

表 13-7　剩余寿命预测

轴承状态	正常工作期	早期故障期		磨损中期
时间/d	30.9444	31.9652	33.0354	33.9868
真实剩余寿命/d	3.2091	2.1883	1.1181	0.1667
RUL 预测值/d	6.6262	2.7499	1.2736	0.1831
预测误差值/d	3.4171	0.5616	0.1555	0.0164

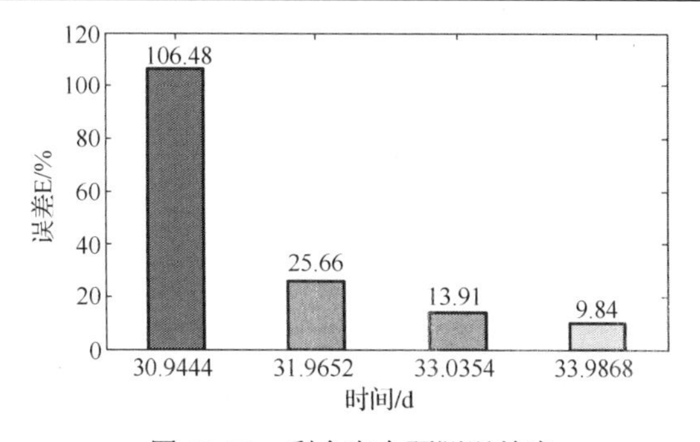

图 13-22　剩余寿命预测误差度

参 考 文 献

[1] 凌丹. 威布尔分布模型及其在机械可靠性中的应用研究[D]. 成都: 电子科技大学, 2010.

[2] WANG F T, CHEN X T, DUN B, WANG B, YAN D W, ZHU H. Rolling Bearing Reliability Assessment via Kernel Principal Component Analysis and Weibull Proportional Hazard Model[J]. Shock and Vibration, 2017: 1-11.

[3] 陈昌. 基于状态振动特征的空间滚动轴承可靠性评估方法研究[D]. 重庆: 重庆大学, 2014.

[4] 王奉涛, 陈旭涛, 柳晨曦, 李宏坤, 韩清凯, 朱泓. 基于KPCA和WPHM的滚动轴承可靠性评估与寿命预测[J]. 振动、测试与诊断, 2017, 37(3),476-483.

[5] NELDER J A, MEAD R. A simplex method for function minimization[J]. Computer Journal, 1965, 7(4):308-313.

[6] WANG F T, CHEN X T, YAN D W, LI H K, WANG L, ZHU H. Fuzzy C-means Using Manifold Learning and Its Application to Rolling Bearing Performance Degradation Assessment[J]. Journal of Mechanical Engineering, 2016, 52(15):59-64.

[7] 王国兴. GM(1,1)模型的改进及应用[J]. 应用泛函分析学报, 2013(3):211-217.

[8] FATEMI A, YANG L. Cumulative fatigue damage and life prediction theories:A survey of the state of the art for homogeneous materials[J]. International Journal of Fatigue, 1998, 20(1):9-34.

第 14 章　基于改进 Logistic 回归模型的寿命预测

Logistic 回归模型(logistic regression model, LRM)研究客观事物之间的联系、发现隐藏在事物之间的规律、模型参数少、建模简单、减小了主观因素的干扰。但是 LRM 也具有自身的局限性，其在可靠度函数计算过程中仅考虑当前的特征量，不能兼顾轴承振动信号特征量的劣化趋势，无法自适应地调节信号随机波动对轴承寿命预测的影响。本章为了建立轴承的运行状态与剩余寿命的映射关系，提出了一种基于改进 Logistic 回归模型(improved logistic regression model，ILRM)的滚动轴承寿命预测方法。该方法充分考虑了轴承的退化趋势，能够消除随机波动信号对寿命预测结果的影响，提高了滚动轴承剩余寿命预测的精度[1]。

14.1　Logistic 回归模型

Logistic 回归模型作为非线性模型，主要研究客观事物变量之间的关系，从而描述隐藏在事物内部之间的不确定现象。在轴承的剩余寿命预测中，LRM 能够表示以轴承特征参数为基础的自变量和轴承状态之间的关系。该模型的变量可以是分类变量，包括二项分类变量和多项分类变量。以 LRM 在轴承寿命预测为例，输出变量可为正常和失效的二项分类变量和输出变量为正常、早期故障、中期故障、严重故障的多分类变量。总之，Logistic 回归模型能够成功预测每一分类相对于选定协变量发生的概率，因此适用于轴承的剩余寿命预测。

14.1.1　二项分类 Logistic 回归模型

在二项分类 LRM 中，因变量 y_i 是一个二项分类(输出是 0 和 1)，表示事件有两种独立情况发生，$t=1,2,\cdots,n$ 是事件发生的时间，$X(t)=\{x_1(t),x_2(t),\cdots,x_n(t)\}$ 为影响时间发生的协变量，n 是协变量的个数，则事件不发生($y_i=1$)的概率可以表示为

$$P(y_i=1|X(t))=\frac{\exp[\beta_0+\beta_1x_1(t)+\cdots+\beta_nx_n(t)]}{1+\exp[\beta_0+\beta_1x_1(t)+\cdots+\beta_nx_n(t)]} \tag{14-1}$$

式中，$\beta_0,\beta_1,\cdots,\beta_n$ 为 $x_1(t),x_2(t),\cdots,x_n(t)$ 在模型里相对应的回归系数，其中 β_0 为常数。

若轴承的状态在 t 时刻分为正常与失效两种状态，分别用 $y_i=1$ 和 $y_i=0$ 来表示，$X(t)=\{x_1(t),x_2(t),\cdots,x_n(t)\}$ 表示在 t 时刻轴承状态监测信号对应不同的特征参数。很明显，在 t 时刻的状态参数 y_i 和由特征参数组成的协变量 $X(t)$ 存在着某种对应关系。根据轴承的特性，这种对应关系为非线性的。

假定轴承当前状态监测下的特征量为 $X(t)$，则轴承的可靠度函数 $R[t|X(t)]$ 和累积失效分布函数 $F[t|X(t)]=1-R[t|X(t)]$ 之比满足：

$$\frac{R[t|X(t)]}{1-R[t|X(t)]}=\exp[\beta_0+\beta_1 x_1(t)+\cdots+\beta_n x_n(t)] \tag{14-2}$$

式中，β_0，$\beta_1,\cdots$，β_n 都是要估计的参数，分别是协变量 $X(t)=\{x_1(t),x_2(t),\cdots,x_n(t)\}$ 对事件发生的概率的影响，其中 $\beta_0>0$。在式(14-2)中，若 $\beta_i>0$ 则表示随着自变量 $x_i(t)$ 增大，事件发生的概率也相应增加；反之，则减小；若 $\beta_i=0$ 说明该自变量对事件发生的概率没有影响，对模型的输出没有贡献。用牛顿迭代法把模型的参数 β_0，$\beta_1,\cdots$，β_n 估计出来后，轴承可靠度的函数可表示为

$$R(t|X(t))=\frac{\exp[\hat{\beta}_0+\hat{\beta}_1 x_1(t)+\cdots+\hat{\beta}_n x_n(t)]}{1+\exp[\hat{\beta}_0+\hat{\beta}_1 x_1(t)+\cdots+\hat{\beta}_n x_n(t)]} \tag{14-3}$$

如果模型的协变量 $X(v)$：$t<v<\infty$ 可以预测时，设备已经工作到 t 时刻的剩余寿命 $L(t)=E[T-t|T\geqslant t]$ 可以近似地表示为[2]

$$\hat{L}(t)\approx\frac{1}{\hat{R}[t|Z(t)]}\int_t^{\infty}\hat{R}[\tau|\hat{Z}(\tau)]\,\mathrm{d}\tau \tag{14-4}$$

14.1.2　多项分类 Logistic 回归模型

多项分类 LRM 的因变量 $y_i(i=1,2,\cdots,k)$ 有 k 种情况，也可以看成有 $k-1$ 个二项分类 LRM 组成的新的模型。这种模型在实际中经常用到，如在诊断疾病方面可以分为健康、早期症状、中期症状、晚期症状；在轴承的状态分类中包括正常、早期故障、中期故障、严重故障四种情况，这时就可以使用多项分类 Logistic 回归模型。不同的状态分别与模型的因变量 y_i 相对应。在多种状态下，表示 y_i 发生的可能性为

$$P(y_t=i|X(t))=\frac{\exp[\beta_{i,0}+\beta_{i,1}x_1(t)+\cdots+\beta_{i,n}x_n(t)]}{1+\exp[\beta_{i,0}+\beta_{i,1}x_1(t)+\cdots+\beta_{i,n}x_n(t)]} \tag{14-5}$$

式中，$\beta_{i,0},\beta_{i,1},\cdots,\beta_{i,k}$ 为 $y_i=\{0,i\}$ 的二项分类模型系数。

可靠度的函数表达式为

$$R(t|X(t))=\frac{\exp[\beta_{i,0}+\beta_{i,1}x_1(t)+\cdots+\beta_{i,n}x_n(t)]}{1+\exp[\beta_{i,0}+\beta_{i,1}x_1(t)+\cdots+\beta_{i,n}x_n(t)]} \tag{14-6}$$

式中，$\beta_{k-1}=\{\beta_{k-1,0},\beta_{k-1,1},\cdots,\beta_{k-1,k}\}$。事实上，式(14-6)是 $y_i=\{0,k-1\}$ 的二项分类问题。

14.1.3　回归参数的估计

因为多项分类 LRM 是特殊的二项分类 LRM，所以本文参数估计就以二项分类 LRM 为例。采用极大似然估计的方法把该模型的参数估计出来，求取似然函数的对数，表达式如下：

$$\begin{aligned}\ln L&=\ln[\prod p_t^{y_t}(1-p_t)^{1-y^t}]\\&=\sum_{t=1}^{n}\{y_t[\beta X(t)]-\ln[1+\exp(\beta X(t))]\}\end{aligned} \tag{14-7}$$

在式(14-7)中如果设备当前失效，$y_t=0$，反之$y_t=1$。对于多项分类 LRM 可以转化为二项分类模型进行求解。

14.1.4　改进 Logistic 回归模型

Logistics 回归模型在剩余寿命预测时仅考虑当前的退化特点，忽略了之前的退化趋势，且该模型对信号的随机波动不具有很好的适应性，这会降低模型的寿命预测精度甚至会给维修决策带来错误干扰，导致事故的发生。如果将滚动轴承退化趋势考虑到剩余寿命预测中去，采用自适应的方式消除随机波动信号对剩余寿命预测的影响，构造改进 logistics 模型，则可以有效补充存在的不足。其中相关表达式如下：

$$h_i(t)=\frac{u(t)}{w(t)} \tag{14-8}$$

$$u(t)=a_m x_i(t_m)+a_{m+1}x_i(t_{m+1})+\cdots+a_{m+n}x_i(t_{m+n})+x_i(t) \tag{14-9}$$

$$a_j=\frac{x_i(t)-x_i(t_j)}{(n+1)x_i(t)-x_i(t_m)-x_i(t_{m+!})-\cdots-x_i(t_{m+n})} \tag{14-10}$$

式中，a_j正比于t时刻的特征值与t_j时刻特征值的差值，且符号与两者差值的符号相同。$u(t)$是兼顾当前时刻之前的$n+1$个特征量且能消除随机波动的影响，达到对模型的优化。$w(t)$是$u(t)$在正常时期的一段均值，$h_i(t)$是$u(t)$的一段相对特征值。由式(14-10)可知，由于a_j的取值和x_i在t与t_j时刻差值的符号一致，因此该改进模型不但兼顾了轴承的退化趋势，而且还可以消除随机波动对剩余寿命的影响。

用$h_i(t)$取代式(14−3)中的$x_i(t)$，得到 ILRM，具体的公式为

$$R(t|X(t))=\frac{\exp[\beta_0+\beta_1 h_1(t)+\cdots+h_n(t)]}{1+\exp[\beta_0+\beta_1 h_1(t)+\cdots+h_n(t)]} \tag{14-11}$$

式(14-9)和式(14-10)不但使改进的 Logistic 回归模型能够兼顾轴承的退化趋势，而且可以消除随机波动信号对轴承剩余寿命预测的影响。式(14-8)通过求取相对特征值，消除轴承因制造、安装、实际工况等原因的差异给剩余寿命预测带来的干扰，使模型通用性增强。以上改进是针对二项分类 LRM 进行的改进，对于多项分类 LRM，参照二项分类模型进行改进。对于 ILRM 的参数估计和轴承的剩余寿命预测，分别按照式(14-7)和式(14-4)进行运算。

14.2　改进 Logistic 回归模型轴承寿命预测

传统的剩余寿命预测方法大多是基于对历史数据大量统计的基础之上实现的，这对实际应用中的小样本设备失效情况的指导意义不大。基于神经网络、比例故障、支持向量机等模型存在建模困难、参数估计误差较大等问题，这些会给寿命预测带来误差。本文研究了基于 PCA 和改进 Logistic 回归模型滚动轴承剩余寿命的预测方法。为了减小轴承在安装、制造、工况等方面的差异给剩余寿命预测带来的干扰，本文采用相对特征来消除以上的干

扰，并提高本文算法的适用性。PCA 用来选取模型的协变量并做退化趋势分析，改进了传统的选择峭度值、有效值等，不能把轴承更多的退化特征带进寿命预测模型。有效的时域、频域、时频域特征量经过 PCA 降维后，选择有效主元作为模型的协变量。LRM 研究客观事物之间的联系，发现隐藏在事物之间的规律，模型参数少、建模简单，减小了主观因素的干扰。但是 LRM 也具有自身的局限性，在可靠度函数计算过程中仅考虑到当前的特征量，不能兼顾轴承振动信号特征量的劣化趋势、无法自适应调节信号随机波动对轴承寿命预测的影响。本文为了把轴承的运行情况与剩余寿命结合在一起，对 LRM 进行改进，提出一种基于改进 Logistic 回归模型的滚动轴承寿命预测方法。该方法在剩余寿命预测时充分考虑滚动轴承的退化趋势，且能消除随机波动信号对寿命预测结果的影响。试验结果表明，该算法不但提高了预测精度而且对于同类轴承有很好的适用性。

14.2.1　特征量选取

滚动轴承的振动信号一般是在轴承座上进行采集的，如何对获得的振动信号进行分析及提取特征量来充分表示轴承的状态至关重要。为了降低噪声对有效振动信号的干扰，首先对原始信号去均值处理，然后对去均值后的信号进行时域、频域、时频域的特征参数进行求取，选择能够代表滚动轴承退化趋势的特征参数进行下一步分析。结合滚动轴承实际工作情况和振动信号的特征，提取滚动轴承振动信号的时域、频域和时频域特征组成的混合域特征参数[3]，根据各参数的全周期变化过程，从中筛选出有效的特征参数。

时域特征：峭度值、峰峰值、IMF1 能量、方差、平均功率、IMF2 能量、绝对均值、标准差、脉冲因子、裕度因子、峭度因子。

IMF1 和 IMF2 能量谱是先对滚动轴承的振动信号进行 EMD 分解，选含轴承故障特征量比较多的前两个分量求取能量值作为轴承的特征参数。设轴承振动信号经 EMD 分解后的分量表示为 w_i， $i=1,2,\cdots,k$ 表示 IMF 分量的个数。则 IMF 能量表达式为

$$E_j=\sum_{i=1}^{k}(w_i)^2 \tag{14-12}$$

其中峭度值、峰峰值、峭度因子对于轴承的早期故障比较敏感；绝对均值、平均功率、IMF1、IMF2 能够表示信号的能量波动和信号的幅值波动；方差、标准差、脉冲因子、裕度因子表示振动信号的波形分布。

为了在高维特征集中表示频谱的频率分布，本文选取频域特征中的峰值频率和均方根频率作为特征参数。假设原始信号 $x(t)$ 经过 FFT 变换之后的频谱为 $y(k)$， $k=1,2,\cdots,K$ 为谱线数，那么轴承的峰值频率 p_1 和均方根频率 p_2 可以表示为

$$p_1=\max[y(k)] \tag{14-13}$$

$$p_2=\sqrt{\frac{\sum_{k=1}^{K}y^2(k)}{K}} \tag{14-14}$$

求取振动信号的时频域特征，首先把原始信号小波包分解 3 层，选取能够反映轴承退

化趋势的第 3 频带归一化小波包能量谱(E3)和第 7 频带归一化小波包能量谱(E7)作为轴承的特征参数[4]。对信号 i 层小波包分解，结点(i,j)的系数为 $x_i^j(k), k=1,2,\cdots,N$，则在结点(i,j)处的能量为

$$E_i^j=\sum_{k=1}^{N}[x_i^j(k)]^2 \tag{14-15}$$

上述方法通过选取轴承的时域、频域、时频域特征值，较全面地包含滚动轴承的有效退化信息。特征值选取主要是先求滚动轴承的特征参数，通过 MATLAB 绘制其谱线图，根据滚动轴承的实际退化情况选择能反映轴承退化趋势的特征参数。选择时域、频域、时频域组成的混合特征集，可以有效避免单一特征不能表示轴承退化趋势的局限性。

14.2.2　主元分析(PCA)

传统模型协变量的选取仅限于峭度值、有效值、峰值等，导致协变量不能充分体现轴承的退化趋势，因此也会对可靠性评估和剩余寿命预测带来极大的误差。相关系数法能够实现特征信息的选取，但是也会流失大量的有用信息。为了改进以上的不足，本文通过先选取能够表示滚动轴承退化趋势的有效特征量的高维特征集，然后应用主元分析(principal components analysis，PCA)降维处理，选取累积贡献率达到预定值的主元作为模型的协变量，大大提高了协变量的有效性。

PCA 可以用于减少特征空间维数,主分量的子空间提供了从高维数据到低维数据在均方误差意义下的数据压缩,它能最大程度地减少方差[4]。PCA 近年作为信号特征提取工具，在人脸识别、图像压缩、信号降噪等领域取得了较好的效果。Weixiang Sun 等运用 PCA 进行旋转机械故障的诊断取得了较好的效果[5]。

设滚动轴承振动信号特征向量矩阵为 $\boldsymbol{X}$， $\boldsymbol{X}_k=\left(x_{1k},x_{2k},\cdots,x_{nk}\right)^{\mathrm{T}}$ 为 n 维的模式向量,轴承的某一状态可由 $\boldsymbol{X}_k$ 描述, $\boldsymbol{X}_k$ 的协方差矩阵为

$$\boldsymbol{W}=\frac{1}{N}\sum_{k=1}^{N}(\boldsymbol{X}_k-\bar{\boldsymbol{X}})(\boldsymbol{X}_k-\bar{\boldsymbol{X}})^{\mathrm{T}} \tag{14-16}$$

$$\bar{\boldsymbol{X}}=\frac{1}{N}\sum_{k=1}^{N}\boldsymbol{X}_k \tag{14-17}$$

求解 $\boldsymbol{W}$ 的所有的特征值 $\lambda_i(i=1,2,\cdots,n)$，和对应的向量 $\boldsymbol{h}_i$。把 λ_i 从大到小依次排列($\lambda_1>\lambda_2>\cdots>\lambda_n$)，则对应的特征向量为 $\boldsymbol{h}_i(i=1,2,\cdots,n)$。样本 $\boldsymbol{X}_i$ 投影到特征向量 $\boldsymbol{h}_i$ 上得到该方向上的主分量为

$$y_{ij}=\boldsymbol{h}_i^{\mathrm{T}}(\boldsymbol{X}_j-\bar{\boldsymbol{X}}) \tag{14-18}$$

所有的特征向量组成一个 n 维正交空间, x 投影到该正交空间得到相应的 n 维主分量。特征向量在重构时的贡献率正比于其所对应的特征值。设正交空间中前 m 个主分量为 $v_1,v_2,\cdots,v_m$，其累计方差贡献率为

$$G(m) = \sum_{i=1}^{m} \lambda_i \sum_{k=1}^{n} \lambda_k \tag{14-19}$$

$G(m)$ 从小到大排列，根据需要选择相应的贡献率，如 $G(m) > 95\%$，则表示 95%以上的有效信息保留在前 m 个主分量之中。

14.2.3　基本算法流程

本文提出的基于 PCA 和 ILRM 滚动轴承剩余寿命的预测方法，通过对模型协变量选取和模型本身进行改进来提高模型的剩余寿命预测精度，具体流程图如图 14-1 所示。

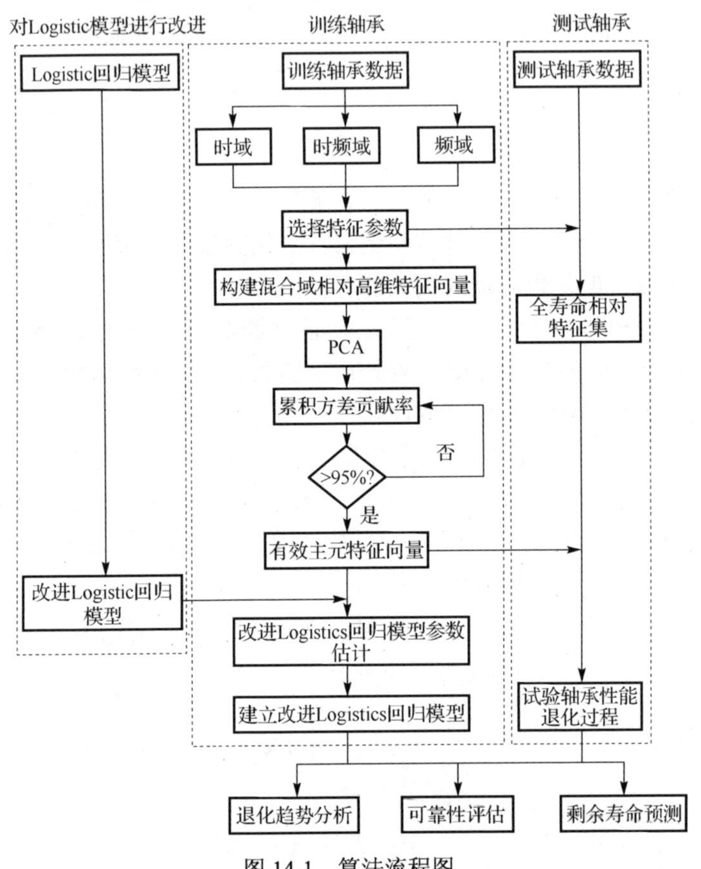

图 14-1　算法流程图

具体步骤如下：

(1) 特征参数选择：从滚动轴承振动数据中提取全寿命周期的时域特征、频域特征和时频域特征参数，从中筛选出有效的特征参数，组成特征向量集。

(2) 相对高维特征集的构建：选取轴承特征量正常期的一段求取均值，该特征的全寿命数据除以该均值得出相对特征，分别求取有效特征参数的相对特征，构建混合域的相对高维特征集。

(3) 主元分析：对混合域的相对高维特征集进行主元分析，选取累计贡献率大于 95% 的主元。

(4) 建立模型：根据选取的有效主元把模型参数估计出来，建立 ILRM。

(5) 寿命预测：利用测试组的轴承数据按照训练组的方法步骤选取出模型的协变量，利用已建立的 ILRM 对滚动轴承进行可靠性评估与剩余寿命预测。

14.3 应用实例

为了提高模型的预测精度，本文在模型协变量选取与模型本身进行了改进，并通过求取相对特征值来提高模型的适用性。传统协变量选取只是通过个别特征值作为模型的协变量，而这些特征值很难全面体现轴承的退化特征，因此也会给轴承的可靠性评估和剩余寿命预测带来干扰和误差。LRM 可以客观地对滚动轴承的剩余寿命进行预测，但是模型在计算剩余寿命时没有考虑滚动轴承的累积失效率以及无法适应轴承振动信号随机波动对剩余寿命预测的影响。本文首先选取轴承有效特征量组成高维特征集，并通过求取特征集的相对特征来增加模型的适用性。其次通过 PCA 降维，得到累积贡献率达到一定值的主元作为模型的协变量并进行轴承退化趋势分析。最后对 LRM 进行改进，建立 ILRM 进行参数估计，并进行可靠性评估和剩余寿命预测。

14.3.1 试验设备

本节所采用的数据为第 12 章应用实例的滚动轴承全寿命周期加速轴承性能退化实验数据。试验台轴承位置和传感器布置可参见 12.4 节。一根转轴上装有四个轴承，轴承型号为 Rexford ZA-2115，由直流电机通过皮带连接驱动，轴承转速为恒定值 2000rpm，由弹性加载器施加 6000lp 的径向载荷。当吸附的碎屑量达到预先设定的阈值，数据采集工作便会停止。8 个加速度传感器分别采集轴承 X 和 Y 方向的加速度信号，振动信号用 NI 公司的 DAQCardTM-6062E 数据采集卡进行采集，采集时间间隔为 20min，采样频率为 20kHz，采样长度为 20480 个点。

试验共进行了三组，每组包含四个轴承，第一组轴承编号 1～4 号，第二组轴承编号 5～8 号，第三组轴承编号 9～12 号。表 14-1 为各组轴承的实验结果，失效轴承表示在实验结束时轴承已经损坏；失效模式表示轴承的失效类型，包括内圈故障、外圈故障、滚动体故障；删失轴承表示在实验结束时轴承没有损坏。本节采用 3 号轴承的数据来验证模型，其他 11 组轴承的数据用于训练模型。

表 14-1　实验结果

试验序列	1	2	3
失效轴承	B3、B4	B5	B11
失效模式	B3(a)、B4(b & c)	B5(c)	B11(c)
删失轴承	B1、B2	B6、B7、B8	B9、B11、B12

注：a 为内环故障，b 为滚动体故障，c 为外环故障

14.3.2 获取有效特征值和相对特征值

为了选择能够代表滚动轴承退化趋势的高维特征集，筛选和对比本节选择的特征量，包

括时域的峭度值、峰峰值、IMF1 能量、方差、平均功率、IMF2 能量、绝对均值、标准差、脉冲因子、裕度因子、峭度因子；频域的峰值频率和均方根频率；时频域的 3 层小波包分解的第 3 频带归一化小波包能量谱(E3)和第 7 频带归一化小波包能量谱(E7)，如图 14-2 所示。

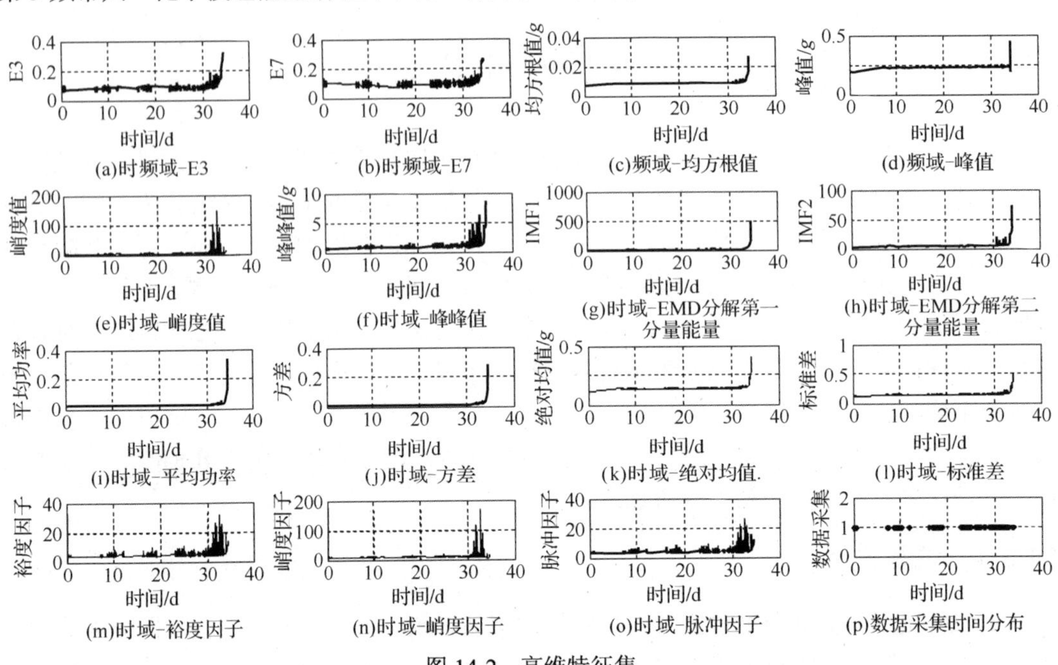

图 14-2　高维特征集

由于各个轴承制造、安装和实际工况的差异，同一工作环境下同型号轴承间的特征参数存在一定的差异。如图 14-3 所示，1～8 号滚动轴承特征量的均值存在很大的差异。这主要是轴承在制造、安装、实际工况等情况下的差异所致。这种现象可能会导致一些轴承在故障期时的特征参数小于其他没有发生故障的轴承，给设备的预测维修带来干扰。因此，利用原始特征值不但无法对轴承全寿命进行分段，而且会因不同轴承之间的差异给建模带来干扰。

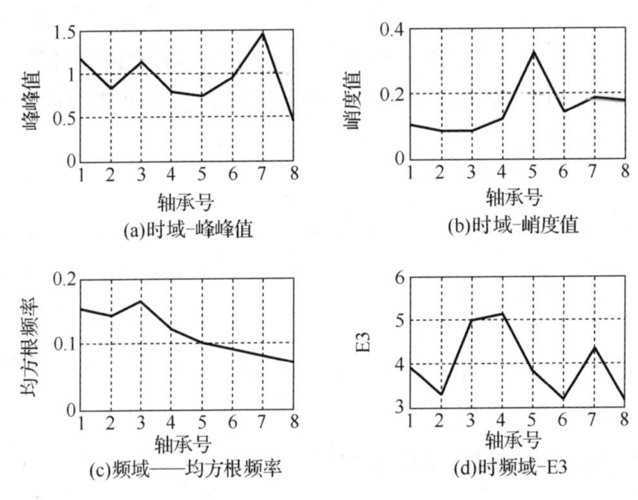

图 14-3　1～8 号轴承特征参数平均值对比

为降低轴承个体之间的差异对可靠性和剩余寿命预测的影响，本文使用相对特征值，具体做法如下：选择每个特征值在正常期内一段趋势平稳的值，将该段值的平均数作为标准值，最后计算原始数据与标准值的比值，得到相对特征值，结果如图 14-4 所示。其中图 14-4(a)、(b)为时频域特征小波包第 3、7 能量谱；(c)、(d)为频域特征；(e)～(o)为时域特征；(p)表示全寿命周期轴承数据采集是否间断，间断点为空数据，在此时间内未进行数据采集。

对比图 14-2 与图 14-4 可以发现，相对特征值处理后各个特征值在正常期时都在 1 左右波动，减小了数据之间的偏差。因此，同种轴承的相同的特征值因制造、安装、实际工况等差异造成的振动信号之间的差异也会消除。同样地，因以上差异给设备制定维修计划带来的干扰也会降低。例如，根据相似轴承的历史数据建立轴承的寿命预测模型，设备在线监测时因设备的轴承在制造、安装、实际工况等原因的不同造成特征值在故障时期低于历史数据的正常期。根据在线数据对设备进行可靠性评估和剩余寿命预测时，会把故障期当作正常期造成“误判”，给设备制定维修计划带来干扰甚至带来巨大的经济损失和人员伤亡。同时，对特征值求取相对值，增加了模型的适用性，可用于类似设备的剩余寿命预测。

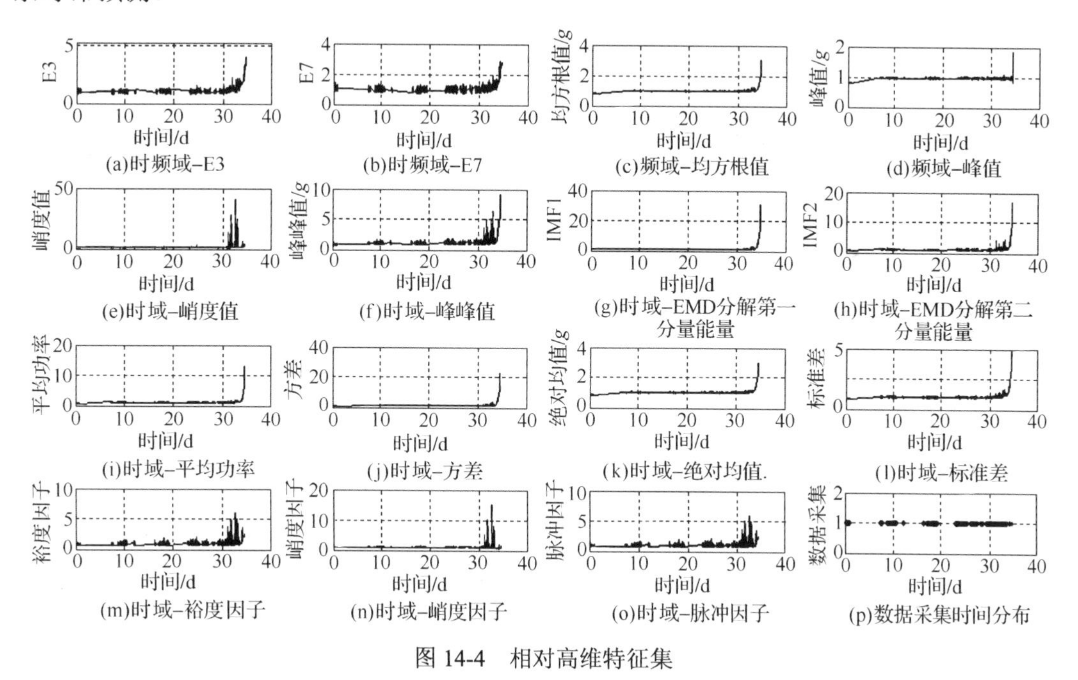

图 14-4　相对高维特征集

14.3.3　PCA 降维与退化趋势分析

滚动轴承特征参数所反应的特征状态各不相同，很难看出哪些特征参数能较好且全面地反映轴承的状态。因此在上述特征分析的基础上提取有用且全面的轴承特征尤为重要，但是选取过多的特征量作为协变量会给建模带来困难。本文利用 PCA 达到选取有效特征量的目的。用 PCA 分别对相对特征参数和原始特征参数进行降维，结果如表 14-2 所示。由于滚动轴承制造、安装和工况差异引起数据离散，故直接对原特征集降维的效果远低于相对特征集的分析效果。相对高维特征集PCA降维之后，到第二主元时贡献率已达到96.57%，因此本文选择前二主元作为ILRM的协变量。

表 14-2　主元分析结果

贡献率	第一主元	第二主元	第三主元
特征值	86.67%	89.53%	93.69%
相对特征值	91.17%	96.57%	97.81%

为观察主元分析的效果，把相对高维训练集投影到二维空间上，结果如图14-5所示，从第一主元可以看出正常期、早期故障、中期故障、严重故障从小到大依次排列，明显反映轴承的退化趋势。其中恢复期在第一主元上处于正常期和中期故障之间，原因是故障裂纹被磨平，一些故障特征的特征值相对早期故障减小的缘故，但恢复期的故障相对早期故障较为严重，因此轴承可靠性评估时应该注意该时期，防止出现误判从而干扰制定维修计划。

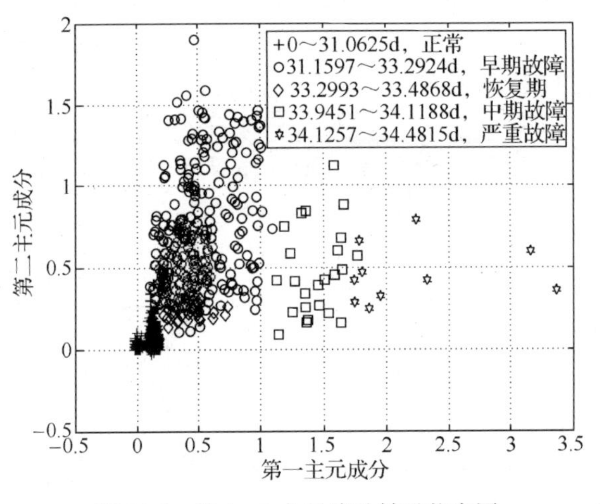

彩图 14-5

图 14-5　第 1、2 主元滚动轴承状态图

14.3.4　可靠性评估与剩余寿命预测

为了验证算法的有效性，用LRM可靠性评估结果和本文算法可靠性评估和寿命预测结果作比较。用极大似然估计方法估计LRM和ILRM参数的结果，如表14-3所示。

表 14-3　模型参数估计

模型	β_0	β_1	β_2
ILRM	5.358	1.742	9.458
LRM	3.187	6.528	15.734

将第一和第二主元带入ILRM和LRM，分别求出全寿命可靠度曲线图，如图14-6和图14-7所示。

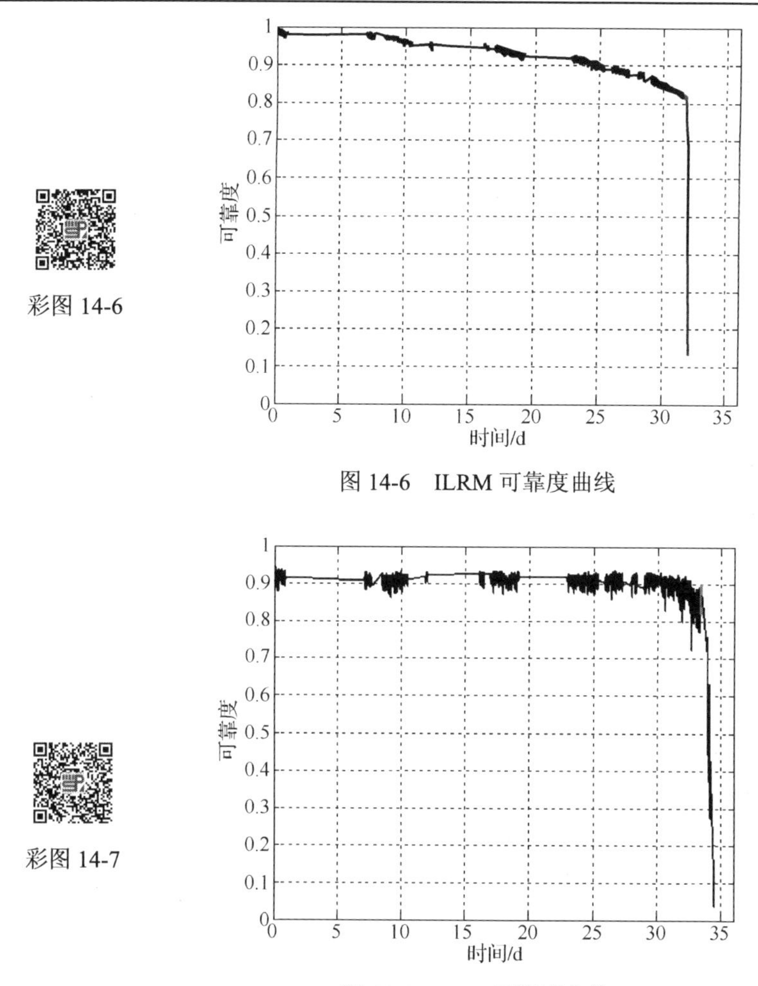

图 14-6　ILRM 可靠度曲线

图 14-7　LRM 可靠度曲线

注：图 14-6 和图 14-7 中红线、蓝线、紫线、黄线和黑线分别对应轴承的正常期、早期故障、恢复期故障、中期故障和严重期故障，彩图见二维码。

由图 14-5 和图 14-6 可知，本文提出算法的可靠度曲线能够反映轴承的退化趋势。在正常时期，ILRM 的可靠度曲线开始下降，这和随着工作时间的增加轴承可靠度降低的现场情况一致；而 LRM 的可靠度曲线没有下降趋势并且有较大的波动，这违背了实际工况。在恢复期，由于早期故障的裂纹被磨平，峭度值、峰值等特征的幅值降低，造成 LRM 的可靠度曲线出现上升的趋势，可靠度超过了早期故障，这不符合滚动轴承的实际工况，会给制定预防性维修计划造成干扰；而 ILRM 改善了以上不足，可靠度曲线在恢复期继续下降，这与滚动轴承的实际工况相吻合。在故障的中期和后期，ILRM 可靠度曲线波动较小，可靠度按照故障阶段顺序依次下降，而 LRM 可靠度曲线波动较大，且在严重故障时期，一些点的可靠度高于中期故障。由于波动的存在，图 14-7 中早期故障的一些时间点的可靠度比恢复期和中期故障的可靠度还要小，这不符合滚动轴承的实际工况，而且会给预测性维修带来干扰。这是由于 ILRM 通过 PCA 选取了更为全面的反映滚动轴承劣化趋势的特征量、有效地对原模型进行优化以及消除了轴承个体差异的影响，从而使可靠度曲线与实际工况更为吻合；ILRM 降低了滚动轴承振动信号的随机波动，把轴承的退化趋势引入到模型中，提高了模型可靠性评估的精度。

根据 ILRM 和 LRM 的寿命预测公式计算 3 号轴承的剩余寿命，如表 14-4 所示。

表 14-4　剩余寿命

轴承状态	正常期	早期故障	恢复期	中期故障	严重故障期
时间/d	30.5	32.6	33.3	34	34.2
剩余寿命/d	3.9815	1.8815	1.1815	0.4815	0.2815
LRM	8.3542	3.52	2.9491	1.2201	0.8371
预测误差	4.3727	1.6385	1.7676	0.7386	0.5556
ILRM	6.3841	3.2147	2.0031	1.0296	0.3146
预测误差	2.4026	1.3332	0.8216	0.1905	0.0331

从表 14-4 中可以看出 ILRM 剩余寿命精度远高于 LRM 的精度。以严重故障期为例：当轴承工作到第 34.2d 时，轴承的实际剩余寿命是 0.2815d，LRM 预测的剩余寿命为 0.8371d，ILRM 预测的剩余寿命是 0.3146d。所以 ILRM 的预测精度较 LRM 得到了较大的改善。预测精度的表达式为

$$p=\left(1-\frac{\left|t_p-t_t\right|}{t_p}\right)\times 100\% \tag{14-20}$$

通过式(14-20)计算 ILRM 的剩余寿命预测的精度为 89.48%，而 LRM 的剩余寿命预测的精度为 33.63%。因此。ILRM 的预测精度与实际相差较小，能够满足轴承维修维护的要求。然而，LRM 在剩余寿命预测时不但精度较低，而且随机波动较大，不利于轴承的维修维护。主要原因是 LRM 在寿命预测时不能够兼顾轴承的退化趋势、不能适应振动信号的随机波动对剩余寿命预测的影响。从轴承的剩余寿命预测精度上说明了本文算法的有效性。

参 考 文 献

[1] 王奉涛, 王贝, 敦泊森, 李宏坤, 韩清凯, 朱泓. 改进 logistic 回归模型的滚动轴承可靠性评估方法[J]. 振动、测试与诊断, 2018.

[2] 尤明懿. 基于状态监测数据的产品寿命预测与预测维护规划方法研究[D]. 上海:上海交通大学, 2012.

[3] 王奉涛，马孝江，张勇. 基于局域波-粗糙集-神经网络的故障诊断方法研究[J]. 内燃机工程，2007，28(2)：80-84.

[4] 苏文胜. 滚动轴承故障诊断信号处理及特征提取方法研究[D]. 大连：大连理工大学, 2010.

[5] SUN W X，CHEN J，LI J Q. Decision tree and PCA-based fault diagnosis of rotating machinery [J]. Mechanical Systems and Signal Processing, 2007, 21(3):1300-1317.

第 15 章　基于长短期记忆网络的寿命预测

15.1　基 础 理 论

15.1.1　循环神经网络 RNN

滚动轴承的退化过程是一个故障累积和不断发展的过程，其状态变化不仅与当前时刻的监测信息有关，更与历史时刻的监测值相关。传统的神经网络只考虑当前时刻设备的监测状态值，很难表征轴承随时间的退化发展过程。循环神经网络(recurrent neural networks，RNN)是一种记忆性神经网络，可以考虑当前和历史时期的记忆数据，实现预测过程，从而克服了传统神经网络无法充分利用历史时刻数据的弊端。RNN 可以被看作是同一神经网络的多次复制，每个神经网络模块会把消息传递给下一个，当输入为时间序列时，该循环结构如图 15-1 所示。

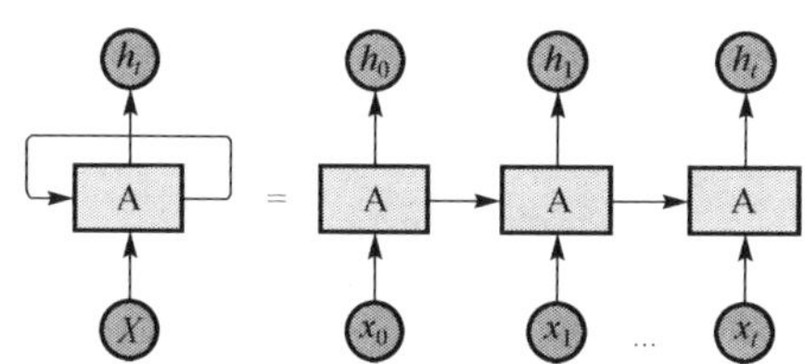

图 15-1　RNN 循环结构

其中，$X=(x_0,x_1,\cdots,x_t)$ 为输入序列信息，$H=(h_0,h_1,\cdots,h_t)$ 为对应时刻的状态向量。一层 RNN 由输入层、隐藏层、状态层组成。RNN 循环神经网络具有一定的记忆功能，但是由于 RNN 难以训练以及梯度弥散和梯度爆炸等问题而不能很好地处理长期依赖问题。

15.1.2　LSTM 神经网络预测模型

对于长期依赖问题，由于预测值需要依赖过多的历史数据，简单的 RNN 很难学到相应信息。LSTM 是一种特殊的 RNN，由 Hochreite 和 Schmidhuber 于 1997 年提出，可以很好地解决长时依赖问题，并被学术界不断完善。

LSTM 网络的隐藏层结构为长短时记忆块，记忆块由三个控制门限和一个细胞结构组成，具体结构如图 15-2 所示。

图 15-2 中，矩形方框代表每一个记忆细胞，细胞上的水平线传递细胞状态。f_t、i_t、o_t 分别为遗忘门、输入门和输出门。LSTM 通过上一时刻输出 h_{t-1} 和当前时刻输入 x_t 共同组成的输入向量 $[h_{t-1},x_t]$ 计算遗忘门 f_t 来控制记忆细胞状态。

$$f_t=\sigma(\boldsymbol{W}_f\cdot[h_{t-1},x_t]+\boldsymbol{b}_f) \tag{15-1}$$

其中，$\boldsymbol{W}_f$、$\boldsymbol{b}_f$ 分别为输入层权值和偏置向量；$\sigma(\cdot)$ 为激活函数，一般采用 sigmoid 函数。

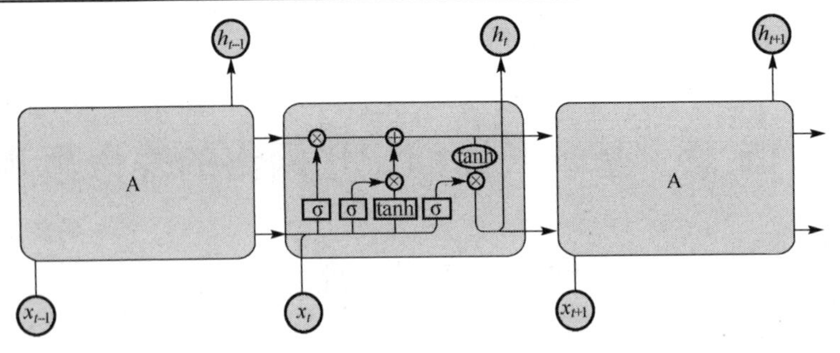

图 15-2　LSTM 细胞结构

接下来产生需要更新的新信息。这一步包含两部分，第一部分是输入门 i_t 通过 sigmoid 函数来决定哪些值用来更新，第二部分是 tanh 层生成新的候选值 $\tilde{C}_t$ 作为当前层产生的候选值添加到记忆细胞中。

$$i_t = \sigma(\boldsymbol{W}_i \cdot [h_{t-1}, x_t] + \boldsymbol{b}_i) \tag{15-2}$$

$$\tilde{C}_t = \tanh(\boldsymbol{W}_C \cdot [h_{t-1}, x_t] + \boldsymbol{b}_C) \tag{15-3}$$

$$C_t = f_t * C_{t-1} + i_t * \tilde{C}_t \tag{15-4}$$

其中，W_C、b_C 分别为状态更新层的权值和偏置，$\tanh(\cdot)$ 为 tanh 激活函数。

在输出层，网络通过输出门 o_t 控制更新状态的输出：

$$o_t = \sigma(\boldsymbol{W}_o[h_{t-1}, x_t] + \boldsymbol{b}_o) \tag{15-5}$$

$$h_t = o_t * \tanh(C_t) \tag{15-6}$$

其中，W_o、b_o 分别为输出层的权值和偏置。

长短期记忆神经网络通过 BPTT（back propagation through time）算法进行训练。误差通过时间维度进行反向传播。经过训练使得网络可以实现时间序列数据的特征提取，从而使轴承在时间域的退化过程信息得到反映，因此对当前时刻之后的时间序列预测更加准确。

15.2　方 法 步 骤

准确预测滚动轴承的剩余寿命，需要解决以下两个关键问题。

第一，如何选择反映轴承退化趋势的特征参数以表征轴承退化过程。文献[1]选用振动信号时域上的 RMS 和峭度作为轴承退化指标，文献[2]采用特征参数 KPCA 降维后的前三个核主元作为表征轴承退化的协变量。但是，轴承退化过程复杂多变，需要多元特征参数表征整个退化过程，且各参数的优劣程度需要一个定量的指标进行衡量，以剔除对轴承退化不敏感的参数。

第二，如何选取合适的寿命预测模型。目前基于数据驱动的神经网络预测模型一般不能很好地利用退化过程的数据特征，对轴承退化趋势的表征效果差。只利用当前时刻的数据预测剩余寿命时，数据波动对预测结果影响较大，预测结果可信度低。

本文提出一种基于长短期记忆网络的滚动轴承剩余寿命预测方法，图 15-3 为该方法的流程图。

具体步骤如下：

(1) 特征参数提取：从轴承全寿命振动数据中提取时域、频域和时频域特征参数，并剔除不能反映轴承退化趋势和物理意义相似的特征参数。同时，提取全寿命数据时域及频域内的相似相关指标，共同构成特征参数初选集。

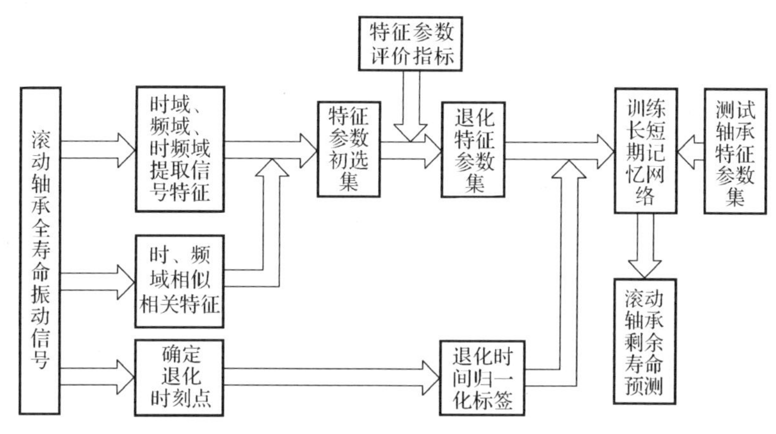

图 15-3　方法流程图

(2) 构建退化特征参数集：定义轴承特征参数的时间相关性、单调性、鲁棒性三项指标，从特征参数初选集中选择能够反映轴承退化趋势的特征参数，构成退化特征参数集。

(3) 确定退化起始时刻点：以轴承正常工作时振动量为标准值，当轴承振动量幅值连续超过该标准值时，定义为轴承退化起始时刻点。

(4) 定义退化时间标签：将退化起始时刻至轴承完全失效的时间作为轴承剩余寿命，将剩余寿命的时间归一化到(0,1)作为 LSTM 网络训练的标签。

(5) LSTM 网络训练：确定网络训练参数，以轴承退化特征集的各特征参数作为输入，构建的剩余寿命归一化时间作为标签对网络进行训练[3]。

(6) 剩余寿命预测：利用训练好的 LSTM 网络模型预测测试轴承剩余寿命。

15.3　滚动轴承特征参数集的构建

15.3.1　滚动轴承试验台介绍

本章研究的滚动轴承全寿命周期试验数据采用第 12 章的实验数据，实验台装置可参见 12.4 节。振动信号通过美国国家仪器(NI)公司的 DAQCardTM-5052E 数据采集卡采集，采样率为 20kHz，采样点数为 20480 个点。

在相同状态下进行了两次试验，试验轴承共 8 个，轴承的失效状况并不相同。轴承状态在实验过程中不断退化，当试验停止时，有的轴承仍处于中期故障甚至早期故障阶段，不具备全寿命特征。本章根据振动量的大小来确定轴承的失效情况，最终确定轴承 3、轴承 4、轴承 5 和轴承 8 共四个轴承在退化后期振动量大大超过正常状态振动幅值，具有全寿命退化特征。因此，本章选择轴承 3、4、8 为训练轴承，轴承 5 为测试轴承，验证提出的剩余寿命预测方法的可行性。

15.3.2 轴承特征参数评价指标

滚动轴承退化过程是一个时序过程，合适的退化特征量可以更好地描述轴承的退化状态，从而进行轴承可靠性评估。在轴承全寿命周期过程中，良好的退化特征量应具有以下特点[4]：

(1) 滚动轴承性能退化是随时间退化的连续过程，因此提取的特征量应该具有时间相关性，即退化特征量与时间有关。

(2) 任何退化过程都是一个随机故障和疲劳失效等过程的累积，因此在时间轴上应该保持一定的整体递增或递减趋势，即退化特征量具有一定的单调性。

(3) 退化过程是轴承总体健康状况的趋势变化，退化特征量应该仅受轴承运转时间的影响，而不应被运转过程中的随机故障影响，因此提取的特征量应该对产生的随机故障具有一定的抵抗能力，即具有一定的鲁棒性。

三项指标中，相关性度量特征信号序列与时间序列之间的相关程度；单调性用来描述特征信号序列持续增加或降低的趋势变化；鲁棒性用来反映特征信号序列对噪声干扰或故障信号的容忍能力。

本文用以上三个指标来衡量表征轴承退化过程的特征参数的优劣程度。对于特征信号序列 $F=[f(t_1),f(t_2),\cdots,f(t_K)]$ 和时间序列 $T=[t_1,t_2,\cdots,t_k]$ 来说，$f(t_k)$ 表示在时间 t_k 处对应的特征值，为样本时间总长度。用滑动平均法将特征序列分解成平稳趋势和随机余量两部分[5]：

$$f(t_k)=f_T(t_k)+f_R(t_k) \tag{15-7}$$

式中，f_T 表示平稳部分，f_R 表示随机余量。提出的三个指标中，相关性指标记为 $\mathrm{Corr}(F,T)$，单调性指标记为 $\mathrm{Mon}(F)$，鲁棒性指标记为 $\mathrm{Rob}(F)$，三个指标计算公式如下：

$$\mathrm{Corr}(F,T)=\frac{\left|K\sum_k f_T(k)t_k-\sum_k f_T(k)t_k\sum_k t_k\right|}{\sqrt{\left[K\sum_k f_T(k)^2-\sum_k f_T(k)^2\right]\left[K\sum_k (t_k)^2-(\sum_k t_k)^2\right]}} \tag{15-8}$$

$$\mathrm{Mon}(F)=\frac{1}{K-1}\left|\sum_k \delta[f_T(k+1)-f_T(k)]-\sum_k \delta[f_T(k)-f_T(k+1)]\right| \tag{15-9}$$

$$\mathrm{Rob}(F)=\frac{1}{K}\sum_k \exp\left(-\left|\frac{f_R(k)}{f(k)}\right|\right) \tag{15-10}$$

其中，$\delta(\cdot)$ 定义为

$$\delta(\cdot)=\begin{cases}1, & t>0\\ 0, & t\leqslant 0\end{cases} \tag{15-11}$$

15.3.3 轴承特征参数提取

首先，本文从滚动轴承全寿命振动信号中提取时域、频域、时频域的 50 多个特征参

数，绘制每个特征值随时间变化的趋势图，根据趋势变化剔除不能反映轴承退化过程的特征参数。同时，为了减少特征值的冗余和计算量，针对功能或意义相似的特征，剔除反映性能退化过程相对效果差的特征参数。最终挑选时域、频域、时频域特征共 11 个，其中，时域特征值有 RMS、峰峰值(P-P)、峭度(kurtosis)、峰值因子(PF)，频域特征值有频谱均值(SpecM)、频谱方差(SpecV)、频谱均方根值(SpecRMS)，时频域特征值有 3 层小波包分解的第 3 频带归一化小波包能量谱(E3)和第 7 频带归一化小波包能量谱(E7)、3 层小波包分解的第 3 频带样本熵值(S3)和第 7 频带样本熵值(S7)。为了减少各个轴承自身制造、安装和实际工况不同而产生的差异，采用公式(15-12)对提取特征进行标准化。

$$R(t)=\frac{X(t)}{b} \tag{15-12}$$

其中 $R(t)$ 是相对特征； $X(t)$ 是原始特征； b 是正常工作期的均值。

其次，采用一种相似相关(related-similarity, RS)的特征提取方法对滚动轴承全寿命振动信号进行特征提取[6]。相似相关特征通过计算当前时刻和初始时刻数据序列的相似程序，得到一组表征轴承退化特征的特征参数。定义某信号在 t 时刻的数据序列为 f_t，在初始 t_0 时刻的数据序列为 f_0，则相似相关特征计算公式如下：

$$RS_t=\frac{\left|\sum_{i=1}^{k}(f_0^i-\tilde{f}_0)(f_t^i-\tilde{f}_t)\right|}{\sqrt{\sum_{i=1}^{k}(f_0^i-\tilde{f}_0)^2\sum_{i=1}^{k}(f_t^i-\tilde{f}_t)^2}} \tag{15-13}$$

其中，k 分别是每个数据序列的长度； $\tilde{f}_0$ 和 $\tilde{f}_t$ 分别是序列 f_0^i 和 f_t^i 的均值。

可以看出，当前数据序列 f_t^i 与初始序列 $\tilde{f}_0$ 完全重叠时，相似相关特征值为 1，此时代表了机械部件处于最初的健康状态。随着时间推移，数据序列与初始序列之间重叠程度降低，则相似相关特征值变小直到为 0。相似相关特征范围为 0～1，表征轴承从健康状态到失效的退化过程。

通过轴承全寿命振动数据，提取时域、频域、时频域特征参数共 11 个，计算时域及经过傅里叶变换后频域的相似相关特征值 2 个，共计 13 个特征值，构建特征参数初选集。根据提出的特征参数评价指标，分别计算 13 个特征量的相关性、单调性、鲁棒性，赋予三项指标不同的权重，根据式(15-14)计算特征参数的加权值作为评价特征参数优劣程度的标准。

$$\begin{gathered}J=\omega_1\mathrm{Corr}(F,T)+\omega_2\mathrm{Mon}(F)+\omega_3\mathrm{Rob}(F)\\ \text{s.t.}\begin{cases}\omega_i>0\\ \sum_i\omega_i=1, i=1,2,3\end{cases}\end{gathered} \tag{15-14}$$

其中，J 表示特征参数各项指标加权后的线性叠加； ω_i 为各指标的权重。在轴承退化过程中，本文更关注轴承退化周期的整体变化，因此单调性应该占据较大的权重。通过尝试不同的权重参数，当相关性、单调性、鲁棒性指标的权重分别为 0.3、0.4、0.3 时，计算得到的每个特征参数指标加权值具有较好的区分度，易于从中筛选。根据训练轴承全寿命数据计算的三个特征参数评价指标如图 15-4、图 15-5、图 15-6 所示。将三个训练轴承特征参数评价指标加权值平均后排序如图 15-7 所示。文献[6]以 0.5 为特征参数加权值归一化后的限值，选取超过限值的 8 个特征量构建特征集。为保证所筛选特征参数的有效性，尽量减少神经网络的计算量以加快运算速度，本文设定指标限值为 0.6，选取加权值超过 0.6 的特征参数构建轴承退化特征集。本次共选取了 RMS、SpecRMS 及相似相关特征 RSp 等 9 个特征参数，如图 15-8 所示。

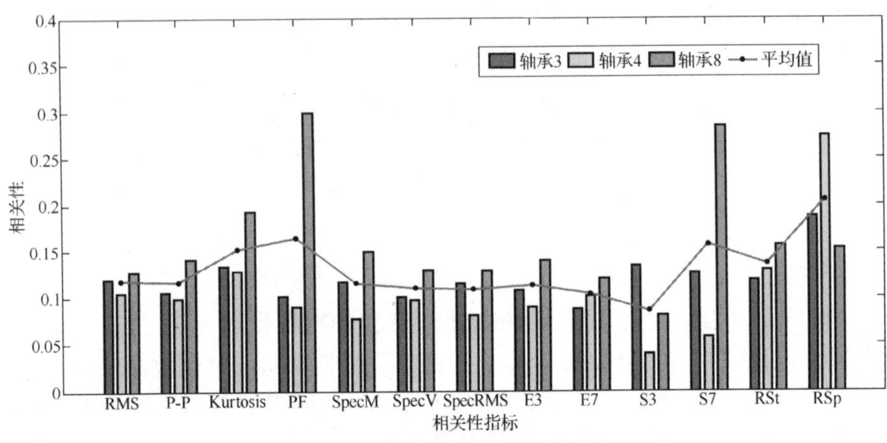

图 15-4　特征参数相关性指标

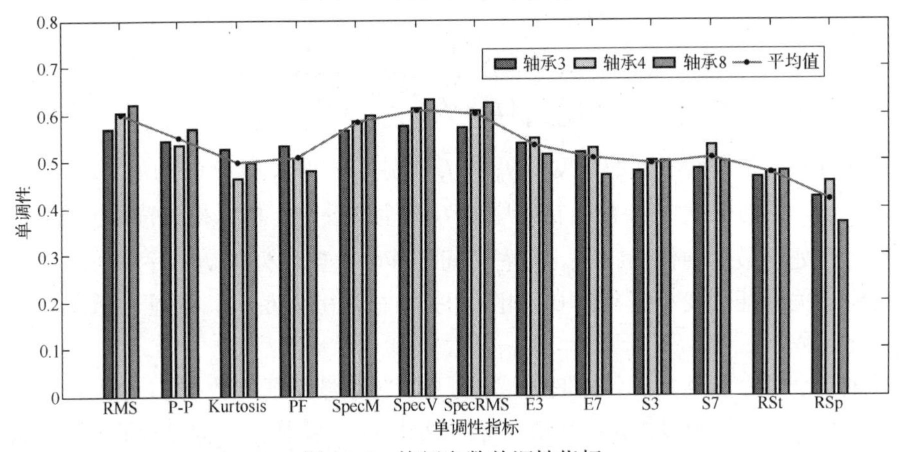

图 15-5　特征参数单调性指标

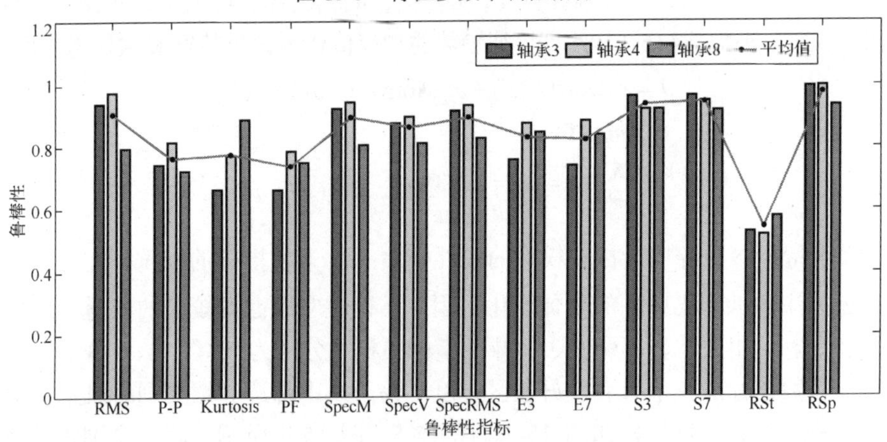

图 15-6　特征参数鲁棒性指标

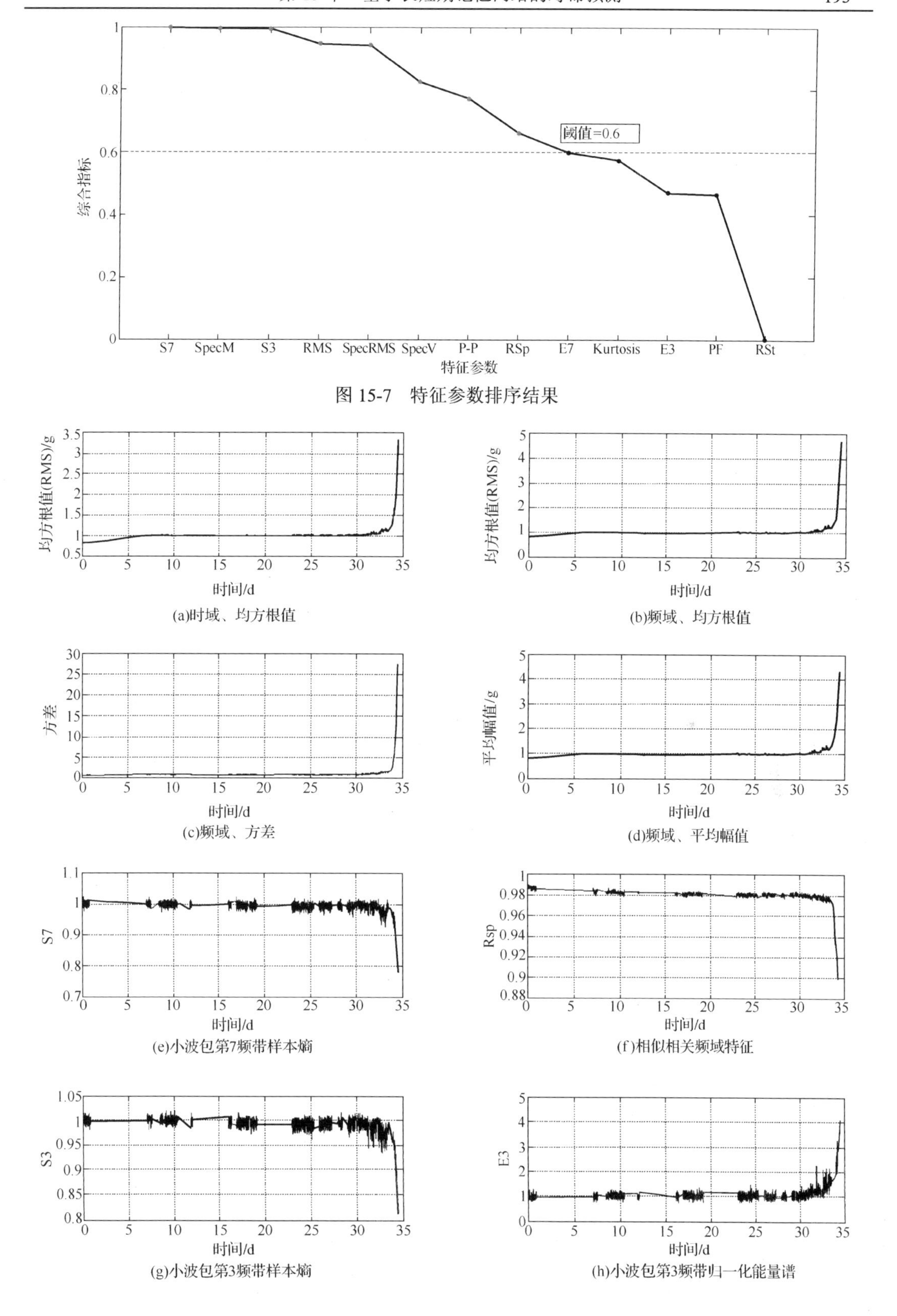

图 15-7　特征参数排序结果

(a)时域、均方根值

(b)频域、均方根值

(c)频域、方差

(d)频域、平均幅值

(e)小波包第7频带样本熵

(f)相似相关频域特征

(g)小波包第3频带样本熵

(h)小波包第3频带归一化能量谱

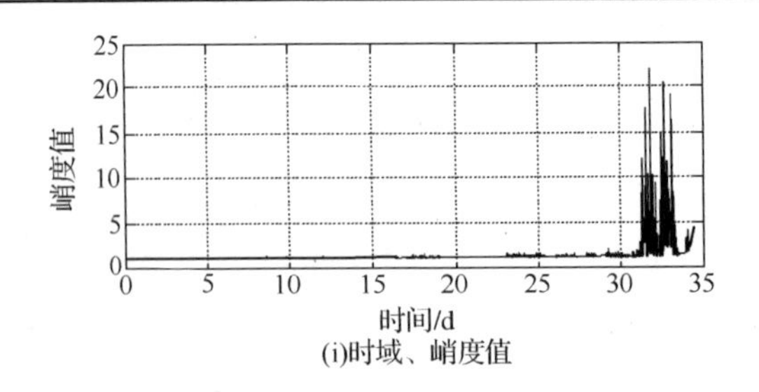

(i)时域、峭度值

图 15-8　轴承 3 退化特征参数集

图 15-8 是提取的特征参数在轴承全寿命退化过程中的变化趋势图，可以看出所筛选的各特征参数具有很好的随时间变化的单调性、鲁棒性等特征，能够反映轴承全寿命周期退化过程，适合作为滚动轴承寿命预测的特征参数，同时也证明了用特征参数定量评价指标进行特征参数筛选的有效性。本文采用的 LSTM 神经网络具有强大的历史信息利用能力，处理的历史数据为时间维度上的时间序列信息。因此，在选取的特征参数集中加入绝对时间因子作为表征轴承退化过程的一个特征量构建退化特征参数集。

以轴承 3 全寿命振动信号为例，振动信号如图 15-9 所示。在 1793 采样点时刻，轴承振动量相比正常标准幅值有明显提高，将此时刻定义为轴承退化的开始时刻，并作为轴承剩余寿命预测的开始时刻。根据该标准确定四个试验轴承退化起始时刻，如表 15-1 所示。

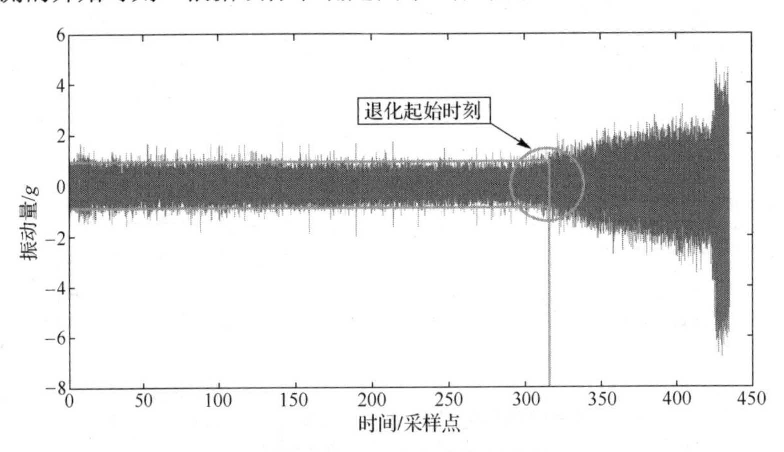

图 15-9　轴承 3 全寿命振动信号

表 15-1　轴承退化时刻表

轴承编号	退化时刻(采样点)
3 号轴承	1793
4 号轴承	1417
5 号轴承	696
8 号轴承	698

15.3.4　寿命预测结果分析

为了验证剩余寿命预测方法的准确性，采用均方根误差表征预测结果的准确程度。均方根误差定义为

$$\mathrm{RMSE}=\sqrt{\frac{1}{n}\sum_{t=1}^{n}(A_t-F_t)^2} \tag{15-15}$$

其中，A_t 为剩余寿命在 t 时刻的真实值；F_t 为预测值。确定轴承退化起始时刻点，并将该时刻之前的时间点全部设置为 0，建立 LSTM 网络的训练标签。构建 LSTM 神经网络预测模型，用轴承 3、4、8 全寿命数据构建的退化特征参数集对 LSTM 网络进行训练，并利用 5 号轴承提取的特征值进行测试。同时，分别采用 BP 神经网络和支持向量回归机(SVRM)进行对比试验，训练集和测试集数据均为按照本文特征提取方法提取到的退化特征参数和标签，得到测试轴承 5 的预测值与实际值对比结果如图 15-10 所示。表 15-2 列出了 LSTM 网络和 BP 神经网络训练时的网络参数。支持向量回归机(SVRM)核函数分别采用 Rbf 核函数和 Linear 核函数。

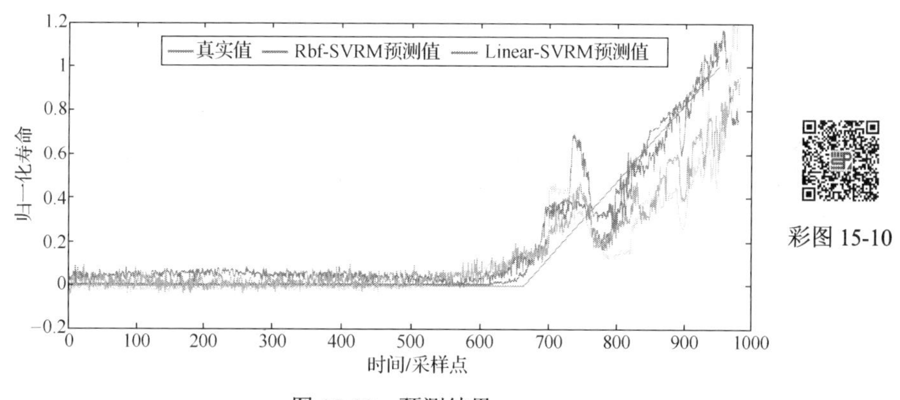

图 15-10　预测结果

表 15-2　网络训练参数

网络参数	LSTM 网络	BP 网络
输入向量维度	10	10
输出向量维度	1	1
隐藏层单元数	200	[60、200、80]
网络层数	4	4
学习率	0.0006	0.0006
时间步长	30	无
批次大小	50	无

从图 15-10 中看出，采用基于 LSTM 网络的剩余寿命预测方法对轴承 5 进行测试，所得的预测寿命值与真实寿命值变化趋势相同，且两曲线吻合程度高。在 700～800 采样点间，预测值出现少量点的波动，这是由于此时轴承处于恢复期阶段，产生的故障在旋转过程中被磨损而使振动量变小，从而提取的特征参数表现出一定程度的波动，影响了寿命预测效果。恢复期是滚动轴承失效过程中必然经历的阶段。此外，可以看出，在确定的轴承开始退化时刻，即寿命预测开始时刻，LSTM 网络的寿命预测结果也从之前的 0 值开始逐渐增加，说明该方法可以很好地预测滚动轴承退化开始的时刻，为轴承退化预警和采取维护措施提供有利参考。而采用支持向量回归机进行回归预测，核函数为‘rbf’时效果优于‘linear’，其预测结果与真实值更加接近，但对于轴承退化起始点的预测效果及与真实值的吻合程度

均低于 LSTM 网络预测效果。BP 神经网络预测结果波动较大，预测精度低，且无法对轴承开始退化时刻点进行预测。

根据式(15-15)计算四种预测方法的预测误差如表 15-3 所示，可以看出，LSTM 网络均方根误差值为 0.0715，小于其他三种方法，因此提出方法可以准确预测滚动轴承剩余寿命，从而为设备提供有效的维护策略。

表 15-3　预测误差

采用方法	RMSE
LSTM 网络	0.0715
Rbf-SVRM	0.0991
Linear-SVRM	0.1454
BP 神经网络	0.1706

参考文献

[1] 王奉涛, 王贝, 敦泊森, 李宏坤, 韩清凯, 朱泓. 改进 logistic 回归模型的滚动轴承可靠性评估方法[J]. 振动、测试与诊断, 2018, 38(1): 123-129.

[2] 王奉涛, 陈旭涛, 柳晨曦, 等. 基于 KPCA 和 WPHM 的滚动轴承可靠性评估与寿命预测[J]. 振动、测试与诊断, 2017, 37(3):476-483.

[3] ALI J B, Chebel-Morello B, SAIDI L, et al. Accurate bearing remaining useful life prediction based on Weibull distribution and artificial neural network[J]. Mechanical Systems & Signal Processing, 2015(56-57):150-172.

[4] 燕晨耀. 基于多特征量的滚动轴承退化状态评估和剩余寿命预测方法研究[D]. 成都：电子科技大学, 2016.

[5] 王奉涛，马孝江，张勇. 基于局域波-粗糙集-神经网络的故障诊断方法研究[J]. 内燃机工程，2007，28(2):80-84.

[6] GUO L, LI N, JIA F, et al. A recurrent neural network based health indicator for remaining useful life prediction of bearings[J]. Neurocomputing, 2017, 240(C):98-109.